无人机应用开发指南

基于大疆 Payload SDK

董昱 著

电子工业出版社

Publishing House of Electronics Industry

北京·BEIJING

内 容 简 介

本书通过行业的具体应用案例，详细介绍负载开发工具 Payload SDK 的用法，用于开发各类机载应用程序。全书共 10 章：第 1 章介绍无人机应用及大疆 SDK 体系；第 2~4 章介绍 Payload SDK 开发的基础知识，包括硬件基础知识、开发环境搭建及编程语言和嵌入式开发基础知识；第 5~7 章介绍如何通过 Payload SDK 实现无人机的基本控制功能，包括无人机飞行控制器、云台相机的基本操作，以及飞行任务的创建和执行等；第 8 章通过一个具体的空中气象站设计实例介绍负载设计、软硬件设计的基本方法。

本书尽可能使用通俗易懂的语言介绍 Payload SDK 的用法，采用案例推动的方式深入浅出地介绍了一个完整的无人机开发过程，适合无人机相关专业的师生、从事无人机开发的从业人员，以及无人机爱好者阅读。

图书在版编目（CIP）数据

无人机应用开发指南：基于大疆 Payload SDK / 董昱著. —北京：电子工业出版社，2024.6
ISBN 978-7-121-48002-7

Ⅰ. ①无…　Ⅱ. ①董…　Ⅲ. ①无人驾驶飞机　Ⅳ.①V279

中国国家版本馆 CIP 数据核字（2024）第 110792 号

责任编辑：张　迪（zhangdi@phei.com.cn）
印　　刷：三河市君旺印务有限公司
装　　订：三河市君旺印务有限公司
出版发行：电子工业出版社
　　　　　北京市海淀区万寿路 173 信箱　邮编 100036
开　　本：787×1 092　1/16　印张：18.25　字数：455 千字
版　　次：2024 年 6 月第 1 版
印　　次：2024 年 12 月第 2 次印刷
定　　价：79.00 元

前　言

飞行是人类的梦想。相信许多人和我一样幻想像鸟儿一样飞翔。在现实生活中，绝大多数人从事的都是与航空领域无关的工作，更是鲜有驾驶飞机的机会。安全可靠、简单易学的无人机让许多人实现了梦想，能轻易感受驾驶飞机的爽感，享受俯瞰大地的美妙。这是无人机诞生的起因。在发布大疆精灵系列时，采用的宣传语为"会飞的相机"，从另一个视角表达了人类对飞行的梦想。精灵系列无人机进行简单配置就能起飞拍照，在当时可谓神奇，为大疆近年来的高速发展打下了坚实的基础。如今，无人机已经实现了从"玩具"向"工具"的进化，从"会飞的相机"向"会飞的机器人"的转变，从航拍利器不断扩展到在各行各业中进行应用。广大玩家天马行空的想法开始逐一兑现。无人机开始具备送快递、喷洒农药、搜索救援、电力巡检等越来越多的功能。无人机的负载也不仅仅是单一的相机，开始搭载热成像仪、测距仪、喊话器、探照灯等各种各样的设备。

行业痛点如何用无人机轻松解决呢？如何打造一款属于行业专属的无人机呢？大疆给出了答案：大疆 SDK 建立在成熟稳定的无人机体系之上，面向电力、测绘、公共安全、石油和天然气等领域构建了完整的大疆行业生态，拥有一套完善的体系，包括上云 API、Payload SDK、Mobile SDK、Windows SDK 等。大疆创新把"创新"的权力交给了大家，那就让大家踊跃尝试吧。

本书主要内容

我曾使用大疆 Mobile SDK 和 UX SDK 做过一些研究工作，出版了《大疆无人机二次开发教程：基于 Mobile SDK 与 UX SDK》，得到了大家的广泛好评。本书以行业的具体应用案例，深耕负载开发工具 Payload SDK 的用法，进行各类机载应用程序开发，与 Mobile SDK 配合几乎可以满足绝大多数行业的需求。

本书共 10 章：第 1 章介绍无人机应用及大疆 SDK 体系；第 2～4 章介绍 Payload SDK 开发的基础知识，包括硬件基础知识、开发环境搭建及编程语言和嵌入式开发基础知识；第 5～7 章介绍如何通过 Payload SDK 实现无人机的基本控制功能，包括无人机飞行控制器、云台相机的基本操作，以及飞行任务的创建和执行等；第 8 章通过一个具体的空中气象站设计实例介绍负载设计、软硬件设计的基本方法。

本书读者对象

本书尽可能使用通俗易懂的语言介绍 Payload SDK 的用法，采用案例推动的方式深入浅出地介绍了一个完整的无人机开发过程。无论从事无人机开发的从业人员，还是无人机爱好者，抑或抱有热情的初学者和相关专业的师生，都可以进行尝试。

致谢

本书的编写得到了大疆 SDK 团队的大力支持，感谢大疆开发者关系经理郭子文老师的指导和鼓励，感谢电子工业出版社策划编辑张迪老师提出的宝贵意见，感谢我的爱人王娜以及我的两个儿子董沐晨松、董沐晨阳给予的支持和鼓励。

随时交流

由于作者水平有限，书中难免出现不当之处，恳请广大读者批评指正。如有任何意见和建议，可发送至邮箱 dongyu1009@163.com 进行交流。另外，作者建立了本书交流群 QQ：742772109，方便与读者建立联系，在此感谢读者的积极参与。

董　昱

2024 年 4 月

目　　录

第 1 章　无人机开发基础

工欲善其事，必先利其器，学习大疆无人机的应用开发，首先要学习无人机的基础知识，了解无人机的类型、飞行原理以及大疆无人机的产品体系。虽然无人机是由飞行控制、导航、传感器、通信等组成的复杂系统，但是大疆针对不同的应用场景和需求设计了 Mobile SDK、Payload SDK 等开发工具包，形成了一整套完整的 SDK 体系，方便开发者直接上手使用。学习大疆 SDK 的第一步就是了解这些 SDK 的基本特性和能力。本章将介绍无人机的概念、分类、结构、基本原理和主要应用方向，以及大疆无人机及其 SDK 体系，其核心知识点如下。

- ❑ 无人机的类型和应用；
- ❑ 大疆无人机和行业飞行平台；
- ❑ 旋翼无人机系统的组成；
- ❑ 大疆 SDK 的类型和特点。

1.1　初识无人机

无人机（Unmanned Aerial Vehicle，UAV）是不载人飞行器的统称，包括遥控驾驶航空器、自主航空器等类型。无人机通常由无线电遥控或预先设定的自主飞行计划来进行控制，用于执行如航拍、农业、货运、救援等多种飞行任务。由于无人机的应用场景多样复杂，因此设计无人机时需要突出其安全性、智能性和实时性。无人机产品研发集结了飞行器设计、自动化、信号处理、信息安全等众多领域的核心技术，也是机器人、人工智能、物联网等新兴科技的竞技场。相对于运行在地面的无人车、机器人而言，无人机能够穿梭在三维空间，深入狭小复杂的地理环境执行任务；相对于需要飞行员参与的载人飞机而言，无人机则具有更强的机动性能，成本低、安全性高，更加适合实施急难险重的特殊任务。

1.1.1　无人机发展和类型

了解无人机技术的起源、发展和演变，理解不同类型无人机的特点、优缺点和适用场景，可以帮助我们更好地应用无人机技术，应对各类无人机应用场景下的挑战和机遇。

1. 无人机的历史

在公元 1 世纪以前，中国就已经开始将风筝和孔明灯应用到通信、宣传和军事之中，可以理解为"古代中国的无人机"。早在春秋时期，宋国的墨翟发明了可以飞向天空的木鸢。虽然木鸢采用木材制作，重量较重，但已经形成了风筝的雏形。南北朝时期的梁武帝在被侯景围困的时候，就曾放风筝向外求援。明朝的军队则在风筝上安装了负载：将火药捆绑到风筝上，通过引爆装置攻击敌方的营地。到了三国时期，诸葛亮发明了世界上第一个热动力飞行器——孔明灯（纸灯笼），用于发送求救信息。

现代无人机的发展和整个飞机的发展历史几乎是同步的。在 1903 年莱特兄弟发明了第一架飞机之后，1907 年美国工程师斯佩里就发明了世界上第一台自动陀螺稳定器；而电子陀螺仪是无人机飞行控制的必要基础。十年之后的 1917 年，美国通用公司发明了世界上第一架无人航空器——凯特灵空中鱼雷机，这是一种没有设计降落功能的自杀式攻击机。1918 年，柯蒂斯公司改装了 N-9 型双翼水上教练机，第一次实现了无线电遥控飞行。这一时期的无人机主要由木头、铝制和帆布制成，搭载简单的电子设备和摄像机，可以通过无线电遥控进行操作。

在接下来的几十年中，无人机得到了不断的发展和完善。"二战"期间，德国和日本也开始使用无人机进行侦察和攻击任务。20 世纪 50—60 年代，美军使用无人机进行高空侦察和情报收集任务，并在越南战争中广泛使用。20 世纪 80 年代，美国开始使用无人机进行反恐行动，并在 20 世纪 90 年代初期开始研究应用武装无人机。这一时期的无人机主要用于军事用途。

最近十年，民用无人机出现高速发展的局面，大疆无人机则是其中非常典型的代表，不仅走入了百姓家中，也走向了各行各业。随着技术的不断进步，现代无人机已经具备了高精度导航、自主飞行、高清摄像等功能，成为了现代军事和商业领域中不可或缺的重要工具。可以发现，无人机的发展路线和风筝的发展路线非常类似，都出现了从军用到民用的发展阶段：从春秋战国开始，风筝早期主要是军用，而在隋朝时期开始逐渐成为了大众的娱乐工具；无人机也是一样，纵观无人机的发展历史，实际上是军用无人机的发展历史，而民用无人机的故事才刚刚开始。

根据商业无人机市场调研机构 Drone Industry Insights 的分析，预计全球无人机市场规模将从 2020 年的 226 亿元发展到 2025 年的 428 亿元，复合年均增长率（CAGR）约为 13.8%；并且亚洲已经成为世界上最大的无人机市场。同时，无人机的行业应用也在不断扩展，跨越农业、测绘、安全监控、科学研究等领域；不仅提高了工作效率，同时也降低了人员的风险和成本。依据 Frost&Sullivan 的预测，工业级无人机在民用无人机的占比将从 2020 年的 45.6% 发展到 2024 年的 72.7%。此外，随着技术的不断进步，无人机的性能也在不断提升，飞行时间、载重能力、传感器精度等都有明显的提高。种种迹象表明，未来无人机市场将继续保持快速增长。

2．无人机类型

无人机的应用场景众多，无人机的设计也多种多样。不同形态、不同大小、不同功能的无人机可以应对不同的使用环境，因此在实际应用中需要依据不同的应用场景选择不同类型的无人机。下面通过飞行平台、使用用途和运行风险大小等方式介绍无人机的各种类型。

1）按照飞行平台分类

按照飞行平台的构型，无人机可分为多旋翼无人机、固定翼无人机、垂直起降无人机、无人直升机、无人飞艇、伞翼无人机、扑翼无人机等。这种分类方式是最直观的，直接表现在无人机的形态不同，因此通过无人机的外观能够很轻易地区分无人机的飞行平台。下文重点介绍多旋翼无人机、固定翼无人机、垂直起降无人机、无人直升机等常用飞行平台的无人机类型及其优缺点，如图 1-1 所示。

多旋翼无人机　　　　固定翼无人机　　　　垂直起降无人机　　　　无人直升机

图 1-1　常见的无人机飞行平台构型

（1）多旋翼无人机（Multirotor）通过至少 3 个水平排布的旋翼在垂直方向上直接提供升力，并通过分别调整各个旋翼的转速保持或改变姿态；优势是可以随时保持固定悬停，不仅方便于固定机位拍照和录像，而且操作起来非常简单也很直观，对飞手的飞行能力要求很低，因此多旋翼无人机具有很强的可靠性和安全性。大疆无人机基本均属于多旋翼无人机。

注意：无人机飞行的时候会发出低频振动的嗡嗡声，而且民用无人机又以多旋翼无人机为主，因此英文 Drone 常用于指代多旋翼无人机。

（2）固定翼无人机（Fixed-Wing Plane）通过旋翼向飞机的前进方向提供动力，保持一定的飞行速度后，通过气流和固定翼之间的相互作用提供升力。固定翼无人机充分利用了伯努利效应、康达效应等空气动力学原理，因而相对于其他类型的无人机具有更好的气动性能。固定翼无人机操控起来较为复杂，尤其是起飞和降落较为困难，但同时也带来较强的娱乐性。

（3）垂直起降无人机（Vertical Take-Off and Landing Unmanned Aerial Vehicle，VTOL UAV）同时具有固定翼和多个旋翼。起飞时，垂直起降无人机可以旋翼无人机的方式起飞，但在飞行过程中可以通过改变角度的方式使得气流作用在固定翼上，从而以固定翼无人机的方式飞行。垂直起降无人机结合了以上 2 种构型的优势，不仅能够提供优秀的机动性能，也可以提供较长的滞空时间。

注意：以上垂直起降无人机的定义是狭义的。广义上看，多旋翼无人机和无人直升机都属于垂直起降无人机。

（4）无人直升机（Unmanned Helicopter）具有和直升机相同的构型，一般具有 1～2 个旋翼提供升力，可以细分为单旋翼带尾桨、共轴双旋翼、纵列式双旋翼和交叉双旋翼等构型。无人直升机虽然可以有相对较强的续航能力和负载能力，但是因其对飞控和飞手的要求较高，所以逐渐淡出民用轻型无人机的舞台。

几种常用不同飞行平台构型的无人机的比较如表 1-1 所示，仅作为参考。无人机在设计时可以针对某个性能做出独特优化，从而为用户提供越级体验，因此讨论无人机的各项指标时还是要看具体的型号和产品。例如，多旋翼无人机一般具有较慢的飞行速度，但 DJI FPV 和 DJI Avata 等则针对穿越机需求，可以达到 14m/s 甚至更快的飞行速度。

表 1-1　不同飞行平台的无人机对比

类　　型	多旋翼无人机	固定翼无人机	垂直起降无人机	无人直升机
可靠性	强	较弱	强	弱
操控性	容易	较难	容易	难

续表

类　　型	多旋翼无人机	固定翼无人机	垂直起降无人机	无人直升机
飞行速度	较慢	快	快	较慢
续航能力	弱	强	强	较弱
机动能力	强	较弱	强	强
负载能力	弱	强	弱	较弱

无人机的飞行平台还在不断发展，近年来还出现了双旋翼无人机（V-Coptr Falcon）、三共轴六旋翼无人机（Y-3）等特殊构型。

2）按照使用用途分类

按照不同的应用方向，无人机可以大致分为军用无人机和民用无人机。在军事上，可以充分利用无人机成本低、重量轻、机动性强等特点，执行诸如侦察、定位、投掷、干扰等任务，在战场上避免不必要的人员伤亡。大型军用无人机通常具有高速、强负载、强续航的特点，多采用固定翼构型，例如我国的无侦 10、攻击 11 等无人机。普通士兵还可以随身携带单兵无人机，多采用旋翼无人机构型，更加小巧且不易暴露目标。

民用无人机是本书讨论的重点。按照不同的使用用途，民用无人机还可以细分为航拍无人机、行业无人机、农用无人机、竞技无人机等类型。大疆无人机是民用无人机的典型代表，随着其技术革新，旗下的多旋翼无人机的负载能力和续航能力较先前都有显著提升。非必要的情况下，多旋翼无人机仍然属于民用领域的最佳选择。

注意： 航模（航空模型）与无人机通常具有同样的构型和原理，并且许多设计理念和设备是可以通用的。但是航模更加突出娱乐性，无人机则更加突出应用能力。

3）按照运行风险大小分类

在我国，民用无人机按照运行风险大小分为微型、轻型、小型、中型和大型无人机，如表 1-2 所示。

表 1-2　民用无人机按照运行风险大小分类

类　　型	空机重量	最大起飞重量	其他条件
微型无人机	<0.25kg	—	飞行真高≤50m，最大飞行速度不超过 40km/h，无线电发射设备符合微功率短距离技术要求，全程可以随时人工介入操控的无人驾驶航空器
轻型无人机	0.25～4kg	≤7kg	最大飞行速度不超过 100km/h，无线电发射设备符合微功率短距离技术要求，全程可以随时人工介入操控的无人驾驶航空器
小型无人机	4～15kg	7～25kg	具备符合空域管理要求的空域保持能力和可靠被监视能力，全程可以随时人工介入操控的无人驾驶航空器
中型无人机	—	25～150kg	
大型无人机	—	>150kg	

不同运行风险的无人机在实名注册登记、国籍登记、公安机关备案、责任保险等方面具有不同的管理要求，可参见 1.2.3 节的相关内容。中型和大型无人机的飞行需要适航管理有关规定。

1.1.2　无人机飞行原理

无人机和载人飞机的飞行原理是一致的，都需要机翼（或螺旋桨）提供升力。本小节将首先介绍无人机升力的来源，然后介绍四旋翼无人机的飞行控制原理。理解无人机的飞行原理，有助于飞行安全和无人机的正确保养。

1. 升力的来源

关于升力的来源，学术界有不同的理解和解释，下文介绍一种比较通用的解释。以固定翼无人机为例，无人机的机翼都会设计为薄厚不均的翼型，从而引导流体的运动，如图 1-2 所示。气流通过机翼时，被分为上下两部分气流。依据伯努利原理，机翼上方气流的通过路径长，速度较快，压强小；机翼下方气流的速度较慢，压强大。上下的压强差异为机翼提供了一个竖直向上的力，即升力。

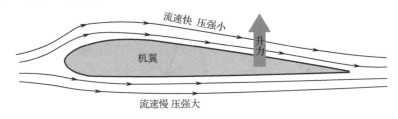

图 1-2　伯努利原理

伯努利原理能够部分解释升力的来源，但是并不能解释为什么有些飞机能倒着飞。实际情况更加复杂，飞机在飞行过程中需要保持一定的迎角（也称为攻角），通过气流冲击效应使得机翼获得向上的分力。另外，气流冲击效应使得机翼下表面的压强增加；康达效应（Coanda Effect）诱导气流附着到机翼的上表面，使得机翼上表面压强减少；在机翼上方形成低压区，在机翼下方形成高压区，使得机翼伯努利效应进一步增强，如图 1-3 所示。

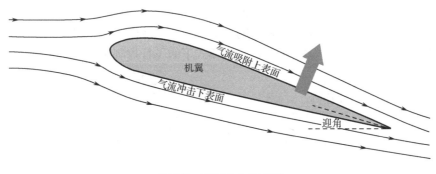

图 1-3　飞机升力的来源

注意：康达效应也称为附壁原理，是指流体具有一定的黏性，具有沿着物体表面附着流动的倾向。

升力产生的过程是相对复杂的，可以理解为气流冲击、康达效应和伯努利效应的共同作用，形成斜向上的力。这个力可以分解为竖直向上的升力和水平向后的阻力。控制好升力和

阻力的大小至关重要，因此机翼的迎角需要保持在一定的范围内，迎角不能太大，速度也不能太低。当气流无法吸附机翼在上表面时，升力会迅速下降，伯努利效应瞬间削弱，导致飞机"失速"。

四旋翼无人机没有固定的机翼，但是可以将螺旋桨理解为不断旋转的机翼，产生升力的基本原理是类似的。

2．旋翼无人机的飞行原理

旋翼无人机通过多个均匀分布在机身的四周的旋翼提供升力。多个旋翼将无人机的升力分散开来，有利于飞行控制。实际上，旋翼无人机的飞行控制就是通过改变各个旋翼的升力大小来实现的。旋翼的数量通常为偶数个（4 轴、6 轴、8 轴等），如图 1-4 所示。一般来说，多旋翼无人机的旋翼数量越多，稳定性越强。这也是多旋翼无人机比无人直升机更加容易操控的原因。

4 轴无人机 M30   6 轴无人机 M600   8 轴无人机筋斗云 s1000

图 1-4　旋翼无人机

为了方便描述，本小节将通过最为常见的 4 轴旋翼无人机（后文简称 4 轴无人机）介绍旋翼无人机的飞行原理。

1）理想状态下的悬停

4 轴无人机的 4 个旋翼均匀分布在机身周围，和机身组成了 1 个十字交叉结构。为了更好地描述无人机的运动，需要定义无人机的正方向（前向）。前向可以定义在两个电机中间，也可以定义在某个电机的方向上，即机身的交叉模式和十字模式，如图 1-5 所示。一般来说，交叉模式下实现的飞行控制更加灵活，而十字模式下的飞行控制更加容易实现。

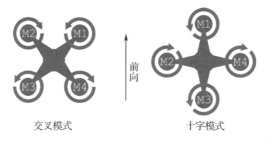

交叉模式   前向   十字模式

图 1-5　交叉模式和十字模式

可以发现，无论是交叉模式还是十字模式，相邻的两个螺旋桨（电机）的旋转方向是相反的，这是为了抵御螺旋桨的反扭问题。依据牛顿的第三定律，当螺旋桨按照某个方向高速转动时，会带动机身向相反的方向转动。如果 4 个螺旋桨的转动方向相同，那么会使得机身产生自旋。当相邻的 2 个螺旋桨的旋转方向相反时，反扭效应相互抵消，从而提高无人机的稳定性。

注意：包括无人直升机和固定翼无人机，螺旋桨的反扭现象是普遍存在的。

下文中将统一使用交叉模式介绍飞行原理，这也是大疆等绝大多数无人机的机身模式。

按逆时针方向，4 轴无人机的电机分别命名为 M1～M4。其中，M1 和 M3 逆时针（CCW）旋转，为正桨；M2 和 M4 顺时针（CW）旋转，为反桨。以上机身模式和电机名称的定义是为了更好地描述飞行控制原理而约定俗成的。

解决了反扭和自旋问题后，那么在理想状态下，大气环境极其稳定，没有任何气流的影响，只要 4 个旋翼共同保持相同稳定的转速，使升力和重力平衡，就可以使无人机悬停在大气之中。不过，这个模型是一个不稳定的系统。稍微有一点点不稳定的气流就会使飞机倾斜；并且无人机一旦倾斜，倾斜本身会使升力偏向，从而使无人机的倾斜更加剧烈，坠落不可避免。事实上，即使大气是稳定的，4 个旋翼造成的气流扰动也会使周围的流体环境变得非常复杂。实验表明，当旋翼无人机在近地面（起飞或降落）时会造成更大的扰流，此时飞行稳定就更加难以保证。

2）保持悬停稳定

当无人机发生倾斜时，需要及时准确地改变 4 个旋翼的转速，使无人机回到平衡状态。例如，当无人机向 A 方向倾斜时，那么就要加快 A 方向电机的转速，提高 A 方向的升力；使无人机回正。这个调整过程需要及时且准确，可以借助飞行控制器编程实现，也是飞行控制器需要完成的主要工作之一。事实上，无飞行控制器的旋翼无人机几乎无法被操控。

无人机的悬停稳定主要可以分解为 2 项基本任务：姿态解算和 PID 控制。

（1）姿态解算用于判断无人机目前的姿态，是指通过惯性测量单元（加速度计、陀螺仪等）测量的数据，计算出无人机在 3 个轴向上的姿态。姿态解算的实现非常复杂，这里略去不表。关于惯性测量单元，具体可参见 1.2.2 节的相关内容。

无人机的姿态可通过姿态角（欧拉角）、四元数和方向余弦矩阵等方式描述。其中，姿态角是最简单也是最直观的描述方法，包括俯仰角、横滚角和偏航角。

- ❑ 俯仰角 θ（Pitch）：无人机前向方向和地平面（水平面）之间的夹角，值域为[$-\pi/2, \pi/2$]。无人机抬头为正，俯仰角为 $\pi/2$ 时，无人机竖直向上；俯仰角为 $-\pi/2$ 时，无人机竖直向下。
- ❑ 横滚角 ϕ（Roll）：无人机对称平面与通过机体纵轴的铅垂平面间的夹角，值域为[$-\pi, \pi$]。无人机右滚为正，四旋翼无人机的横滚角一般不超出[$-\pi/4, \pi/4$]范围。
- ❑ 偏航角 ψ（Yaw）：无人机在地平面（水平面）上的角度，以正北方向为 0，顺时针旋转为正，值域为[$-\pi, \pi$]。

（2）PID 控制用于控制各个旋翼的转速，使无人机回正。PID 算法是比例（Proportional）、积分（Integral）和微分（Differential）三个单词的缩写，即通过这 3 个参数对螺旋桨的转速进行连续控制，在无人机被干扰后保持平衡（或者改变运动状态）。需要注意的是，PID 参数与无人机惯性密切相关，对飞机的惯性和负载非常敏感，需要根据具体的无人机型号和应用场景进行调整与优化，以达到更好的飞行性能。当无人机的负载重量大或者偏离安装位置较大时需要及时调整 PID 参数。对于大疆行业无人机，可以在 Polit 2 软件中调校重心参数。

3）飞行控制

通过调整不同旋翼的速度可以实现无人机的空间运动。例如，当无人机需要向上飞行时，可以同时提高 M1～M4 电机的旋转速度，从而提高升力，使飞机上升；反之，可以用于控制无人机下降。无人机的水平移动可以通过加快相反方向的 2 个电机转速实现。当无人机需向前飞行时，加速 M3 和 M4 电机的速度，降低 M1 和 M2 电机速度，飞机即向前倾斜，飞机向前飞行，如图 1-6 所示。

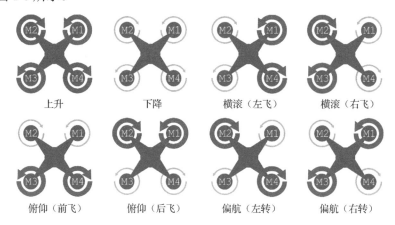

上升　　　下降　　　横滚（左飞）　　横滚（右飞）

俯仰（前飞）　　俯仰（后飞）　　偏航（左转）　　偏航（右转）

图 1-6　四旋翼无人机飞行控制

旋翼无人机的偏航主要通过螺旋桨的反扭实现。例如，加快反桨（M2 和 M4）的旋转速度，降低正桨（M1 和 M3）的旋转速度，从而使无人机获得逆时针的旋转力矩，使无人机向左转向。

无人机的飞行控制，并不需要飞手手动调整这些电机的转速，而是当飞手需要执行某项任务时，由飞行控制器转换并解算飞行指令，自动调整各个电机的转速。

1.1.3　无人机应用

无人机不仅可以执行危险、复杂的飞行任务，也可以执行枯燥、重复性的飞行任务，从而降低人员危险，解放双手。在许多领域中，无人机已经得到了广泛应用，包括但不限于航拍、农业、测绘、环境监测、物流配送、救援等。本小节将介绍无人机的常见应用方向。

1. 航空测绘

航空测绘（航测）是无人机的传统应用之一，如地形测量、土地利用监测、建筑物测量、建筑工程勘察等。航空测绘无人机包括以下 2 种数据采集方式。

（1）光学遥感：通过高精度、无畸变的光学相机，配合 GPS 等传感器，对目标区域采集不同位置、不同角度的航空相片。随后，利用以查找同名点、前方交会等摄影测量技术，得到地形高程、坡度、坡向等信息，形成数字高程模型（Digital Elevation Model，DEM）、数值正射影像（Digital Orthophoto Map，DOM）等高精度的三维建模和数字化成果。这种航测方案的成本很低，也很容易实现，缺点是后期处理成本高，一般需要较长的数据处理时间。另外，使用具有 RTK 模块的无人机可以在不采集像控点的情况下获得更加准确的地理位置信息。

例如，大疆禅思 P1 就是专门为光学遥感测绘设计的负载。

（2）激光雷达：通过机载激光雷达（Light Detection And Ranging，LiDAR）发射激光束探测目标区域的地形信息，实时生成点云、DEM 等产品，具有速度快、精度高等特点，但缺点是 LiDAR 设备较重，需要较大的飞行平台，成本较高。例如，大疆禅思 L2 和禅思 L1 综合了激光雷达和可见光遥感两种数据采集方式，形成融合测绘方案。

除以上航测方式以外，近年来还有使用光学相控阵雷达、有源相控阵雷达等测量设备开展航测的应用。例如，大疆 T50 农业无人机可以通过有源相控阵雷达实时测量周围地形，实现全向避障和仿地飞行。

在航测过程中，为了能够完整地覆盖目标区域，无人机通常使用固定蛇形航线采集数据。结合地理信息系统（GIS）等技术，飞行航线可以自动生成，飞行任务可以自动执行，大大解放双手。相对于卫星遥感和载人航空遥感，无人机的航测任务可以在超低空运行，受天气影响小，能够随时采集高质量高精度的航测数据，产出高时效数据成果。在应用方面，通过航测技术可以对农田、森林、城市等地区进行高分辨率的图像获取和分析，得到土地利用变化情况，如土地利用类型、植被覆盖率等信息，为土地资源管理、环境保护等工作提供数据基础。

近年来，航测技术正在从野外地形测量到城市建筑测量的转变。随着我国实景三维中国建设的实施落地，为无人机的航测应用提供了更大的平台。通过无人机对建筑物进行高精度的三维建模和数字化，得到建筑物的高度、体积、面积等信息，形成城市级、部件级实景三维数据，对城市规划、建筑设计等领域具有重要的帮助。另外，无人机可以对建筑工程进行全方位的勘察，获取建筑物的外观结构和内部设备信息，如墙体裂缝、屋顶漏水、管道渗漏等，从而帮助建筑公司制定修缮方案和提高建筑质量。

2．电力巡检

传统的电力巡检需要人工高空操作，需要付出极高的人力成本和安全成本，并且效率较低。通过无人机开展电力巡检，可以代替人工判断故障、清障工作，具有高效、安全、精准等优势。下面简单列举几种常见的电力巡检工作。

（1）输电线路巡检：无人机可以搭载高清相机、热成像相机等设备，对输电线路进行高空巡检，获取线路的外观状态和温度信息，发现线路的缺陷和故障，如松动、断裂、腐蚀等，从而及时进行维修和更换，保障电网的安全运行。

（2）变电站巡检：无人机可以对变电站进行全方位的巡检，获取变电站内部设备的外观状态和温度信息，发现设备的故障和缺陷，如接触不良、渗漏等，从而及时进行维修和更换，保障电网的安全运行。

（3）风电场巡检：无人机可以对风电场的叶片、塔筒、机舱等部位进行高空巡检，获取设备的外观状态和温度信息，发现设备的故障和缺陷，如叶片损伤、塔筒腐蚀等，从而及时进行维修和更换，保障风电场的安全运行。

（4）光伏电站巡检：无人机可以对光伏电站的光伏板、支架、逆变器等部位进行高空巡检，获取设备的外观状态和温度信息，发现设备的故障和缺陷，如光伏板破损、支架变形等，从而及时进行维修和更换，保障光伏电站的安全运行。

3．应急管理

在公共安全和应急方面，无人机可以快速响应，执行灾情监测、物资运输、通信联络等任务，提高救援效率、保障受灾群众的基本生活需求。

（1）灾情监测：在灾害发生后，无人机可以通过航测方式对受灾地区进行高分辨率的图像获取和分析，获取灾情的范围、程度和影响等信息，从而帮助救援部门制定救援方案和应急措施。无人机可以对灾后环境进行监测，如空气质量、水质情况等，从而及时发现环境问题并采取应对措施。

（2）物资运输：大型无人机可以在交通中断或者无法到达的地区，通过搭载货舱，运输救援物资、医疗用品等必要物资，从而保障受灾群众的基本生活需求。

（3）通信支援：无人机可以通过搭载通信设备，提供通信支援，建立临时通信网络，帮助救援人员之间进行通信和指挥。

此类应用通常需要无人机具备防水、防火等功能，满足如 IP55、IP45 等防护等级国家标准，并且需要无人机能够实现快速组装、快速充电的功能，以便于及时响应各类灾情。

4．农业应用

农业应用是目前无人机领域最大也是最成熟的市场，主要包括农业植被监测和植保作业两个方面的应用。

（1）农业植被监测：无人机可以通过搭载多光谱相机、红外相机等设备，通过航测技术对农田进行高分辨率的图像获取和分析，得到作物的覆盖度、生长情况、病虫害情况、营养状况等信息，制订施肥、灌溉、除虫等农业生产计划和管理方案，以便于开展进一步的农业生产管理，实现精准施肥、除草、灌溉等工作，从而提高农业的生产效率和质量。

（2）植保作业：无人机通过搭载植保喷雾器等设备，将农药、化肥等药品充分雾化扩散，对无人机施肥施药，提高植保作业效率。雾化后的药品具有良好的穿透性，可以减少农药的使用量和污染。采用类似的方法，还可以通过播撒系统对水稻等作物进行播种，播种不仅快速、均匀，不受地形、地貌限制，而且也可以大大降低人工成本，解放生产力。

大疆创新专门为农业应用设计了植保无人机和大疆智慧农业平台，为粮食作物和经济作物分别设计了解决方案，针对不同的植被长势生成处方图，生成精准药物喷洒方案，实现农业地块的精细管理和全面把控。

5．资源勘察

无人机可以对石油、天然气等矿产资源进行勘查：一方面，无人机可以搭载高精度的磁力计、电磁仪、激光雷达等设备，对矿区进行高精度的地质勘查，获取地下矿体的位置、形态和性质等信息，从而辅助制定开采方案和提高矿产资源开采效率；另一方面，无人机可以通过搭载热成像相机、光学相机等设备，对矿区进行高分辨率的图像获取和分析，得到矿体形态和矿物分布情况等信息。

6．教育实验

无人机是非常有趣的教学实验平台，帮助学生学习编程、机械设计等知识，了解编程控制器、传感器、相机等各类设备的用法，培养学生的科学实验能力和创新思维。另外，无人机竞赛是一种新兴的教育体育活动：通过组织无人机飞行比赛、航拍比赛等活动，可以激发学生的创造力和竞争意识，提高学生的综合素质和技能。

1.2　大疆无人机

大疆自 2006 年成立以来，在无人机、手持影像、机器人教育及更多前沿创新领域不断革新技术产品与解决方案，成为行业内的独角兽企业，不断推动无人机产业的高速发展。如今，大疆无人机已经针对不同应用形成了几个主要的系列产品，各类无人机和设备高度集成，非常方便携带、部署和应用。本节将介绍大疆无人机的类型和无人机系统的构成，以及飞行所需注意的事项。

1.2.1　大疆无人机系列

依据不同的应用方向和客户群体，大疆无人机可以分为消费级无人机、专业级无人机和行业无人机等。

1. 消费级无人机

消费级无人机主要针对普通消费者，以航拍为主要功能，主要包括 Mavic 系列、Air 系列、Mini 系列等产品线。
- ❑ 御（Mavic）系列：旗舰航拍无人机，包括 Mavic Pro、Mavic 2、Mavic 3、Mavic 3 Pro 等。
- ❑ Air 系列：进阶航拍无人机，包括 Mavic Air、Mavic Air 2、Air 2S 等。
- ❑ Mini 系列：轻便航拍无人机，包括 Mavic Mini、Mini SE、Mini 2、Mini 2 SE、Mini 3、Mini 3 Pro 和 Mini 4 Pro 等。
- ❑ DJI Avata 和 DJI FPV：均为沉浸式穿越无人机。
- ❑ 精灵（Phantom）系列：早期的旗舰级航拍无人机，包括 Phantom 3 和 Phantom 4 等。
- ❑ 晓 Spark：早期的便携航拍无人机。

Mavic 系列、Air 系列和 Mini 系列无人机最为知名。其中，Mavic 系列侧重于旗舰级别，提供全面的航拍功能和更加优质的相机；Mini 系列侧重于轻便性，更加适合于随身携带和入门学习；Air 系列介于 Mavic 和 Mini 之间，属于较为进阶的无人机设备。

注意：精灵无人机是大疆最早的无人机系列之一，但自从 Mavic Pro 无人机的成功，可折叠设计受到市场的广泛好评，精灵系列产品线逐渐被抛弃。

2. 专业级无人机

悟（Inspire）系列无人机是专注影视创作的无人机，较大的体型可以承载更加专业的镜头和传感器，包括 Inspire 1、Inspire 2 和 Inspire 3 等。悟系列无人机可以根据场景更换镜头，以便于适配各类拍摄场景。

除悟系列无人机以外，DJI Mavic Cine 也是具有专业镜头的专业级无人机，其体型较小，方便携带。

3．行业无人机

行业无人机包括经纬系列、御行业版系列和精灵系列等无人机。

- ❑ 经纬（Matrice）系列：从 2014 年发布了 M100 无人机以来，经纬系列就是行业无人机的主力，包括 M3D/M3TD、M350 RTK、M300 RTK、M30 系列、M200 等。
- ❑ 御（Mavic）行业版系列：御（Mavic）行业版主打轻便便携，可以随身携带，包括 Mavic Pro 行业版、Mavic 2 行业版、Mavic 3 行业系列和 DJI Mavic 3 多光谱版等。
- ❑ 精灵（Phantom）系列：包括用于测绘的精灵 4 RTK 无人机和用于农作物（或其他植被）监测的精灵 4 多光谱无人机等。

注意：大疆早期还推出过风火轮系列和筋斗云系列行业无人机，目前已经停产。

本书重点介绍也推荐使用如图 1-7 所示的 4 类大疆行业无人机，可以支持最新版本的 Mobile SDK 和 Payload SDK，详见 1.3 节相关内容。这些常用行业无人机的特点如下所示。

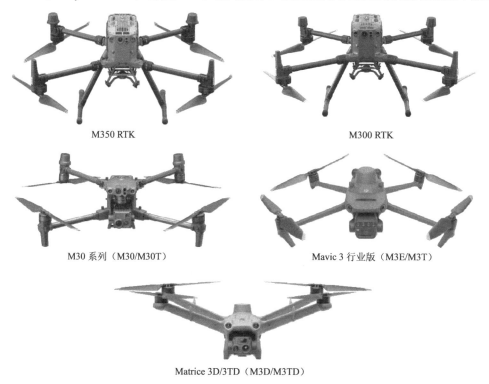

M350 RTK   M300 RTK

M30 系列（M30/M30T）   Mavic 3 行业版（M3E/M3T）

Matrice 3D/3TD（M3D/M3TD）

图 1-7　行业无人机

2020 年 5 月，M300 RTK 发布，这是一款里程碑的产品，不仅第一次实现了六向避障，而且飞行时间达到了 55min，图传距离达到 15km，且最多可以搭载 4 个负载。在当时，M300 RTK 是大疆无人机的最强配置。

2022 年 8 月，M30 系列无人机发布，包括 M30 和 M30T 两款无人机，后文通过 M30/M30T 指代该系列无人机。M30 系列具有很强的便携性，云台相机不可拆卸，看起来像大号的 Mavic。

2022 年 9 月，大疆在发布了 Mavic 3 行业版，包括 Mavic 3E 和 Mavic 3T 子类型，后文

用 M3E/M3T 指代该系列无人机。2022 年 11 月，该系列无人机又增加了新成员 Mavic 3 多光谱版（Mavic 3M），专门用于多光谱航测应用。Mavic 3E 配备机械快门相机、56 倍变焦相机及 RTK 模块；Mavic 3T 在 Mavic 3E 的基础上增加了热成像相机。M3E/M3T 更加便携，并可以使用 APAS 5.0 功能，缺点是无法实现一机双控，无高原桨支持。

2023 年 5 月，M350 RTK 发布，在 M300 RTK 的基础上升级了 O3 接收天线、RTK 天线、夜视 FPV 相机和 4G 融合图传，防护性能从 IP45 升级到 IP55，电池循环从原先的 200 次升级到 400 次。

2023 年 11 月，大疆机场 2 及其专用配套的 Matrice 3D/3TD 无人机发布，具有更强的无人值守作业能力，仅 34kg 更加方便携带，并且 30min 内即可部署完毕，为公共安全、电网、能源、城市管理、交通、林业、水利、海事等多个领域带来更多可能性。

上述常用的大疆行业无人机性能对比如表 1-3 所示。

表 1-3　大疆行业无人机性能对比

飞行平台	M350 RTK	M300 RTK	M30/M30T	M3E/M3T	M3D/M3TD	FlyCart30
遥控器/机场	DJI RC Plus	DJI 带屏遥控器行业版或 DJI RC Plus	DJI RC Plus/大疆机场	DJI RC Pro 行业版	DJI RC Pro 行业版/大疆机场 2	DJI RC Plus
图传版本	O3 图传行业版	OcuSync 行业版	O3 图传行业版	O3 图传行业版	O3 图传行业版	O3 图 Pigeon(with DDR)-2T4R
图传距离	20km	15km	15km	15km	15km	20km
空机起飞重量	6.47kg	5.3kg	3.76～3.78kg	915～952g	1410g	65kg
最大载重	2.73kg	2.7kg	289～309g	130～135g	200g	30kg
最大飞行时间	55 分钟	55 分钟	41 分钟	45 分钟	50 分钟	29 分钟
最多负载数量	4 个	4 个	1 个	1 个	1 个	1 个
负载接口	3 个 DGC2.0 1 个 E-Port	3 个 DGC2.0 1 个 E-Port	1 个 E-Port	1 个 E-Port	1 个 E-Port Lite	1 个 E-Port Lite
SDK 支持性	MSDK PSDK	MSDK PSDK OSDK	MSDK PSDK	MSDK PSDK	MSDK PSDK	MSDK PSDK
防护等级	IP55	IP45	IP55	无	IP55	IP55

在 SDK 支持性中，MSDK 表示 Mobile SDK，PSDK 表示 Payload SDK，OSDK 表示 Onboard SDK，可参见 1.3 节的相关内容。

当我们谈论行业无人机时，实际上是指飞行平台。经纬系列无人机和御行业版均可以通过负载接口搭载各类不同的负载，其中，DGC2.0 云台（负载）接口可以连接大疆官方的禅思 H20、H20T、L2、L1、P1 等负载，也可以通过 SkyPort V2 或 X-Port 连接第三方负载；E-Port 接口通常用于连接不需要云台的负载。各个飞行平台的负载支持性可详见对应用户手册。

除上述行业无人机外，大疆还推出了面向农业领域的 T60、T50、T20 等农业无人机，面向教育领域的 Robomaster TT 开源教育无人机和 Tello EDU 编程无人机。2023 年 8 月 16 日，大疆发布了最新面向运载领域的 FlyCart 30 运载无人机，采用了 4 轴 8 桨多旋翼构型，最大载重 30kg、满载最大航程 16km，如图 1-8 所示。

图 1-8   FlyCart30 运载无人机

1.2.2   旋翼无人机系统

无人机通常不是独立存在的，而是需要一系列配套硬件和软件，包括遥控器、地面站以及各种保障设备等。无人机和这些配套的软硬件共同组成了无人机系统（UAS，Unmanned Aircraft System）。另外，无人机执行任务时还需要飞手和专家的配合。从广义来看，飞手、行业专家，甚至是运输无人机的车辆都属于无人机系统的组成部分。因此，在无人机系统里，无人机只是一个终端设备，地面设备通过无线电遥控设备或自编程程序控制等方式控制无人机终端的飞行任务。

大疆行业无人机拥有完整、易用的 UAS，除了无人机和遥控器，还可以包括大疆司空、大疆机场、电池管理箱（充电箱）、D-RTK 2 移动站等设备和软件。Polit 2 的健康管理系统（HMS）将无人机系统分为航电系统、视觉系统、动力系统、电池系统、遥控器、图传系统、云台负载、RTK 等。本小节将介绍旋翼无人机系统的基本组成，以及大疆无人机的主要技术（图传、APAS 等）。

1. 飞行器骨架

大疆无人机均为旋翼无人机，其飞行器骨架（机架）通常由机身、机臂和起落架组成：
- ❑ 机身内承载飞行控制器、电池等电子设备；
- ❑ 机臂将电机和螺旋桨延伸至四周；
- ❑ 起落架可以支撑机身，保护下方的负载。

从大疆 Mavic Pro 开始，绝大多数的无人机采用了便于携带的可折叠机臂设计，并且尽可能取消起落架设计。在存储和运输无人机时，机臂可以折叠到机身周围。由于 M350 RTK 和 M300 RTK 等行业无人机可以配备较大的负载，保留了起落架。然而，M30/M30T 不仅没有起落架，而且采用了类似消费级无人机的折叠方式，且可以监测折叠限位，更具有便捷性。

从材质上看，大疆无人机更加倾向于使用玻纤增强尼龙或碳纤增强尼龙，即玻纤或者碳纤按照一定的比例与尼龙工程塑料混合而成，不仅密度较小，并且同时具有很好的韧性和强度。

2. 航电系统和 RTK

航电系统主要包括飞行控制器及其附属电子设备。飞行控制器（Flight Controller），简称飞控，相当于飞机的大脑，可以保持无人机的稳定性，并且执行各项指令。飞行控制器包括微控制单元（Microcontroller Unit，MCU）和各类感知位置信息的传感器，这些传感器包括惯性测量单元、GNSS 传感器等，用于姿态解算、保持无人机的悬停稳定、执行控制指令等。

优秀的飞行控制是大疆的核心技术之一，不仅可以为无人机提供更强的稳定性和安全性，精准的飞行控制可以避免不必要的动力浪费，从而提高续航能力。大疆早期推出过包括哪吒、A3 等等独立飞控，现如今不再推出独立的飞控产品，而是融入各类无人机产品中。除M3E/M3T 以外，飞行控制器通过采用冗余设计，即存在 2 套及以上的惯性测量单元和 GNSS 传感器，以便于在一定程度上消除噪声，以及在某个传感器以外损坏后形成替补，提高无人机的稳健性和安全性。

大疆行业无人机 M350 RTK、M300 RTK 和 M30/M30T 均支持"三桨迫降"能力。当某一个电机或螺旋桨出现故障，且损坏程度无法提供足够的升力时，无人机立即开始自旋下降，并尽可能提供稳定性和可控制性。此时，飞手可以通过遥控器控制无人机水平上的位置，从而选择合适的地点迫降，从而尽可能降低损失。

飞行控制器的 MCU 是控制核心，需要惯性测量单元、GNSS、RTK 等传感器的支持。下面介绍这些传感器的特点，以及飞行控制器的常见模式。

1）惯性测量单元

惯性测量单元（Inertial Measurement Unit，IMU）负责解算姿态信息，可以分为加速度计、陀螺仪、电子指南针、气压计等模块。

- ❏ 加速度计：用于获取无人机在立体空间中三个相互垂直方向的加速度。
- ❏ 陀螺仪：用于获取无人机在立体空间中三个相互垂直方向的角速度。
- ❏ 电子指南针（霍尔传感器）：用于感知周围磁场方向，从而解算无人机的偏航角。
- ❏ 气压计：测量无人机周围气压，从而估算无人机所处高度，保持无人机在垂直方向上的稳定性。

其中，加速度计和陀螺仪是必选的。加速度计在长时间内的测量值更为准确，而在瞬时的测量值存在较大的噪声干扰。陀螺仪在运动过程中趋于稳定，在悬停状态下会出现线性漂移。两者相互配合，取长补短，通过姿态解算得到相对准确的无人机姿态，可以为无人机的稳定悬停提供必要的基础。常用的姿态解算方法有以下两种。

- ❏ 互补滤波法：通过将加速度计和陀螺仪的数据进行加权平均，得到无人机的姿态。
- ❏ 卡尔曼滤波法：基于状态估计的姿态解算方法。具体来说，卡尔曼滤波法将无人机的状态表示为一个状态向量，包括位置、速度和姿态等信息。然后通过观测方程将传感器测量的数据与状态向量进行融合，得到最终的姿态解算结果。

相对于互补滤波法，卡尔曼滤波法虽然计算复杂，但是可以提高姿态解算的精度和稳健性，也是目前最为常用的姿态解算方法。

2）GNSS 传感器

全球导航卫星系统（Global Navigation Satellite System，GNSS）泛指全球各类卫星导航系统，包括全球系统、区域系统和增强系统。民用无人机主要使用全球系统，主要包括美国的GPS、欧洲的 Galileo、中国的北斗（BeiDou）和俄罗斯的 GLONASS，可以提供定位、导航、授时等功能。另外，北斗系统还具有上行频段，用于传递短报文信息。大疆主流的行业无人机均支持 GPS、Galileo、BeiDou 和 GLONASS。但在 M30/M30T 和 M3E/M3T 上，关闭 RTK 时无法使用 GLONASS。

全球系统虽然相对独立，但是原理和传输协议非常类似。每一种卫星导航系统都是由许多卫星组成的"星座"。解算终端位置信息时，需要接收并解调至少 4 颗卫星的信息和轨道参数，通过测算终端和卫星的距离与距离的变化率，计算终端的位置、速度和时间（Position, Velocity and Time）。

由于技术和政策上的限制，民用级 GNSS 一般只有米级的定位精度：北斗系统的定位精度为 2~3m，GPS 的定位精度为 1~2m。在航测、农业等应用中，可使用动态载波相位差分技术（Real-Time Kinematic，RTK）将定位提高到厘米级精度。

3）RTK

RTK 是建立在 GNSS 基础上的技术，可以提供实时处理无人机和测量站载波相位观测量的差值，将测量站采集的载波相位发给无人机，进行求差解算坐标，将定位精度控制在 1cm 以内。大疆主流的行业无人机均支持 RTK 技术，其中 M3D/M3TD、M350 RTK、M300 RTK、M30/M30T 将 RTK 模块内置在机身中，M3E/M3T 为外置 RTK，需要占用 E-Port 接口。

注意：RTK 并不是免费使用的，需要搭配网络 RTK 服务或者 D-RTK 2 移动站。使用网络 RTK 服务时需要使用 DJI Cellular 模块或 Wi-Fi 网络访问互联网。

4）飞行挡位和飞行模式

大疆无人机提供了定位、姿态、运动等不同的飞行模式，这些飞行模式可以通过遥控器的飞行挡位按钮或 Polit 2 软件切换。

M3D/M3TD、M350 RTK、M30/M30T 和 M3E/M3T 包括 3 个飞行挡位，分别是普通挡（Normal，N）、运动挡（Sport，S）和功能挡（Function，F）。M300 RTK 分为定位模式（Position，P）、运动模式（Sport，S）、三脚架模式（Tripod，T）和姿态模式（Attitude，A），其对应关系如图 1-9 所示：N 挡和 P 挡对应；F 挡和 T 挡、A 挡对应。

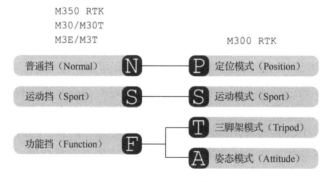

图 1-9　飞行挡位

各个飞行挡位的具体说明如下。

（1）N 挡（P 挡）：全面启用 GNSS 模块和避障系统，最大限度提供精准悬停能力，保障安全飞行。该模式限制了无人机的最大姿态角（如 M30/M30T 不能超过 15°），并限制了最大飞行速度（如 M3E/M3T 不能超过 15m/s）。

（2）S 挡：通过 GNSS 模块和下视视觉系统提供悬停能力，关闭视觉避障功能。在该模式下，最大姿态角和飞行速度不受限制，如 M30/M30T 可以最快 23m/s 的速度飞行，M3 可以最快 21m/s 的速度飞行。

（3）F挡：分为三脚架模式（T挡）或姿态模式（A挡），需要在Polit 2中设置切换。在三脚架模式下，无人机的移动速度很慢，只能够缓慢改变姿态，用于拍摄稳定的影像。姿态模式下，将全面关闭GNSS和避障系统，无人机可随风飘动。

注意： 三脚架模式与Mini 4 Pro和Mavic 3 Pro等消费级机型的平稳模式（Cine）类似。

5）AirSence

AirSence通过接受载人飞机发出的广播式自动相关监视发射机（ADS-B）信号，能够探测数十公里范围内的载人飞机信息。在Polit 2软件中，会根据这些载人飞机的高度、速度对用户进行提示，确保飞行安全。M3D/M3TD、M350 RTK、M300 RTK、M30/M30T和M3E/M3T均可以使用AirSense功能。

3．避障系统（视觉系统）

避障系统能够实时监测周围环境，辅助用户飞行，降低飞行事故的概率；也用于无人机定位和高级辅助飞行（APAS）。避障系统可以通过视觉、红外、超声波等多种不同的技术实现，但近年来大疆无人机多采用视觉和红外感知系统相结合的方式实现，具有感知能力强，能效高，成本低等优势。

- ❑ 视觉感知：通过双目视觉方式判断前方障碍物的距离，通用性强，缺点是在暗光下识别能力较差，难以识别弱纹理或者细小的障碍物（如稀疏的树枝、电线等）。
- ❑ 红外感知：通过红外测距的方式判断前方障碍物的距离，适用于漫反射、大尺寸、高反射率的物体探测，但是对镜面水体、哑光纯黑等物体的探测能力较差。

视觉系统比较特殊，除了用于避障，还可以用于定位和高级辅助飞行。

（1）定位能力：在市内或者GNSS信号不良时，视觉感知系统可帮助无人机精准悬停。视觉定位具有一定的工作条件，即一般在垂直方向30m、水平四向20m的范围内，光照良好且有丰富纹理的环境中使用。

（2）高级辅助飞行系统（APAS）：APAS同样使用视觉感知监测前方障碍物，并可以自动规划路线，绕开障碍物向前飞行。在智能跟随模式下，APAS会尽可能绕开障碍物跟踪目标；如果确实无法避开障碍物才会悬停避障。

M3D/M3TD、M350 RTK、M300 RTK和M30/M30T无人机均有六方向（上、下、前、后、左、右）的视觉和红外感知系统。M3E/M3T下方只有视觉感知系统，其余五方向配备了视觉和红外感知系统。不过，无论是视觉感知还是红外感知，都无法对全向障碍物进行全面感知：一方面，这些感知系统均存在部分死角，并且有一定的距离限制，进入死角（一般为侧向）的障碍物或较远的障碍物都是无法被感知的；另一方面，细小的障碍物（如风筝线、电线等）也很难被视觉和红外感知探测。

在M300 RTK和M350 RTK上还可以通过安装全向环扫毫米波雷达加强避障能力，可以有效探测全向范围和上方的障碍物，不过此项技术有2个缺点：一是占据了上方的负载接口；二是对弱反射物体（干枯树枝等）仍然存在感知能力不足的问题。

可见，这些避障系统各有各的缺陷，均无法完全保证无人机不受碰撞。在复杂的环境下，飞手集中精力飞行是非常重要的，这样才能确保飞行安全。

4．遥控器

早期的大疆遥控器是 1 对 1 的配置，即每 1 种无人机对应 1 种单独设计的遥控器，但是目前的遥控器已经形成独立的产品，甚至可以实现一机多控、一控多机的能力。M350 RTK、M300 RTK 和 M30/M30T 行业无人机均可以实现一机多控的能力。精灵 4 RTK 具有一控多机的能力。

目前，常见的大疆遥控器产品包括 DJI 带屏遥控器、DJI 带屏遥控器行业版，以及 DJI RC、DJI RC Pro 和 DJI RC Plus 等。

- DJI 带屏遥控器：支持 OcuSync 2.0 图传技术，主要应用于 DJI Mini 2、DJI Air 2S、Mavic Air 2、Mavic 2 变焦版、Mavic 2 专业版以及精灵 Phantom 4 Pro V2.0 等无人机。
- DJI 带屏遥控器行业版：支持 OcuSync 行业版图传技术，主要应用于 M300 RTK 无人机。
- DJI RC Pro/ RC：支持 O3+图传技术，DJI RC 主要应用于 DJI Mavic 3 Classic、DJI Mavic 3、DJI Mavic 3 Cine、DJI Mini 3 Pro、DJI Air 2S 等无人机；DJI RC Pro 主要应用于 DJI Mavic 3、DJI Mavic 3 Cine 和 DJI Air 2S 等无人机。
- DJI RC Pro 行业版：支持 O3 Pro 图传技术，主要应用于 M3D/M3TD、M3E/M3T 无人机。
- DJI RC Plus：支持 O3 Pro 图传技术，主要应用于 M350 RTK、M300 RTK、M30/M30T 等无人机。
- DJI RC 2：支持 O4 图传技术，主要应用于 DJI Air 3、DJI Mini 4 Pro 等无人机。

以上遥控器均为带屏遥控器，除了遥控设备本身，还集成了一整套 Android 设备。Android 设备除了可以运行 DJI Fly、Polit 2 等官方应用，还可以安装其他软件或 Mobile SDK 开发的应用程序。

随着具有双向数据传输能力图传技术 OcuSync 的普及，控制系统逐渐融入图传系统（图像传输系统）之中。

5．图传系统

图传系统，用于将无人机采集的视频信号实时传递到遥控器上，用于监测无人机周围的环境，包括模拟图传和数字图传两种类型。

- 模拟图传：通过模拟信号传递视频信息，效果较差，但优势在于极强的实时性，仍然是延迟最小的图传方案。时至今日，在穿越机等领域仍然广泛应用。
- 数字图传：通过数字信号传递视频信息，效果很好，但需要编解码设备，成本高且存在信息延迟。

大疆的图传系统采用数字图传，包括 Wi-Fi 图传、LightBridge 图传和 OcuSync 图传等类型。Wi-Fi 图传方案成本低廉、图传效果较差，多用于较为低端的无人机上，比如精灵 3 标准版、Spark、Mavic Mini 和 Mini SE 等无人机。LightBridge 图传是大疆早期的自有图传技术，如在 Phantom 4 Pro 上标配了双频 Lightbridge 高清图传系统，信号传输距离远达 7km。Lightbridge 使用的是单向广播数据的方式，在较远的飞行距离的情况下，图传延时仍能稳定保持为 100～200ms。而 Wi-Fi 图传的延时，视飞行距离和飞行环境而定，一般会比 Lightbridge 高出 25%～100%。高效的单向广播数据传输方式让 Lightbrige 轻松超越 Wi-Fi 图传。

OcuSync 图传是大疆最新的图传方案，也是其核心技术之一，具有成本低、延迟小、清晰度高、传输距离远等优点，还具备双向数据传输能力。OcuSync 曾是 Lightbridge 系列的一部分，后来独立发展壮大，并经过了多年的迭代发展。近年来，大疆推出无人机均采用 OcuSync 图传方案。

1）OcuSync 1.x 和 2.x

OcuSync 首次应用在 Mavic Pro 无人机上，最远提供了 13km 图传。在 Mavic 2 上，首次搭载了 OcuSync 2.0 系统，并随后支持了 Mini 2 和 Mini 3 系列等无人机中。OcuSync 2.0 相比上一代支持更长的传输距离和更高的图传分辨率，同时降低了延迟和干扰，提高了视频传输的质量和稳定性。此外，OcuSync 2.0 还支持双通道传输，可以在不同频段之间自动切换以获得最佳信号质量。

2）OcuSync 3.x

OcuSync 3.x（简称 O3）的最高图传码率提高到 40 Mbps，应用在 DJI FPV、Mavic 3、Mini 3 Pro、Inspire 3 等无人机上。大疆专门为穿越机市场推出了图传套件 O3 Air Unit，如图 1-10 所示。

另外，OcuSync 3.x 包括 2 个演进版本，分别为 O3+ 和 O3 Pro。

图 1-10　DJI O3 Air Unit

（1）O3 +：在 Mavic 3 Pro、Mavic 3 Classic、DJI RC Pro、DJI Goggles 2 等设备上使用，图像传输距离远至 15km，稳定的信号令画面显示更加连贯；可传输 1080p/60fps 的高清高帧率的图传画质。

（2）O3 Pro（O3 图传行业版）：是目前最先进的图传技术，在原有 2.4GHz 与 5.8GHz 的基础上新增 DFS 频段，DFS 信道提高了带宽，可以提供 4K/30fps 超高清图传体验，应用在 DJI Inspire 3、DJI RS 3 Pro、DJI RC Plus 和 DJI Transmission 等设备上，最大传输距离可以达到 15km。O3 Pro 支持双视频流传输，在 M350 RTK、M300 RTK 上，提供支持三路 1080p 高清传输（单控 2 路，双控各 2 路），如可以同时传输正常视角和广角视角的视频。

3）OcuSync 4（O4）

目前，OcuSync 最新的版本为 O4。O4 图传已经应用在 DJI Air 3 和 DJI Mini 4 Pro 等最新的无人机中，最高图传距离进一步提高到 20km，进一步提高了传输稳定性，飞行更安全；并且最高支持 1080p/60fps 图像传输。

M3D/M3TD、M350 RTK、M300 RTK、M30/M30T、M3E/M3T、Inspire 3 等无人机均具备增强图传能力，在距离较远或者信号干扰时通过 4G 链路补充带宽。不过，增强图传需要 DJI Cellular 设备和定制的 SIM 卡。

6．电池系统

无人机电池不仅为电机和螺旋桨的旋转提供动力，也是电子调速器、飞行控制、图传编码等各类电子设备的电能来源。无人机电池的选型需要在续航能力、成本和重量之间权衡。一般来说，续航能力越强的无人机其电池重量的占比越高，价格也越贵。无人机电池通常为锂离子（Li-ion）或锂聚合物（LiPo）动力电池，具有能量密度高、放电能力强等特点。

常见的大疆行业无人机电池参数如表 1-4 所示。

表 1-4　大疆行业无人机电池参数

飞行平台	M350 RTK	M300 RTK	M30/M30T	M3E/M3T	M3D/M3TD	FlyCart30
型号	TB65	TB60	TB30	—	—	DB2000
电量	5880mAh	5935 mAh	5880 mAh	5000 mAh	7811mAh	38000mAh
电池类型	Li-ion	LiPo	Li-ion	LiPo	Li-ion	Li-ion
化学体系	—	—	镍钴锰酸锂	钴酸锂	镍钴锰酸锂	—
电芯组合	12S	12S	6S	4S	4S	14S
最大电压	—	52.8V	26.1V	17.6V	17.0V	—
标称电压	44.76V	46.17V	22.38V	15.4V	14.76V	52.22V
能量	263.2Wh	274Wh	131.6Wh	77Wh	115.2Wh	1984.4Wh

锂电池比较娇贵，很容易损坏，大疆的智能飞行电池拥有电池管理系统，可以有效保护电芯，提供安全、充沛的电力。智能飞行电池具有控制电压、保持性能和记录循环等能力。

（1）电量控制：在电池充放电时，控制电压在一定的范围内，防止过充、过放，避免鼓包。最近几年的大疆无人机通常使用高压电池，具有更好的性能。例如，M30 的最大单芯电压为 4.35V，在 M300RTK、Mavic 3 等无人机上使用了超压锂电池，限制电压为 4.4V。根据已有的资料，M30/M30T 为镍钴锰酸锂电池（NCM），M3E/M3T 为钴酸锂电池，这些电池都属于新型的锂离子电池，这些电池具有电压平台高、循环性能好、热稳定性好、循环寿命长等特点。

（2）存储电池：智能飞行电池为确保存放安全及延长电池寿命，电池会启动"存储自放电"功能，可以在 10～20 天的时间将电池电量放电到 50% 左右，如图 1-11 所示。这也是智能飞行电池长期存放时会发热的原因。

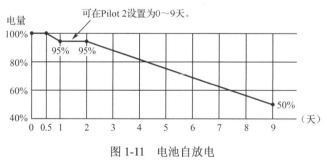

图 1-11　电池自放电

在电池充电时，也可以根据实际情况控制充电电量和时间。以 M30/M30T 为例，TB30 电池需要使用 BS30 智能电池箱进行充电，包括存储模式（充电至 50%）、待命模式（快速充电至 90%）和标准模式（充电至 100%）等充电模式。

（3）记录循环：电池是有寿命的，随着循环次数的增多，电池性能也会随之下降。M350 RTK 和 M30/M30T 无人机的电池的使用手册中明确提出超过 400 次循环的电池不建议继续使用。建议每 50 个循环或每 3 个月，或者电池管理系统提示用户保养电池时，按照如图 1-12 所示的方式对电池进行保养。

充电至 100%　　静置 1 小时　　放电至 20% 以下　　静置 1 小时

图 1-12　电池保养

7．动力系统

动力系统为无人机提供升力，由电机、电子调速器和螺旋桨等组成。大疆常见的行业无人机的动力系统参数如表 1-5 所示。

表 1-5　电机和螺旋桨

飞 行 平 台	M350 RTK	M300 RTK	M30/M30T	M3E/M3T	M3D/M3TD
电机	6009	6009	3511	2008	2607
螺旋桨	2110s	2110	1671	9453F 行业版	1149
高原螺旋桨	2112	2195	1676	—	—

1）电机

无人机一般使用外转子无刷电机，其噪声更低，寿命更长：在转子上平均分布永磁体，定子则缠绕线圈；通电时定子产生磁场驱动转子运动。相对于有刷电机，无刷电机避免了电刷划过磁体时产生的电磁干扰，也避免了摩擦降低损耗。

无刷电机的命名一般采用定子尺寸命名，包括 4 位数字，前两位表示定子的外径（毫米），后两位表示定子的高度（毫米）。例如，3511 电机表示其定子尺寸为"35mm×11mm"。一般来说，定子的尺寸越大，其功率也越大。

无刷电机还有一个参数：KV 值。在相同油门的情况下，KV 值越高，电机转速越高，电流也越大，适合于小桨高速运行；KV 值越低，使用大螺旋桨时效率更高。

2）电子调速器（电调）

无刷电机需要使用电子调速驱动（Electronic Speed Control，ESC）提供的三相供电。一般来说，无人机上的每个电机都需要独立的电子调速器。不过，大疆无人机内部电路的集成度很高，有些机型的电调功能已经集成在主板上，或者将多个电机的电调整合在同一个板子上。

3）螺旋桨（Propeller）

螺旋桨可以理解为旋转的机翼，用于为旋翼无人机或无人直升机提供升力。螺旋桨通常具有固定的形状和迎角（旋翼迎角），但是由于旋翼内侧和外侧的角速度相同，旋翼外侧的线速度更大，因此通常旋翼外侧比旋翼内侧具有更小的迎角。

螺旋桨通常以直径和螺距参数命名。例如，2110 螺旋桨表示其直径为 21 英寸，螺距为 10 英寸；9453 螺旋桨表示其直径为 9.4 英寸，螺距为 5.3 英寸。由于旋翼无人机有正反桨之分，所以反桨一般用 R 标识。例如，M30/M30T 无人机需要 2 个 1671 螺旋桨和 2 个 1671R 螺旋桨才能正常起飞。大疆无人机的螺旋桨一般具有以下特点。

❑ 螺旋桨通常为可折叠设计，将螺旋桨拆分成可活动的 2 段（螺旋桨直径是指展开对齐后的长度）。折叠桨的动效偏低一些，但是方便折叠收纳。另外，折叠桨对设计制造的要求很高，以便于保证足够的动平衡能力。

- ❑ 螺旋桨的固定方式为螺丝固定或卡扣固定。消费机无人机一般使用卡扣固定，并且具有快拆设计，在螺旋桨损坏后方便用户更换。行业无人机一般采用螺丝固定，这是因为行业无人机的螺旋桨较大较重，螺丝固定更加稳固安全。
- ❑ 螺旋桨材质一般采用重量轻、强度高且具有一定韧性的玻纤增强尼龙或碳纤增强尼龙。

8．负载

通过 1.1.3 节无人机的行业应用介绍可以发现，不同的行业应用无人机需要不同的负载。行业无人机也可以使用第三方或者定制的负载，以便于满足特定的需求。大疆无人机的负载包括集成负载、官方负载和第三方负载。

（1）集成负载：直接连接到机身且不可拆卸的负载，通常为云台相机。M30/M30T 的云台相机集成了 84°DFOV 广角相机、5～16 倍光学变焦相机、640×512@30Hz 热成像相机和 1200 米激光测距仪（M30 无热成像相机）。M3E/M3T 包含了集成广角相机、长焦相机和热成像相机于一身的云台相机（M3E 无热成像相机）。集成负载的优点为集成度高，方便运输携带。

为了保证相机等负载的稳定性能，云台发挥了重要作用：一方面，云台和机身之间通常采用软连接方式，可以一定程度上阻断机身的震动；另一方面，云台本身具有独立的 IMU，通过 2 轴或 3 轴无刷电机实时调整负载的姿态。除云台机械防抖外，现如今，无人机相机也发展出了优秀的电子防抖技术，云台防抖和电子防抖（如 OIS、EIS 增稳等技术）相互配合，进一步增强影像输出的稳定性。

除 Spark 等少数无人机为二轴云台外，大疆云台多采用三轴云台：包括航向轴（Y 轴）、横滚轴（R 轴）、俯仰轴（P 轴），分别用于保障负载在三个方向的稳定能力，P 轴和部分无人机的 Y 轴也用于控制负载朝向。

注意：二轴云台通常只有横滚轴和俯仰轴，缺少航向轴。例如，Spark 无人机使用了 UltraSmooth 电子增稳技术。

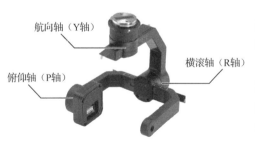

航向轴（Y 轴）

俯仰轴（P 轴）

横滚轴（R 轴）

图 1-13　云台

为提高稳定性，较新的云台的 P 轴为双向连接，即包括 1 个包含电机的主轴和 1 个包含轴承的辅轴，如图 1-13 所示。

除云台相机外，M350 RTK、M300 RTK 和 M30/M30T 无人机的机身还内置了 FPV 摄像头。相机和 FPV 摄像头虽然都可以采集视频流，但是两者的功能不同，前者主要执行拍照录像任务，通常具有更高的规格；而后者主要用于帮助飞手观察无人机周围环境。

（2）官方负载：大疆的官方负载主要为使用 DGC2.0 接口的禅思（Zenmuse）系列，以及使用 E-Port 接口的全向环扫毫米波雷达（M300 RTK 和 M350 RTK）、RTK 模块（M3E/M3T）等。禅思（Zenmuse）系列是针对各类行业应用的云台相机模块，包括禅思 H20、禅思 H20T、禅思 L2、禅思 L1、禅思 P1 等产品（见图 1-14），这些负载的功能如下。

- ❑ 禅思 H20：集成了 82.9°DFOV 广角相机、23 倍光学变焦相机和 1200 米激光测距仪。

- ❑ 禅思 H20T：在禅思 H20 的基础上增加了 640×512@30Hz 热成像相机。
- ❑ 禅思 H20N：功能类似 H20T，但专门为夜间工作设计，混合变焦热成像相机（2 倍和 8 倍光学变焦）、星光级广角相机、20 倍星光级变焦相机和 1200 米激光测距仪于一身。
- ❑ 禅思 L2 和 L1：激光和可见光融合测绘方案，集成激光雷达、测绘相机与高精度惯性导航模块，可以生成实时点云，提供高效率、全天候、高精度测绘能力。
- ❑ 禅思 P1：全画幅测绘方案，集成全画幅图像传感器，支持多种不同的定焦镜头。

禅思 H20T　　　　　　　　禅思 L2　　　　　　　　禅思 P1

图 1-14　常用的禅思系列负载

（3）第三方负载：通过 E-Port、E-Port Lite 接口，或者标准负载工具 X-Port 和 SkyPort 连接的第三方负载。开发者可以通过 Payload SDK 自行研发第三方负载，但需要大疆的授权生产。

1.2.3　安全飞行

无人机的飞行安全十分重要。高速转动的螺旋桨以及无人机"炸机"时本身的惯性都有可能对人身和财产安全造成损失。在无人机飞行过程中，可能会出现气象变化、电磁干扰等环境因素的变化，也可能出现人为的操作失误导致的突发情况。面对这些状况，不仅需要无人机驾驶员临危不乱、冷静处置，更需要提前做好飞行前的准备工作。无人机驾驶员和开发者需要学习当地的法律法规，了解飞行前检查的必要步骤，尽最大努力保证无人机的飞行安全。

本小节将简要介绍无人机的有关法律法规，以及飞行前和飞行过程中的一些注意事项。建议无人机驾驶员和开发者详细学习无人机的操作说明和使用手册，如认真阅读大疆无人机的《用户手册》《免责声明和安全操作指引》《安全概要》等资料。

1. 熟悉法律法规

无人机驾驶员需要详细学习并遵守中国民用航空局（CAAC）制定的《无人驾驶航空器飞行管理暂行条例》《民用无人机驾驶航空器实名制登记管理规定》等有关法律法规，具体可以在中国民用航空局官方网站查询学习。另外，有些地方也出台了相关法律法规，如《浙江省无人驾驶航空器公共安全管理规定》《四川省民用无人驾驶航空器安全管理暂行规定》等，读者也需要特别留意。

1）无人机实名备案和飞行动态数据报送

根据《无人驾驶航空器飞行管理暂行条例》，所有在我国境内的民用无人机均需要实名登记并注册备案。因此，所有的民用无人机，即使是大疆 Mini 4 等微型无人机，也需要在民用无人驾驶航空器综合管理平台（UOM）网站上登记注册。

依据《通用航空飞行管制条例》《轻小型民用无人机飞行动态数据管理规定》，除微型无人机外，飞行动态（包括位置、高度、速度、航迹角、累计飞行时间等信息）需要实时上传至无人驾驶航空器空中交通管理信息服务系统（Unmanned Aircraft System Traffic Management Information Service System，UTMISS）。Polit 2 软件已经整合了飞行动态报送功能，可以在【数据与隐私】模块中查看飞行动态数据报送功能是否正常启用。

2）空域限制和限飞区

微型无人机、轻型无人机具有相应的空域限制。一般情况下，微型无人机高度不超过 50m，轻型无人机不超过 120m（真高 120m 以上空域为无人机管控区域）。小型、中型、大型无人机在执行飞行任务前需要指定飞行计划，并向飞行管制部门提出申请。

在机场、军事设施等特殊区域，设置了限制飞行区域（限飞区），这些限飞区可以在大疆 Polit 2 软件【限飞地图】模块中查询，主要包括禁飞区、授权区、警示区、加强警示区、限高区等类型，如图 1-15 所示。

- ❑ 禁飞区（红色）：除非获得有关部门的许可，否则无法飞行。
- ❑ 限高区（灰色）：可以飞行，但是飞行高度受到限制。
- ❑ 授权区（蓝色）：经过授权飞行。
- ❑ 警示区（黄色）：起飞时会收到警告。
- ❑ 加强警示区（橙色）：起飞时会收到警告，需要用户确认后才可起飞。
- ❑ 法规限制区（浅蓝）：由于当地的法规和政策规定，部分特殊区域的所在范围内禁止飞行。
- ❑ 法规适飞区（绿色）：轻型无人机适飞空域。
- ❑ 风景示范区（灰绿）：针对特定景区的空域限制区，在此区域飞行需要注意自身飞行安全。

图 1-15　限飞区

区域解禁包括授权区解禁和特殊解禁。授权区解禁只针对授权区，实名用户和单位可以直接申请解禁。特殊解禁则针对特殊情况，可以解禁禁飞区、限高区等飞行限制。

注意：在大疆安全飞行网站中可以查询限飞区以及申请解禁。

3）无人机驾驶员的有关要求

无人机驾驶员需要掌握运行守法要求，必要时应当投保飞行器保险、第三者责任险、操作者伤害险等意外保险。驾驶小型、中型、大型无人机时，需要持有相应的资质。依据《民用无人机驾驶员管理规定》，无人机驾驶员分为视距内、超视距和教员 3 个等级，并按照执飞平台分为固定翼、直升机、多旋翼、垂直起降固定翼、自转旋翼机、飞艇等类型。无人机驾驶员职位包括机长和副驾驶。无人机驾驶员的资质（CAAC 资质）和飞行记录由中国民用航空局 UOM 操控员资质子系统管理。

在以下情况下无人机驾驶员自行负责，无须执照管理。

❑ 在室内运行的无人机。

❑ I、II 类无人机（对应了微型无人机和轻型无人机）。

❑ 在人烟稀少、空旷的非人口稠密区进行试验的无人机。

除 CAAC 资质外，无人机驾驶员还可以考取 AOPA、CHALPA、ASFC 等组织的认证，其性质适用范围各不相同，如表 1-6 所示。

表 1-6　无人机驾驶员相关认证

类　型	管　理　单　位
民用无人机操控员执照	中国民用航空局（CAAC）
民用无人机驾驶员合格证	中国航空器拥有者及驾驶员协会（AOPA）
民用无人机操控员应用合格证	中国民航飞行员协会（ChALPA）
遥控航空模型飞行员执照	中国航空运动协会（ASFC）
无人驾驶航空器系统操作手合格证	大疆"慧飞"无人机应用技术培训中心（UTC）

民用无人机操控员执照最权威，也最具效力；取得此证后可免考增发 AOPA 民用无人机驾驶员合格证和 ChALPA 民用无人机操控员应用合格证。

2．飞行前检查

飞行前检查包括气象条件、场地环境以及无人机状态等。

1）注意气象条件

尽量避免高温或低温状态下运行无人机。电池的放电能力对温度比较敏感。过低的环境温度会降低电池的效率，降低动力输出。过高的温度会增大电子设备的散热压力，也可能影响飞手的状态和表现。

尽量避免在大风天气或大气环境不稳定的条件下运行无人机。不同无人机的抗风能力不同，可以参阅相应的用户手册。大疆行业无人机的抗风能力一般都在不高于 12m/s 的风速下飞行。

尽量避免在雨雪天气下运行无人机。

2）注意场地环境

尽可能选择开阔的场地，起飞地点和作业区域（飞行区域）之间尽量不要存在遮挡（尤其是钢筋混凝土结构的建筑物的遮挡）。选择平整的地面起降无人机，可以铺设地垫或者停机坪，可以有效防止灰尘进入机体。另外，还需要注意避免高压线、通信塔站等可能产生电磁干扰的地区，远离人群，远离敏感场所。

3）无人机状态

借助 Polit 2 可以完成大部分的飞行前检查，在健康管理系统（HMS）模块中判断无人机的状态，是否需要保养、维修或者固件更新等；在飞行前检查界面中检查航电系统、动力系统、遥控器等各模块的基本状态。另外，还需要特别注意以下几个方面。

□ 检查无人机及其无人机电池的外观是否完好。
□ 确认遥控器和无人机的电量是否充足。
□ 注意天线布局，天线平行时信号最好，并且尽可能保持天线所在的平面垂直于无人机。
□ 注意飞行挡位是否正确。
□ 确定摇杆模式（日本手、中国手、美国手）。
□ 夜间飞行时打开夜航灯，不要关闭补光灯。

以上是无人机飞行前的基本检查要点，根据不同的无人机类型和应用场景，还可能需要特别的检查和测试。

3．飞行中

飞手在飞行中应当集中精力，保持警惕，双手尽量不要离开遥控器；时刻注意遥控器和 Pilot 2 中的各项告警信息，在目视范围内观察无人机状态指示灯。

在飞行界面中，除图传外，飞行辅助功能（Primary Flight Display，PFD）和相机界面中的导航信息模块也是非常重要的信息来源，可以直观地了解飞机姿态、飞行高度、飞行速度和风速等信息。在 PFD 中，建议特别注意速度矢量球的位置，因为矢量球的方向指向了飞机飞行的方向，如图 1-16 所示：当速度矢量球处于地平线上方时，飞机上升；反之飞机下降。另外，通过 AR 投射或导航信息模块可实时观察了解返航点、航点、RNG 目标点、Pin 点位置，以及 AirSence 感知的载人飞机等信息。

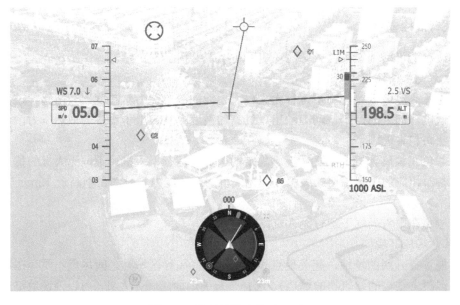

图 1-16　飞行辅助功能（PFD）

新手最好使用模拟器练习再飞行，或者由有经验的飞手带飞，并且保持无人机在视距内。

注意：视距内运行（Visual Line of Sight，VLOS）是指无人机驾驶员或者观测员与无人机保持直接目视接触的操作方式，通常是指在目视距离内、高度不超过 120m 且水平半径不超过 500m 的范围内。超视距运行（Extended Visual Line of Sight，EVLOS）是指无人机在视距以外的空间内飞行。

1.3　大疆 SDK

大疆 SDK 是大疆创新（DJI）公司推出的软件开发工具包（Software Development Kit，SDK），旨在为开发人员提供无人机相关的 API 和工具，以便于开发者更加方便地开发无人机相关应用程序。

注意：SDK 表示软件开发工具包（Software Development Kit），是针对某一平台某个具体环境下的一系列软件开发工具，可以包括开发接口、文档、构建脚本等各类工具。API 表示应用程序接口（Application Programming Interface），通常表现为预先定义的类、结构体、函数等。从概念上看，SDK 范畴要大于 API，但是笔者认为这两者的概念是高度关联的，没有详细分析和比较的必要。

以前，大疆 SDK 会员分为基础用户和高级用户两个级别。2021 年 11 月，大疆取消了 SDK 会员分级制度，所有开发者在技术支持、APP 激活、Beta 版 SDK 获取等方面享有和此前高级会员一样的权益。

1.3.1　大疆 SDK 体系

使用大疆 SDK，开发者可以实现有趣的无人机应用程序。2014 年，大疆推出了以 Mobile SDK、Onboard SDK 和 Guidance SDK 以来，经过近 10 年的发展，目前已经形成较为完备的 SDK 体系。2023 年 9 月，大疆升级了 SDK 体系，加入了 Edge SDK，并对 Mobile SDK 和 Payload SDK 的功能进行了升级，如增加了脱控飞行、4G 私有化增强图传等能力。目前，大疆常用的 SDK 适用范围如图 1-17 所示。

❑ Mobile SDK 适用于开发 Android 等平台的移动应用程序，运行在移动设备或遥控器中，可以实现飞行控制、图像传输、地图显示等功能。

❑ UX SDK 在 Mobile SDK 的基础上，提供用户界面设计的主要功能。将不单独推出，而是融入 MSDK 的样例代码中。

❑ Payload SDK 适用于无人机负载设备的开发，如相机、激光雷达等。

❑ Edge SDK 适用于大疆机场，用于开发边缘计算应用，需要配合边缘计算设备（如 Jetson Xavier NX、Atlas 200I DK A2）等使用。

❑ Windows SDK 适用于开发 Windows 平台的桌面应用程序，可以运行在 PC 设备中。

❑ Onboard SDK 适用于无人机上的嵌入式应用程序开发，可以访问无人机的传感器和控制器，并实现自定义的飞行控制算法。

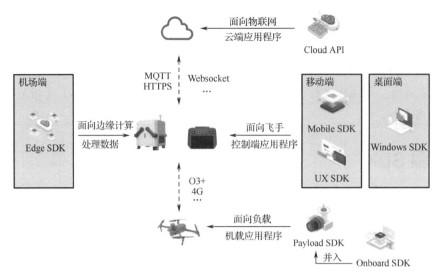

图 1-17 大疆 SDK 大家庭

除上述主要的 SDK 外，大疆还提供了用于处理热红外影像的 Thermal SDK，以及已经弃用的视觉应用 Guidance SDK。

那么，我们为什么选择大疆 SDK 呢？这主要是因为大疆 SDK 拥有以下几个方面的优势。

❑ 大疆具有稳定、高效、强大的无人机产品。大疆行业无人机产品非常稳定，且防水抗高温能力非常优秀。

❑ 大疆具有完善的行业应用生态。针对不同的行业需求，具有极高集成度的行业方案，具体可参见大疆行业应用官方网站。

❑ 大疆具有成套 SDK 体系。Mobile SDK 和 Payload SDK 等 SDK 产品并不是相对独立的，而是可以通过 MOP 等方式相互配合，非常轻松地开发一整套应用系统。

大疆 SDK 还提供了丰富的开发文档和示例代码，以便于开发者更加方便地使用 SDK 进行开发，可参见大疆开发者网站。下面两小节将着重介绍大疆 SDK 中最为重要的 2 个组成部分：Payload SDK 和 Mobile SDK。

1.3.2 Payload SDK

无人机的行业应用越来越多且越来越细分，无人机的专业化趋势将会更加明显。通过 Payload SDK（后文简称 PSDK）设计各类不同功能的无人机负载，从而应对无人机专业化的挑战。PSDK 于 2018 年 3 月首次发布，直到 2021 年 10 月大疆发布了 PSDK 3.0.0 版本，经过 5 年多的发展，PSDK 已经是非常成熟的 SDK 产品，其基本功能如图 1-18 所示。

PSDK 3.x.x 相对于之前的版本具有以下特点。

❑ 从平台上看，PSDK 支持 Linux 和 RTOS 两大平台。不过，PSDK 3.x.x 以 MIT 协议开源，因此开发者也可以根据实际需求移植 PSDK。

❑ 从设备上看，PSDK 3.x.x 支持最新的 M3D/M3TD、FlyCart30、M350 RTK、M300 RTK、M30/M30T 和 M3E/M3T 等后续机型。PSDK 版本及其支持设备如表 1-7 所示。

❑ PSDK 3.x.x 版本整合了 Onboard SDK（后文简称 OSDK）功能。至此，大疆 SDK 体系形成了 2 大主要板块，即 Mobile SDK 和 Payload SDK。

图 1-18　PSDK 基本能力

表 1-7　PSDK 版本及其支持设备

版本	PSDK v1.x.x	PSDK v2.x.x	PSDK v3.x.x
首发时间	2018 年 3 月	2020 年 2 月	2021 年 10 月
支持无人机	M200、M210、M210 RTK	M210 V2、M210 RTK V2、M300 RTK	M3D/M3TD、FlyCart30、M350 RTK、M300 RTK、M30/M30T、M3E/M3T 及后续机型
支持接口设备	SkyPort	X-Port、SkyPort V2	X-Port、SkyPort V2、E-Port、E-Port Lite

　　PSDK 开发需要使用 E-Port 接口、E-Port Lite 接口或者 X-Port、SkyPort V2 等标准负载工具。X-Port 和 SkyPort V2 是标准的负载工具,需要使用无人机的 DGC(DJI Gimbal Connector)2.0 接口,用于对接无人机和负载设备。

　　❑ E-Port 接口采用 Type-C 接口的硬件标准,用于直连第三方负载。通常,采用 E-Port 接口的负载可以容纳一些设备抖动(不需要云台增稳)。

　　❑ E-Port Lite 接口是 M3D/M3TD 和 FlyCart30 最新接口,同样采用 Type-C 接口的硬件标准,同时支持 PSDK 负载连接、调参以及 USB 转串口(USB-TTL)功能。

　　❑ X-Port 是标准云台,具有 3 轴向的负载稳定能力,具有云台上置和云台下置两种模式,方便于开发者关注负载本身的研发。

　　❑ SkyPort V2 转接环,用于对接无人机的 DGC 2.0 接口和第三方负载。

　　注意:E-Port 接口的前身是 OSDK 扩展接口,可以使用早期的 PSDK 和 OSDK 版本,通过 SDK 同轴线或 OSDK 拓展组件开发 PSDK 负载或 OSDK 机载程序。DGC 2.0 接口的前身为 PSDK 接口。另外,在 M3E/M3T 和 M30/M30T 无人机的用户手册中,E-Port 接口称为 PSDK 接口。

　　各行业无人机对 E-Port、E-Port Lite 接口和 DGC 2.0 接口的支持性可参见表 1-3,读者也可参考无人机的用户手册。

　　负载开发有其特殊性,涉及飞行安全和飞行体验。开发者可在大疆允许的范围内使用

PSDK 开发负载设备。开发 PSDK 负载前需要在大疆开发者网站中申请注册。如需开发 9 个以上的负载设备，则需要向 DJI 申请量产权限。不过，自从 2021 年 11 月大疆取消了会员分级制度后，申请 PSDK 应用无须通过人工审核，并且量产时无须缴纳量产授权费，仅需提供简单的材料即可免费申请开通量产模式。使用 PSDK 开发的负载设备如图 1-19 所示。

图 1-19　Payload SDK 产品

1.3.3　Mobile SDK

Mobile SDK（后文简称 MSDK）是最早且用途最为广泛的 SDK，拥有众多开发者群体，用于设计移动应用程序，实现在遥控端设计并执行飞行任务、控制云台相机等负载等功能。MSDK 于 2022 年 3 月迎来变革，发布了 MSDK V5 版本。MSDK V5 相较于之前的 MSDK，具有以下几点特性。

图 1-20　Mobile SDK 应用程序

❑ 从平台上看，MSDK V5 支持 Android 设备，可以使用 Kotlin 或 Java 语言开发；不再支持 iOS 设备。需要注意的是，虽然旧版本的 MSDK 支持 iOS 设备，但是 MSDK 应用可能无法上架 App Store。

❑ 从设备上看，MSDK V5 优先适配行业无人机，其次是新推出的消费机无人机；旧机型只能使用旧版本的 MSDK。MSDK V5 目前支持 M350 RTK、M300 RTK、M30T/M30E、M3E/M3T、Mavic 3M、Mini 3 和 Mini 3 Pro。

❑ 从用户界面设计上看，MSDK V5 以开源框架的形式融合了 UX SDK，并存在于官方的样例中；不再单独退出 UX SDK。

使用 Mobile MSDK 开发的应用程序如图 1-20 所示。

1.4　本章小结

本章介绍了无人机开发的基础知识，简述了大疆 SDK 体系。理解和掌握这些基础知识对开发应用非常重要：可以帮助开发者根据用户需求选择合适的开发方案和飞行平台，在设计移动应用或负载时提升安全性、稳健性和易用性。目前，大疆 SDK 体系中最为重要的是 Payload SDK（PSDK）和 Mobile SDK（MSDK）。PSDK 用于设计负载，可以通过 E-Port、E-Port Lite 接口或 DGC2.0 接口连接到无人机机身，实现特定的功能。MSDK 用于设计移动应用，可以运行在遥控器或者遥控器所连接的移动设备中，实现执行特定的飞行任务、操控负载等功能。PSDK 和 MSDK 之间并不是割裂的，两者可以相互配合，形成完整的行业应用解决方案。

在具体学习中，可能遇到各类本书没有提及的问题；随着 PSDK 和 MSDK 更新，读者也可能出现新问题，或需要了解新特性。此时，读者可以充分利用官方资源和互联网资源。在大疆开发者网站中可以查看 PSDK、MSDK 的基础文档和 API 参考等信息；在大疆开发者论坛中可以获取和共享更加详细、具体的技术文章，讨论和交流所有的各类问题。如果问题仍然没有得到解决，还可以在大疆开发者论坛中提交请求，大疆官方会有专业人员负责回答、跟进和解决问题。

1.5　习题

1. 简述大疆行业无人机的种类和特点，并分析这些无人机能够应用到哪些行业应用中去。
2. 如何保养无人机的电池？
3. 在飞行前和飞行过程中有哪些安全注意事项？
4. 大疆有哪些 SDK？分别具有哪些特点？

第2章 PSDK 开发准备和硬件连接

PSDK 用于无人机负载开发，属于硬件开发的范畴，因此开发者需要准备相应的软件和硬件，搭建开发环境。本章将介绍软硬件的选型和准备工作，并将这些硬件连接好，其核心知识点如下：

- ❏ 注册 PSDK 开发者；
- ❏ PSDK 软硬件的准备；
- ❏ UART、USB 和网络通信协议；
- ❏ 无人机和负载的硬件连接。

2.1 准备工作

本节将介绍开发前的准备工作，在大疆开发者网站上注册 PSDK 开发者、申请负载许可，认识并准备 PSDK 开发所需的软硬件，以便于运行和调试 PSDK 应用程序。

2.1.1 申请负载许可

运行 PSDK 程序时，需要填写负载应用的名称、标识符、密钥和许可等信息。自 2021 年 11 月以来，负载的申请和开发不再需要人工审核，也不再需要授权费用。本小节将介绍如何创建并申请负载许可。

（1）在 DJI 开发者网站中注册或登录 DJI 开发者账号；DJI 开发者账号可以使用 DJI 账号，两者是通用的。

（2）进入 DJI 开发者网站的用户中心，单击左侧的【成为 Payload SDK 开发者】按钮，进入 Payload SDK 开发者申请页面，如图 2-1 所示。

图 2-1　申请 Payload SDK

（3）单击【下一步】按钮，并同意最终用户许可协议，如图 2-2 所示。

Payload SDK 最终用户许可协议

请仔细阅读。阅读协议的过程中，如果您不同意相关协议或其中任何条款约定，您应立即停止注册程序。

By registering as a Payload SDK developer, you are permitted to use the Payload SDK for the sole purpose of developing your Applications and Payloads as part of your Developer Payload Solution. But unless you have a separate agreement with DJI,

1. DJI is not responsible for your Applications and Payloads availability and risks;

2. You shall not have or acquire any right, title or interest in or to DJI's Trademarks, place or append any DJI's trademarks, logos, service marks or any commercial designations on your Applications and Payloads, nor on any of the accessories, documents, packaging expressly indicated as parts of your Applications or Payloads;

3. DJI is not obligated to provide you with any support on the developing or distribution of your Developer Payload Solution. If you fail to comply with the above terms, DJI has the right to suspend or withdraw its permit for you to use the Payload SDK, and you shall be liable for indemnifying DJI for its losses.

This End User License Agreement was last modified on December 24, 2018.

同意

图 2-2　Payload SDK 最终用户许可协议

（4）输入开发者信息［开发者类型（企业、机构组织）、机构名称、国家或地区、城市和所属行业］，如图 2-3 所示。

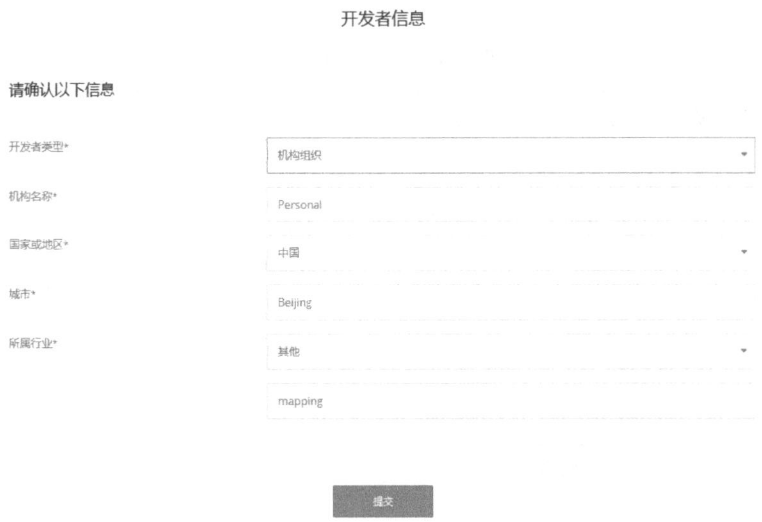

开发者信息

请确认以下信息

开发者类型*	机构组织
机构名称*	Personal
国家或地区*	中国
城市*	Beijing
所属行业*	其他
	mapping

提交

图 2-3　开发者信息

（5）单击【提交】按钮后，进入创建负载页面，如图 2-4 所示。在该页面中，需要输入负载名称、负载描述、针对行业、主要用途、主要功能等信息。如已经准备好负载样机，还可以上传负载设计图。

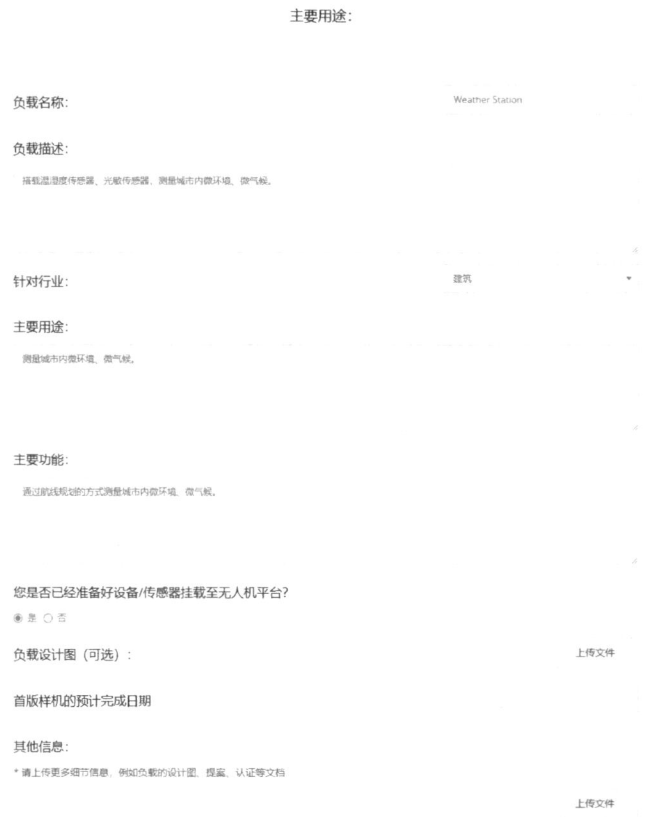

主要用途:
负载名称:
Weather Station
负载描述:
搭载温湿度传感器、光敏传感器，测量城市内微环境、微气候。
针对行业:
建筑
主要用途:
测量城市内微环境、微气候。
主要功能:
通过航线规划的方式测量城市内微环境、微气候。
您是否已经准备好设备/传感器挂载至无人机平台?
是 否
负载设计图（可选）:
上传文件
首版样机的预计完成日期
其他信息:
* 请上传更多细节信息，例如负载的设计图、提案、认证等文档
上传文件

图 2-4　创建负载页面

注意：负载名称仅可由英文字符、数字、空格、+、−、_组成。

（6）单击【提交】按钮后，会向注册邮箱中发送验证邮件；随后，打开验证邮件中的链接即可确认信息。返回用户中心，在左侧导航栏中单击【应用】按钮，即可在右侧的应用列表中出现刚刚创建的 Payload SDK 应用列表项 WEATHER STATION，如图 2-5 所示。

用户中心
应用
SDK Road Map
个人档案
Beta SDK
Mobile SDK
Windows SDK
成为PAYLOAD SDK开发者
会员资格
LDM 申请
ALL SDK
BUTTON VIEW
Search BundleID/packageName
创建应用
WEATHER STATION
PAYLOAD
SDK
批量生成模式

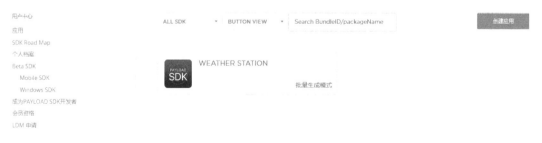

图 2-5　列表项 WEATHER STATION

注意：图 2-5 中的批量生成模式表示已获得负载量产许可。当前，负载量产许可已可免费取得，无须额外的申请和费用。

（7）单击 Payload SDK 应用列表项 WEATHER STATION，即可查看应用的详细信息，如图 2-6 所示。

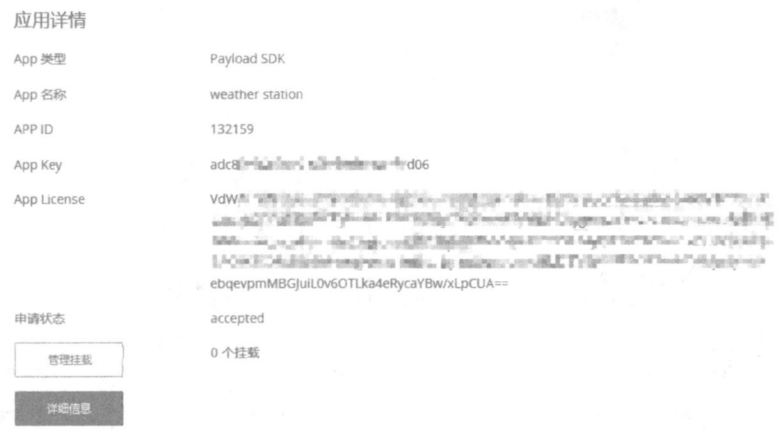

应用详情

App 类型	Payload SDK
App 名称	weather station
APP ID	132159
App Key	adc8▒▒▒▒▒▒▒▒▒▒▒d06
App License	VdW▒▒ebqevpmMBGJuiL0v6OTLka4eRycaYBw/xLpCUA==
申请状态	accepted

管理挂载　　　　0 个挂载

详细信息

图 2-6　Payload SDK 应用列表项 WEATHER STATION 的详细信息

这些信息可以记录在计算机中，在后文的开发环境配置中需要使用到 App 类型、App 名称、App ID、App Key、App License 和申请状态等信息。

❑ App 类型：应用所采用的 SDK 的类型。

❑ App 名称：应用名称。

❑ App ID：应用标识符。

❑ App Key：应用密钥。

❑ App License：应用许可。

❑ 申请状态：accepted 表示可以正常使用该应用许可。

另外，单击【管理挂载】按钮可以查看当前负载的运行情况；单击【详细信息】按钮可以查询详细的负载申请信息。

2.1.2　硬件准备

硬件准备包括选择飞行平台、选择负载连接方式、选择开发套件、选择量产配件、选择开发板等，如图 2-7 所示。

1. 选择飞行平台

常见的大疆行业无人机包括 M3D/M3TD、FlyCart30、M350 RTK、M300 RTK、M30/M30T 和 M3E/M3T 等，可以参考 1.2.1 小节的相关介绍。表 1-3 对比了以上无人机的参数，不同行业无人机的负载能力、接口设计、支持的负载形态、重量和连接方式都有所不同；开发者可以根据实际情况做出选择。

2. 选择负载连接方式和选择开发套件

负载连接方式和开发套件的选择是密切相关的。负载需要通过 E-Port 接口、X-Port 标准云台或 SkyPort V2 转接环对接无人机和负载；如果选择了 E-Port 接口，就需要使用 E-Port 开发套件；如果选择了 X-Port 标准云台或 SkyPort V2 转接环，就需要使用 Payload SDK 开发套件 2.0。

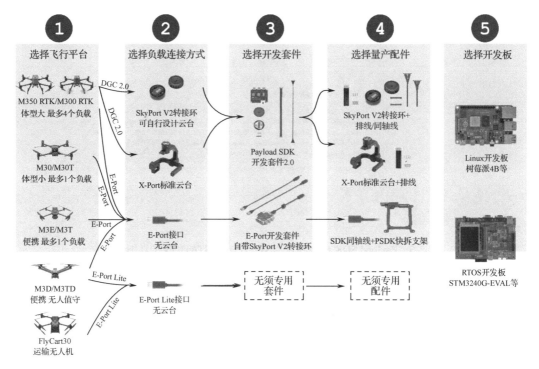

图 2-7　硬件准备流程

各类负载连接方式和相应开发套件的主要特性如下。

1）E-Port 接口

E-Port 接口通常连接不需要云台的机载设备，如机载计算机或可以容纳一定抖动范围的负载（如搭载温湿度传感器等设备）。由于 E-Port 接口的前身是 OSDK 接口，因此多用于连接具有一定计算能力或控制能力的机载设备。另外，E-Port 接口的支持性很强，支持 M3D/M3TD、M350 RTK、M300 RTK、M30/M30T 和 M3E/M3T 等行业无人机设备。

在开发过程中，E-Port 开发套件可以将 E-Port 接口转换为常用的接口。E-Port 开发套件包括了 E-Port 转接板、E-Port 同轴线、XT30 转 USB-C 电源线和 XT30 转 DC5.5 电源线等配件。通过 E-Port 同轴线可以连接无人机和 E-Port 转接板。

2）E-Port Lite 接口

E-Port Lite 接口是符合标准 USB Type-C 标准的接口，支持 M3D/M3TD 和 FlyCart30 无人机。在无负载连接时，E-Port Lite 接口可作为 USB 调参接口使用，具有很强的通用性。相对于 E-Port 接口，E-Port Lite 接口具有以下几个特点。

❏ E-Port Lite 接口是 USB Type-C 接口的扩展，兼容 USB 设备。

❏ E-Port Lite 接口提供 5V 2A 的电源输出，功率输出能力弱于 E-Port 接口。

❏ E-Port Lite 接口是全功能的，同时支持串口（UART）、网口、USB 和 PPS 通信协议，而 E-Port Lite 接口仅支持串口通信。

❏ E-Port Lite 接口目前支持 M3D/M3TD 和 FlyCart30 无人机，而 E-Port 接口的支持性更强，适用于绝大多数主流的无人机。

3）X-Port 标准云台

使用 X-Port 标准云台开发的负载，通常对稳定性具有较高需求（如相机等成像设备等）；或者需要控制负载的方向（如探照灯、定向扬声器等）。X-Port 标准云台［见图 2-8（a）］具有云台控制基本功能，可以帮助开发者关注负载本身，提高开发效率。

　　（a）X-Port 标准云台　　　　　　　　　（b）SkyPort V2 转接环

图 2-8　X-Port 标准云台和 SkyPort V2 转接环

在开发过程中，Payload SDK 开发套件 2.0 可以帮助 X-Port 标准云台的负载开发。Payload SDK 开发套件 2.0 包括 SkyPort V2 转接环、Payload SDK 转接板（接口扩展板）、排线、同轴线、保护盖、排线座和同轴线座等。通过排线可以连接 Payload SDK 转接板和 X-Port 标准云台。

4）SkyPort V2 转接环

与 X-Port 标准云台类似，SkyPort V2 转接环也连接到无人机的 DGC 2.0 接口上，既可以用于设计无须云台的负载设备，也可以由开发者自行设计云台。SkyPort V2 转接环和负载之间通过排线或同轴线连接。

无论是以上哪种负载连接方式，引出的接线引脚都比较多。E-Port 开发套件中的 E-Port 转接板或 Payload SDK 开发套件 2.0 的接口拓展板的作用就是将这些接线引脚转换为标准的电源接口、串口、网口或 USB 接口，方便开发者设计和调试程序。以上几种负载连接方式的对比如表 2-1 所示。在设计产品和量产时，可以按照需求沿用 E-Port 转接板或 PSDK 接口拓展板开展硬件设计。

表 2-1　负载连接方式的对比

负载连接方式		E-Port	E-Port Lite	X-Port	SkyPort V2
开发接口		E-Port	E-Port Lite	DGC 2.0	DGC 2.0
支持性	M3D/M3TD	√	√	×	×
	FlyCart30	×	√	×	×
	M350 RTK	√	×	√	√
	M300 RTK	√	×	√	√
	M30/M30T	√	×	×	×
	M3E/M3T	√	×	×	×
云台		无云台	无云台	无云台 可自行设计云台	官方标准云台

开发工具	E-Port 开发套件	—	Payload SDK 开发套件 2.0	Payload SDK 开发套件 2.0
量产工具	SDK 同轴线 PSDK 安装支架	—	X-Port 标准云台 排线	SkyPort V2 转接环 排线/同轴线

3．选择量产配件

在负载开发完成之后，需要购买相应的量产配件，包括 X-Port 标准云台、SkyPort V2 转接环、连接线（同轴线、排线）以及 PSDK 快拆支架等。

> **注意**：PSDK 支架仅支持 M30/M30T 无人机。

量产负载设备时，需要尽可能适配这些量产配件，以便于用户的安装和卸载。

4．选择开发板

在设计具体的负载硬件前，通常需要使用开发板设计程序，因此需要先选择合适的开发板。根据 PSDK 的运行环境不同，可供选择的开发板不同。

1）选择 Linux 开发板

使用 Linux 运行环境，可以选择包含 USB 接口或以太网网口的便携计算机，包括 Jetson Nano、树莓派、香橙派、NanoPi、香蕉派、悟空派、荔枝派或其他 ARM、x86 等架构的主机（或虚拟机）。当然，开发者也可以选择大疆官方的机载计算机 Manifold 2-C 和 Manifold 2-G 等。

> **注意**：大疆官方的机载计算机妙算（Manifold）共推出 2 代产品，分别是 Manifold、Manifold 2-C（酷睿 i7-8550U 处理器）和 Manifold 2-G（酷睿 i7-8550U）。虽然目前已经停产，但其仍然支持最新的 PSDK，可以应用在 M350 RTK 和 M300 RTK 等飞行平台上。

本书选用树莓派 4B（Raspberry PI 4 Model B）为例作为 PSDK 应用载体，介绍 PSDK 在 Linux 上的基本用法。树莓派 4B 采用 4 核 64 位 1.5GHz 主频的博通 BCM2711 作为主控，为 Cortex-A72 (ARM v8) 架构，使用 LPDDR4 内存颗粒，可选容量大小为 1GB、2GB、4GB 和 8GB。建议开发者选择使用内存容量为 4GB 或 8GB 的树莓派 4B 设备作为 PSDK 开发设备。

> **注意**：如果开发者没有树莓派 4B 等 Linux 设备，也可以使用 Linux 虚拟机开发 PSDK 应用。此时，所有的连接都需要通过主机连接到虚拟机上。这种开发方式的配置相对复杂，不建议开发者使用。

树莓派（Raspberry Pi，RasPi）是一种非常受欢迎的单板机，虽然其尺寸很小，但是其具有完整通用的硬件结构，可以理解为一台迷你的小电脑。树莓派为 ARM 架构，不仅可以使用官方支持的 Raspberry Pi OS 操作系统，还可以运行 Ubuntu、Apertis、OpenELEC、Arch、Kali，以及 Windows 10 IoT 等各类通用或专用操作系统。树莓派由树莓派基金会（raspberrypi.org）研发和维护，并且拥有强大的社区支持。因此，树莓派应用非常广泛，在互联网上存在众多应用项目和案例可供学习参考，如服务器、物联网、软路由、3D 打印等各类应用。

树莓派诞生于 2012 年，至今已经迭代了 B、A、B+、A+、2B、Zero、3B、Zero W、3B+、4B 和 5 等众多版本。版本中包含 B 的表示 Model B，通常拥有更加全面的外设接口；Model A 与 Model B 的主控（CPU）相同，但外设更加简化。Zero 版本主打轻量化，外设很少，价格也更加便宜。目前最新的版本是树莓派 5。树莓派 5 除 Cortex-A72 处理器外，还提供了 800MHz 的图形芯片，支持 LPDDR4X SDRAM 和 PCIe 2.0 连接器，使树莓派 5 在处理复杂任务、运行大型软件和多任务处理等方面更加出色。开发者也可以使用树莓派 5 作为开发平台，不过本书为了与 PSDK 官方样例保持一致，仍然选用被广泛应用的树莓派 4B 作为开发平台。

树莓派 4B 拥有丰富的外设，不仅拥有 USB 3.0、Wi-Fi、蓝牙、MicroHDMI 等接口，还拥有千兆网网口，如图 2-9 所示。

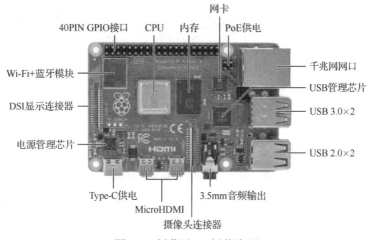

图 2-9　树莓派 4B 板载资源

值得注意的是，树莓派本身没有存储功能，操作系统和软件资源可以存储在 SD 卡（或者 U 盘）中，因此不存在"变砖"的情况。如果系统崩溃了，那么直接在 SD 卡中重新写入新的系统即可。

2）选择 RTOS 开发板

对于 RTOS 运行环境，可以选择 STM32 系列等可以运行 RTOS 的开发板，方便环境搭建和调试，如 STM3240G-EVAL（STM32F407IG）开发板等。

STM32 是意法半导体推出的 32 位微处理器，其中 ST 表示意法半导体公司，M 表示微电子（Microelectronics），32 表示 32 位处理器。STM32 采用 ARM 公司的 Cortex-M 内核，根据具体的内核不同，STM32 分成了 STM32-F0、STM32-F1、STM32-F4 和 STM32-F7 等系列，分别采用了 Cortex 的 M0、M3、M4 和 M7 内核，性能上依次越来越强。

注意：Cortex 是 ARM 公司推出的处理器内核系列，包括 Cortex-A 高性能应用处理器系列、Cortext-R 实时处理器系列、Cortex-M 微处理器系列以及 Cortex-X 高性能计算处理器系列。另外，ARM 公司作为知识产权（IP）公司本身并不生产处理器，而是授权诸如 ST 等厂商生产相应内核的处理器。

对 PSDK 开发来说，建议选择使用 Cortex-M4 的 STM32F4xx 系列的开发板，对于其他型号的 STM32 芯片，需要开展移植工作。在本书中，将采用 STM32F407ZGT6 芯片，其中 F

表示基础型；407 表示采用包含浮点运算单元 FPU 和 DSP 指令的 Cortex-M4 高性能内核；Z 表示 144 个引脚；G 表示 Flash 存储大小为 1MB；T 表示封装类型为 QFP 封装；6 表示其温度等级范围为-40～85℃。STM32 的芯片命名规则如图 2-10 所示。

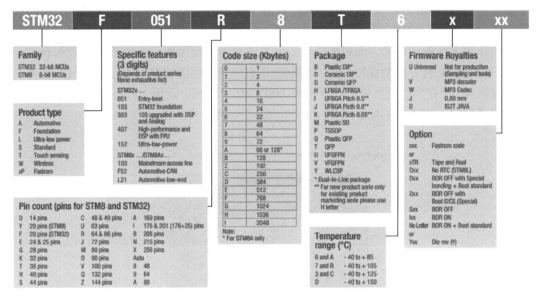

图 2-10　STM32 的芯片命名规则

图 2-11　STM32F407ZGT6 芯片

从芯片外观上看，丝印上显示了 ST 公司名称 LOGO、芯片型号、内核类型等信息。对于 LQFP 封装的 STM32 芯片，左下角的圆点为 1 号引脚，逆时针旋转即可数出相应的引脚编号，如图 2-11 所示。

STM32 作为微处理器，几乎难以支撑类似 Linux 的大型操作系统。在实时性要求较高的领域中，可以使用实时操作系统（Real Time Operating System，RTOS）。RTOS 可以保证程序运行的实时性能，通常用于汽车电子、自动化控制、航空航天等需要高实时性和高可靠性的领域。PSDK 的样例程序中使用了 FreeRTOS 操作系统调度应用程序。

另外，PSDK 已经适配了 AARCH64、X86_64、Cortex M4/M4F、ESP32、海思 Hi3516、海思 Hi3519 等硬件平台，具体可参考官方文档的"选择开发平台"章节查询。另外，开发者也可以根据实际情况自行移植 PSDK，使其运行在符合需求的硬件上。

2.1.3 软件准备

在软件方面，需要开发者准备好 PSDK 软件开发包（源代码）、大疆 Assistant 调参工具和地面站软件。如果需要和 MSDK 交互，还需要配置好 MSDK 开发环境。

1. PSDK 软件开发包

在 PSDK 官方的仓库中可下载 PSDK 最新版本和历史版本的软件开发包。开发者也可以在本书所附带的资源中找到 PSDK 3.8 软件开发包。PSDK 软件开发包包括以下内容。

❑ doc：文档，包括 PSDK 编码样式（dji_sdk_code_style）、硬件参考设计图纸（reference_designs）和无人机 3D 模型（simple_model）。

❑ psdk_lib：PSDK 源代码，包括头文件（include）和库文件（lib）。

❑ samples：PSDK 样例代码，包括 C 样例代码（sample_c）和 C++样例代码（sample_c++）。

❑ tools：包括 file2c（用于在自定义控件的实现中将图标转换为 c 文件）等常用工具软件。

❑ CMakeLists.txt：描述编译链接的规则文件，用于通过 cmake 命令生成 Makefile。

❑ EULA.txt：最终用户许可协议（End-User License Agreements）文件。

❑ LICENCE.txt：MIT 协议声明文件。

❑ README.md：PSDK 简介说明文件。

2．调参工具

DJI Assistant 是大疆无人机的调参工具，目前的最新版本是 DJI Assistant 2。不过，DJI Assistant 2 并不是独立的软件，而是一系列软件：大疆针对不同的无人机型号发布了不同的 DJI Assistant 2 版本，包括 DJI Assistant 2 for Phantom、DJI Assistant 2 for Mavic、DJI Assistant 2（Inspire 系列）、DJI Assistant 2（FPV 系列）、DJI Assistant 2（消费机系列）等。

对于行业无人机来说，需要使用 DJI Assistant 2（行业系列）。DJI Assistant 2（行业系列）支持 M200、M210、M600、M300 RTK、M350 RTK、御 2 行业进阶版、御 3 行业版、御 3 多光谱版、御 3 红外版、M30 系列、大疆机场、DJI RC PLUS 等无人机和相关设备。

DJI Assistant 2（行业系列）是基于 Electron 开发的跨平台软件，支持 Windows、macOS 等操作系统。不过，macOS 版本暂不支持 M300 RTK、M350RTK 和 H20 系列设备。DJI Assistant 2（行业系列）运行界面如图 2-12 所示。

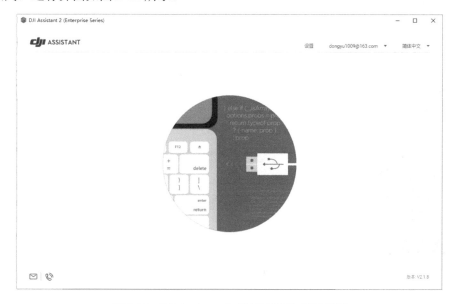

图 2-12　DJI Assistant 2（行业系列）运行界面

在 DJI Assistant 2 中可以进行飞行模拟操作。当无人机通过 USB 线连接无人机时，打开 DJI Assistant 2，即可看到相应的无人机列表项。单击该列表项即可进入无人机的管理调参界面，如图 2-13 所示。

图 2-13　无人机的管理调参界面

单击图 2-13 中的【模拟器】图标后，在弹出的界面中单击【打开】按钮即可打开模拟器界面，如图 2-14 所示。

图 2-14　模拟器界面

此时，在模拟器界面中可以进行模拟器设置和风速设置，设置完成后单击【开始仿真】按钮即可打开如图 2-15 所示的飞行仿真界面。

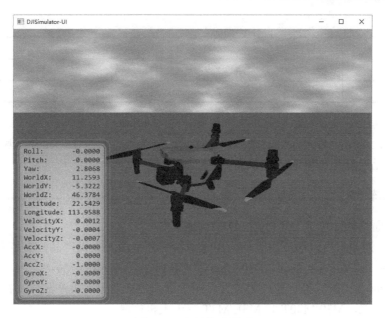

图 2-15　飞行仿真界面

注意： 在使用飞行仿真时，请注意安全。确保无人机和计算机连接正确后再进行操作，必要时建议拆掉无人机桨叶，防止意外发生。

在飞行仿真界面的左下角显示了当前无人机的位置和姿态信息，各类参数的含义如表 2-2 所示。

表 2-2　各类参数的含义

参　数	描　述	单　位
Roll	横滚角	弧度
Pitch	俯仰角	弧度
Yaw	偏航角	弧度
WorldX	X 坐标（起飞点为原点）	米
WorldY	Y 坐标（起飞点为原点）	米
WorldZ	Z 坐标（起飞点为原点）	米
Latitude	纬度	弧度
Longitude	经度	弧度
VelocityX	X 方向速度	米/秒
VelocityY	Y 方向速度	米/秒
VelocityZ	Z 方向速度	米/秒
AccX	X 方向加速度	g
AccY	Y 方向加速度	g
AccZ	Z 方向加速度	g
GyroX	X 方向角速度	弧度/秒

续表

参　数	描　　述	单　位
GyroY	Y方向角速度	弧度/秒
GyroZ	Z方向角速度	弧度/秒

其中，加速度单位 g 表示单位重力加速度，约为 9.8m/s^2。

此时，无论是用户对无人机的操作，还是负载对无人机的操作，都会反映到这个飞行仿真界面中，是无人机开发和调试的好帮手。

3．地面站软件

常见的地面站软件包括 DJI Fly 和 DJI Polit 2 等。

❑ DJI Fly 为无人机航拍应用设计，用于最新的消费级无人机产品，支持 Mavic 3 系列、Air 2 系列、Mini 全系列、DJI Avata 和 DJI FPV 等无人机产品。

❑ DJI Pilot 2 为航测等行业应用设计，用于最新的行业无人机产品，支持 M350 RTK、M300 RTK、M30/M30T 和 M3E/M3T 等无人机产品。

对于行业无人机来说，需要使用 DJI Pilot 2 软件（后文简称 Pilot 2）。Pilot 2 集成在大疆行业无人机的遥控器中，无须单独安装，其运行界面如图 2-16 所示。

图 2-16　Pilot 2 的运行界面

关于 Pilot 2 的用法，可以参考相应无人机的用户手册。

2.2　硬件基础与连接方式

本节将介绍无人机和负载之间的常用通信协议，以及 E-Port 转接板和 Payload SDK 接口拓展板以及硬件连接的基本方法。

2.2.1　通信协议基础

在 PSDK 中，无人机和负载之间主要采用 UART、USB 和网络这 3 种通信方式，实现无人机状态的获取，并下达控制指令。

1．串口通信

串口即串行通信接口，是实现硬件交互最常见的形式。显然，串口通信是一个宽泛概念，包括 UART、COM 等不同的硬件形式，后文介绍的 USB 通信也是一种串口通信。这里所介绍的串口通信是指 UART（Universal Asynchronous Receiver/Transmitter），即通用异步收发器。

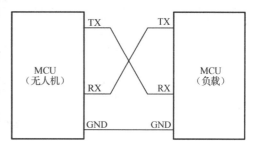

图 2-17　UART 通信连接方式

UART 通常采用 TTL（Transistor-Transistor Logic）电平信号，这是一种全双工的电平信号，收发分别采用 1 根数据线完成，如图 2-17 所示。UART 包括发送端 TX 和接收端 RX 两个通信接口，以及用于平衡两个设备电源基准的 GND 接口。必要时，某个设备还需要向另一方供电，提供 3V3、5V 接口等。

注意：UART 是硬件标准，TTL 是通信标准。相对于 RS232、RS422、RS485 等标准，TTL 的传输速率很短，一般不能超过 2m。

UART 通信时，会将数据转换为二进制的字节表示，并且每次传输时传输 1 个字节，按照先低位、后高位的方式发送，如图 2-18 所示。在低电平（0～0.5V）下表示数字 0，在高电平（2.4～5V）下表示数字 1。

图 2-18　UART 通信数据发送示意

UART 通信的速度取决于波特率，是指 1 秒发送二进制数据的数量，单位为 bps。常见的波特率有 14400、19200、38400、57600、115200 等。波特率越高，传输速率越快，但是对设备和线材的要求也越高。

2．USB 通信

通用串行总线（Universal Serial Bus，USB）是一种重要且常用的外部总线标准，广泛应用在手机、电脑等各类电子产品中。如无特别需求，USB 几乎是电子设备之间通信的最佳选择。

USB 硬件标准和通信协议

USB 通信需要遵循一定的 USB 标准，包括 USB 硬件接口和 USB 通信标准。

（1）USB 硬件接口包括 Type-A、Type-B 和 Type-C 等类型。Type-A 接口和 Type-B 接口按照体积大小还分为标准（Standard）、小型（Mini）和微型（Micro）3 种类型，如图 2-19 所示。

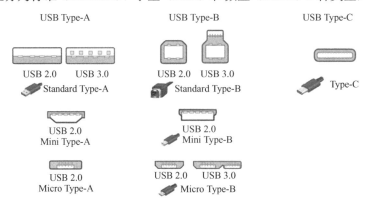

图 2-19 USB 硬件接口

标准的 Type-A 和 Type-C 接口是最常见的 USB 硬件接口，如树莓派包括了 4 个 Type-A 接口和 1 个 Type-C 接口。近几年，Type-C 标准正在取代 Type-A 和 Type-B，成为更加流行的硬件接口。

注意：许多打印机、硬盘盒等设备仍然使用标准的 Type-B 接口。老式的手机多采用 Mini Type-B 接口和 Micro Type-B 接口，常被称为 Mini-USB "T 口" 和 Micro-USB "扁口"。

全功能的 Type-C 接口有 24 个引脚，如图 2-20 所示（B6 和 B7 接口可以省略）。

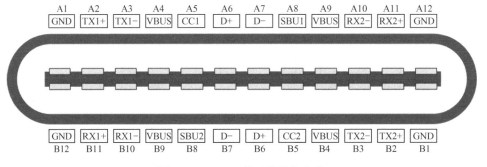

图 2-20 Type-C 接口的引脚定义

注意：通常绝大多数的 Type-C 接口和 Type-C 数据线都是引脚不全的 "阉割" 版，可能难以支撑最新的 USB4、PD3.0 等协议。

（2）USB 通信标准则包括 USB 2.0、USB 3.0、USB4、雷电 3、雷电 4 等，其中 USB 开头的标准为 USB 标准化组织（USB-IF）制定的，雷电标准最初是由苹果和微软联手制定的，雷电 3 捐赠给了 USB-IF，而雷电 4 仍然由英特尔主导研发。各类 USB 通信标准及其带宽和支持接口类型如表 2-3 所示。

表 2-3　USB 通信协议

USB 协议	别　名	带　宽	支持接口
USB 2.0 Low-Speed	USB 1.0	1.5Mbps	Type-A
USB 2.0 Full-Speed	USB 1.1	12Mbps	Type-B
USB 2.0 High-Speed	USB 2.0	480Mbps	
USB 3.2 Gen1	USB 3.0/USB 3.1 Gen1	5Gbps	Type-A
USB 3.2 Gen2	USB 3.1/USB 3.1 Gen2	10Gbps	Type-B
USB 3.2 Gen 2×2	USB 3.2	20Gbps	Type-C
USB4 Gen 2×2	USB4 20Gbps	20Gbps	
USB4 Gen 3×2	USB4 40Gbps	40Gbps	Type-C
雷电 3	Thunderbolt 3	20/40Gbps	
雷电 4	Thunderbolt 4	40Gbps	Type-C

USB4 和雷电 3、雷电 4 接口是相互兼容的，并且支持 USB-PD（Power Delivery）供电协议。在 PD 3.0 协议下，可以最高提供 100W 的供电功率。USB4 可以一统外设江湖，不仅支持常用的 USB 设备，还可以当作电源接口、外接显卡显示器。

3．网络通信

网络通信也是一种串行通信方式，通常采用 RJ45 接口，共有 8 个引脚。常见的网线是双绞线，同样也是 8 根线，其中两两配对。不过，在实际的网络通信中可以仅采用其中 4 个引脚，也可以使用其中的 8 个引脚，如表 2-4 所示。

表 2-4　网口引脚定义

线　序	颜　色	引脚名称	4 芯网口	8 芯网口
1	橙白	TX+	发送正	发送正
2	橙	TX-	发送负	发送负
3	绿白	RX+	接收正	接收正
4	蓝	Data+	—	双向数据正
5	蓝白	Data-	—	双向数据负
6	绿	RX-	接收负	接收负
7	棕白	Data+	—	双向数据正
8	棕	Data-	—	双向数据负

4 芯网线最大支持 100Mbps 的传输速度，而 8 芯网线则可以达到千兆或者万兆速度。

在后文中，将会使用到 UART 通信、USB 2.0 通信和 4 芯网络通信。上述几种通信方式的对比如表 2-5 所示。

表 2-5　几种通信方式的对比

通信方式	UART	USB 2.0	4 芯网络
通信速度	慢 （取决于波特率）	快 （USB 2.0 为 480Mbps）	快 （4 芯网口为 100Mbps）
通信节点	1 对 1 通信	1 对多	均可

续表

通 信 方 式	UART	USB 2.0	4 芯网络
设备对等	对等	非对等	均可
学习难度	简单	较难	较简单

2.2.2 接口定义

为了连接硬件和设计负载方便，开发者还需要理解 E-Port 接口和标准负载工具的接口定义。本小节将介绍这些接口，以及如何通过 E-Port 转接板和接口扩展板使这些接口标准化，方便开发调试。

1．E-Port 接口（OSDK 接口）和 E-Port 转接板

通过 E-Port 开发套件能够轻松地利用 E-Port 接口设计和开发负载，支持 M3D/M3TD、M350 RTK、M300 RTK、M30/M30T 和 M3E/M3T 无人机，如图 2-21 所示。

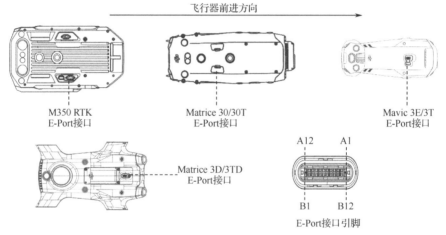

图 2-21　E-Port 接口位置

在 M300 RTK 中，E-Port 接口为 OSDK 接口，它们具有相同的引脚定义，在此一并介绍。

1）E-Port 接口（OSDK 接口）

E-Port 接口的硬件形态和 USB Type-C 接口的硬件形态是相同的，但接口的定义不同。E-Port 接口各引脚的定义如图 2-22 所示。

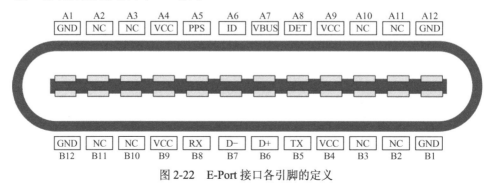

图 2-22　E-Port 接口各引脚的定义

从图 2-22 中可以发现，E-Port 接口的引脚并不是对称的，其中 A5～A8、B5～B8 具有独特的引脚功能。作为比较，USB Type-C 接口引脚的定义则是对称的，如图 2-20 所示。

在开发过程中，E-Port 同轴线没有防呆设计，如果反接则功能无法正常使用。不过，在开发者设计负载并量产后，应当有防呆设计；可以使用 SDK 同轴线或者参考 SDK 同轴线设计。

E-Port 接口主要提供电源输出和以下 3 种通信功能，其各引脚的功能如表 2-6 所示。

❑ UART 串口信号传输。

❑ USB 2.0 / Ethernet 数据传输。

❑ PPS 信号实现时间同步。

表 2-6   E-Port 接口各引脚的功能

类　　型	名　　称	功　　能
电源	VCC	电源供电
	GND	电源接地
UART	TX（UART_TX）	UART 串口发送端
	RX（UART_RX）	UART 串口接收端
USB	ID（USB_ID）	主/从设备控制
	D+（USB_DP）	数据正信号 DP（Data Plus）
	D-（USB_DM）	数据负信号 DM（Data Minus）有时也简写为 DN（Data Negative）
	VBUS（USB_VBUS）	USB 供电（5V）
其他	DET（ON_DET）	负载检测
	PPS（SYNC_PPS）	时间同步
	NC	未连接

（1）电源：E-Port 接口的电源供电使用 4 个 VCC 引脚输出，建议同时使用 4 个引脚为负载供电，以提高供电的稳定性和安全性。不同无人机的供电电压和能力是不同的，如表 2-7 所示。

表 2-7   不同无人机的供电电压和供电能力

无　人　机	额 定 电 压	最 大 电 流	总　功　率
M3D/M3TD	12～17.6V	3A	36～52.8W
M350 RTK	24V	4A	96W
M300 RTK	24V	4A	96W
M30/M30T	19.2～26.1V	4A	76.8～104.4W
M3E/M3T	12～17.6V	3A	36～52.8W

在设计和量产负载时，建议选择宽电压输入的电源转换模块，以适配表 2-7 中的各类无人机，为负载的处理器和各类传感器提供稳定的电压。无人机可以自动检测和限制电源功率，当负载出现大功率输出（或短路）等情况时，会在 Polit 2 中出现过载提示。

注意：M3E/M3T 无人机具有自动断电功能。在开机状态下，接入负载后的 15s 内如果 PSDK 程序没有正常启动，E-Port 接口将会自动断电。

（2）UART：E-Port 接口的串口包括 TX 引脚和 RX 引脚，用于无人机和负载质检的串口通信。E-Port 接口的串口所支持的波特率如表 2-8 所示。

表 2-8　E-Port 接口的串口所支持的波特率

无 人 机	串口波特率/bps
M350 RTK	115200、230400、460800、921600、1000000
M300 RTK	
M30/M30T	
M3D/M3TD	921600
M3E/M3T	

从表 2-8 中可以发现，选择 921600bps 波特率可以适配所有的无人机机型。

（3）USB：通过 ID 引脚切换 USB 的主从设备，同时也控制 VBUS 是否输出电压。当 ID 引脚被拉低时，无人机为主设备；反之为从设备。默认情况下，M350 RTK、M30/M30T 和 M3E/M3T 默认作为 USB 主设备，而 M300 RTK 默认作为从设备。

VBUS 引脚是 USB 的 5V 电压输出。不过，VBUS 输出的电源有以下限制。

❑ 当无人机设置为主设备时，VBUS 才会输出电源。

❑ 最高输出电流为 500mA。

❑ M350 RTK 和 M3E/M3T 不支持 VBUS 输出，只能检测是否存在外部电压。

VBUS 引脚的供电能力有限，建议开发者使用 VCC 引脚和电源转换模块对负载供电，而不是通过 VBUS 引脚取电。

（4）DET 引脚：DET 引脚用于负载检测，支持 M350 RTK、M30/M30T 和 M3E/M3T。当 DET 引脚被拉低，监测到负载连接，才会输出额定电压。因此，在设计时需要将 DET 引脚直接接地（仅 M350 RTK、M30/M30T、M3E/M3T）。经过测试，M30/M30T 无人机在 DET 引脚没有接地的情况下，无法使用 UART 等通信协议。

（5）PPS 引脚：PPS 引脚可以同步无人机和负载的时间。如果负载需要采集照片等各类数据，可以使数据采集时间与无人机的有关数据相匹配。

注意：PPS 引脚需要 RTK 的支持，否则无法正常使用。

（6）NC 引脚：实际上，NC（Not Connected）引脚并非"未连接"，而是预留的信号引脚。因此，在硬件设计时需要将 NC 引脚置空，避免影响或损坏 E-Port 接口和飞行平台。

2）E-Port 转接板

E-Port 转接板是 E-Port 开发套件的核心，如图 2-23 所示。

E-Port 转接板的主要功能是将 E-Port 接口转换为常用的接口，便于开发调试，这些接口主要包括以下几类。

（1）电源输出：E-Port 转接板的电源输出接口为 3 个 XT30 电源接口，分别用于直接输出 VCC 电源（VCC 标识）、输出 5V/2A 电源（5V2A 标识）和输出 12V/2A 电源（12V2A 标识）。一般情况下，5V/2A 电源和 XT30 转 USB-C 电源线可以用于 STM32 开发板供电，12V/2A 电源和 XT30 转 DC5.5 电源线可以用于树莓派供电。如果有特殊的电源电压需求，开发者可以通过 VCC 转换合适的电源输出，其中 VCC 输出电压可以参考表 2-7。

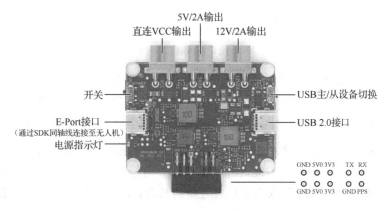

图 2-23　E-Port 转接板

注意： XT30 是一种常见的无人机电源插头类型，一般为黄色外壳；额定电流一般为 15A，最大瞬时电流可以达到 30A 左右。除 XT30 外，还有更大尺寸、更大规格的 XT60 和 XT90 插头。

（2）USB 连接：USB 输出包括 USB 主/从设备切换开关和 USB 2.0 Type-C 接口。不过，USB 连接并不支持 RTOS 运行环境。在实际使用 PSDK 时，USB 连接方式包括 RNDIS 连接和 Bulk 链接两种方式。

- ❑ RNDIS 连接：远程网络驱动接口规范（Remote Network Driver Interface Specification，RNDIS）是一种在 USB 设备上执行 TCP/IP 协议的一种规范（TCP/IP over USB）。
- ❑ Bulk 连接：USB Bulk 通信方式。

注意： USB 有 4 种传输模式，分别是控制传输、同步传输、中断传输和批量传输。控制传输（Control），控制指令、状态查询等，按照先进先出的原则处理数据；同步传输（Isochronous），需要建立连接，以固定的传输速率连续传输数据，主要用于正确性要求不高但是对实时性敏感的数据传输，如常用于麦克风或音响设备的语音数据；中断传输（Interrupt），传输量小但实时性强，如键盘、鼠标或手柄等设备；批量传输（Bulk），数据量大且正确性要求较高的数据，如打印机、相机等。

（3）排针连接：通过排针可以输出 5V 电压（5V0）、3V 电压（3V3），以及串口（RX、TX）和 PPS 时钟同步接口（PPS）。

注意： 默认情况下，E-Port 转接板下方的排针被防护塞遮住。为了避免电源短路，建议在未使用相应的排针时保留防护塞。例如，当仅使用 UART/PPS 时，可以使用防护塞遮住电源排针部分。

3）E-Port 同轴线

使用 E-Port 转接板时，需要通过 E-Port 同轴线连接 E-Port 接口，并打开电源开关；电源指示灯会显示当前的开关状态。E-Port 同轴线两侧分别是 Type-C 的公头和母头，可以理解为 1 条全功能 24 引脚的 Type-C 延长线，如图 2-24 所示。Type-C 公头插入 E-Port 转接板，Type-C

母头插入无人机 E-Port 接口。

图 2-24　E-Port 同轴线

由于 E-Port 接口是非对称的，因此 E-Port 同轴线分为 A、B 两面；在实际接入无人机和 E-Port 转接板时，需要按照一致的方向插入，否则无法正常使用。在 E-Port 同轴线正确连接无人机和负载时，A 面表示 A1～A12 引脚所在方向，B 面表示 B1～B12 引脚所在方向。

注意：与普通的高速数据线相比，同轴线（Coaxial Line）不仅更细更容易弯曲，并且可以与外部环境隔离，具有高阻抗、隔离外部高频信号的特点，通常用于无人机图传、云台，以及折叠手机等无线电干扰较强或需要经常弯折的场景，比如 SKYPORT V2、DJI O3 图传设备，以及高端的 USB 4 数据线都使用了同轴线技术。

在产品发布时，可以使用 SDK 同轴线代替 E-Port 同轴线。SDK 同轴线具有结构防水和防呆的特点，可以实现快速拆装。也就是说，SDK 同轴线不会有插反的情况出现。另外，开发者也可以根据 SDK 同轴线的引脚定义，将其集成至定制的负载设备中。

2．E-Port Lite 接口

E-Port Lite 接口的定义与 Type-C 接口的定义相同，如图 2-20 所示。由于 E-Port Lite 接口也作为无人机的调参接口，因此当需要使用到 E-Port Lite 接口功能时，需要开启接口的 USB-OTG 功能，即使用 D+、D-、CC1、VBUS 和 GND 引脚，且保持 CC1 引脚和 GND 引脚之间存在 5.1kΩ 的电阻。为了保证接口运行的稳定性，负载设备连接 E-Port Lite 接口时，除上述引脚外，务必保证其他引脚悬空。

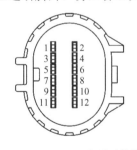

图 2-25　FlyCart 30 空吊系统接口

另外，由于 E-Port Lite 接口的供电能力较弱，不建议设计大功率负载。对于 M3D/M3TD 无人机来说，可以使用 E-Port 接口设计大功率负载。对于 FlyCart 30 无人机来说，可以配合 FlyCart 30 空吊系统接口进行供电，如图 2-25 所示。

FlyCart 30 空吊系统接口各引脚的定义如表 2-9 所示。引脚 VCC_60V_FZ 为电压所处端，可以提供 42～60V 的电压输出，GND_BAT 为公共地引脚。空吊系统的额定功率为 460W，瞬间功率为 1024W，请不要超功率运行。

表 2-9　FlyCart 30 空吊系统接口各引脚的定义

引　　脚	引脚定义	引　　脚	引脚定义
1	VCC_60V_FZ	2	VCC_60V_FZ
3	VCC_60V_FZ	4	VCC_60V_FZ
5	GND_BAT	6	VCC_60V_FZ
7	GND_BAT	8	GND_BAT
9	GND_BAT	10	GND_BAT
11	—	12	—

3. DGC 2.0 接口和接口转接板

DGC 2.0 接口为云台接口，目前大疆并没有开放该接口的引脚定义，只能配合 SkyPort V2 转接环或者 X-Port 标准云台开发负载。此类硬件仅支持 M350 RTK 和 M300 RTK 这两种机型。

1）SkyPort V2 转接环

SkyPort V2 转接环可以将 DGC 2.0 接口转换为排线接口和同轴线接口，并可以起到固定负载的作用。SkyPort V2 排线接口和同轴线接口的引脚定义如图 2-26 所示。

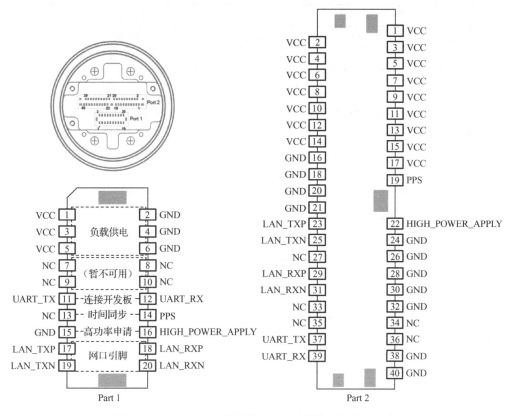

图 2-26　SkyPort V2 排线接口和同轴线接口的引脚定义

排线和同轴线的连接方式二选其一即可：两者的功能是相同的，不能同时使用。

注意：排线接口请注意红色线缆与圆点标记位对齐插入，反插会导致短路循环。

SkyPort V2 各引脚接口的说明如表 2-10 所示。

表 2-10　SkyPort V2 各引脚接口的说明

类　型	名　称	说　明
电源	VCC	电源供电
	GND	电源接地
	HIGN_POWER_APPLY	高功率申请

续表

类　型	名　称	说　明
串口	UART_TX	串口发送端
	UART_RX	串口接收端
网口	LAN_TXP	网口发送端正极
	LAN_TXN	网口发送端负极
	LAN_RXP	网口接受端正极
	LAN_RXN	网口接收端负极
其他	PPS	时间同步
	NC	未连接

下面详细介绍这几种接口的基本能力。

（1）电源：SkyPort V2 的排线供电使用 3 个 VCC 引脚输出，同轴线采用 16 个 VCC 引脚输出，建议同时使用排线或同轴线内所有的引脚为负载供电，以提高供电的稳定性和安全性。SkyPort V2 转接环输出的电源为 13.6V/4A（正常电压）或 17V/4A（高功率申请）。高功率申请是通过 HIGN_POWER_APPLY 接口实现的。

（2）串口：SkyPort V2 的串口包括 UART_TX 和 UART_RX，用于无人机和负载质检的串口通信。M350 RTK 与 M300 RTK 的 DGC 2.0 接口所支持的串口波特率为 115200bps、230400bps、460800bps、921600bps。

（3）网口：网口包括 LAN_TXP、LAN_TXN、LAN_RXP 和 LAN_RXN。

关于 PPS 和 NC 引脚的用法，与 E-Port 接口相同，此处不再赘述。

2）X-Port 标准云台

X-Port 标准云台可以将 DGC 2.0 接口转换为排线接口，并可以起到固定和稳定负载的作用；X-Port 排线接口的引脚定义如图 2-27 所示。

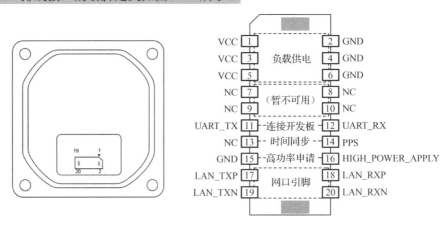

图 2-27　X-Port 排线接口的引脚定义

从图 2-27 中可以发现，X-Port 标准云台和 SkyPort V2 转接环的排线引脚是相同的，可以参考上文的说明，但两者的输出电源的最大电流不同：X-Port 标准云台输出的电源为 13.6V/2A（正常电压）或 17V/2.5A（高功率申请）。

3）接口转接板

Payload SDK 转接板（接口扩展板）是 Payload SDK 开发套件 2.0 的核心，如图 2-28 所示。

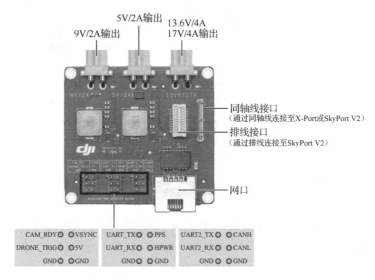

图 2-28　Payload SDK 转接板（接口扩展板）

与 E-Port 转接板类似，Payload SDK 转接板的主要功能是将标准负载工具的引线接口转换为常用的接口，便于开发调试，这些接口主要包括以下几类。

（1）排线和同轴线输入：Payload SDK 转接板需要通过排线或同轴线和 SkyPort V2 连接，或者通过排线和 X-Port 连接。

（2）电源输出：Payload SDK 转接板的电源输出接口为 3 个 XT30 电源接口，分别用于直接输出 13V6/17V 电源（13V6/17V 标识）、输出 5V/2A 电源（5V/2A 标识）和输出 9V/2A 电源（9V2A 标识）。

（3）排针输出：通过排针可以输出 5V 电压（5V）、串口（UART_RX、UART_TX）、高功率申请（HPWR）和 PPS 时钟同步接口（PPS）等，可用于连接负载。

（4）网口输出：标准的网络端口 RJ45，可用于连接负载。

2.2.3　硬件连接

不同飞行平台、不同接口以及不同开发套件的硬件连接方式不同。由于 M350 RTK 的接口很全，因此本小节以 M350 RTK 为例介绍硬件连接的基本方式，最后介绍 M3D/M3TD 无人机 E-Port Lite 接口的连接方式。其余飞行平台的硬件连接方式是类似的，开发者可作为参考，也可以访问大疆开发者网站查询相应的硬件连接方式。在开发阶段，M350 RTK 的硬件连接方式如图 2-29 所示。

E-Port 转接板（或接口扩展板）实际上作为"中间件"，将开发板和飞行平台连接起来。本小节将介绍 E-Port 转接板（或接口扩展板）连接飞行平台和连接开发板的方法。

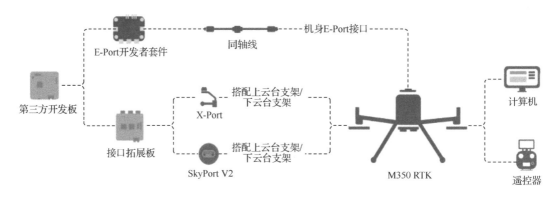

图 2-29   M350 RTK 的硬件连接方式

1．E-Port 接口硬件连接

无人机和开发板的连接如图 2-30 所示。

（1）通过 E-Port 同轴线连接无人机和 E-Port 转接板：对于 M350 RTK、M300 RTK 和 M30/M30T 无人机，E-Port 同轴线母头连接无人机时，A 面向内（朝向中心），公头连接转接板时，B 面向上（朝向芯片器件面）；对于 M3D/M3DT、M3E/M3T 无人机，E-Port 同轴线母头连接无人机时，A 面向左（以前向为正方向），公头连接转接板时，B 面向上（朝向芯片器件面）。

（2）连接负载电源：将电源输出接口连接到负载设备（开发板），注意电压匹配，谨防高压烧毁开发板。

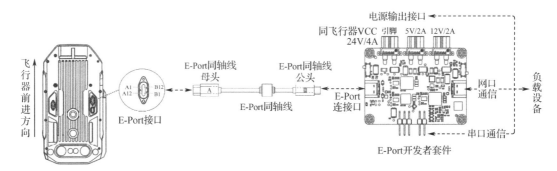

图 2-30   无人机和开发板的连接（E-Port 接口硬件连接）

（3）连接串口：通过杜邦线或排线插头连接 E-Port 转接板和负载设备的串口（包括 TX、RX 和 GND）。按照串口的通信协议，负载的发送端口（TX）与 E-Port 转接板接收端口（RX）连接，负载的接收端口（RX）与 E-Port 转接板发送端口（TX）连接。如果负载设备没有串口，可以在负载端使用 USB 转 TTL 模块（如 CH340 设备等）。

注意：某些树莓派的串口性能较差，建议使用 USB 转 TTL 模块连接串口。

对于 STM32F4xx 开发板来说，为了便于调试，还需要通过 ARM 仿真器（JLINK、STLINK 等）和串口与计算机相连接；其中 ARM 仿真器用于烧录和调试应用程序；串口用于输出调试内容，如图 2-31 所示。

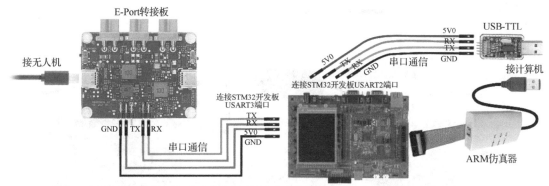

注意：2个串口通信以及ARM仿真器均可以为开发板供电，选择其中任何一种供电即可，不要重复供电

图 2-31　STM32F4xx 开发板连接方式

注意：连接时需要避免串口线、电源线和 J-Link 交叉供电，以免烧坏电路板。当一种供电方式供电能力不够时，建议独立供电。

STM32 支持系统编程（In-System Programming，ISP）和电路编程（In-circuit Programming，ICP）两种常用的烧录方式。其中，ISP 需要通过自举程序（Bootloader）和外围的 UART/SPI 等接口进行烧录，但是一般难以进行调试。ICP 主要使用 SWD、JTAG 接口进行烧录，包括 JLINK 和 STLINK 仿真器等。JLINK 是德国 SEGGER 公司推出的产品，主要支持 ARM 内核的芯片，如 ARM7、ARM9 等。而 STLINK 是 STMicroelectronics（意法半导体）公司推出的仿真器产品，主要支持 STM8 和 STM32 系列的微控制器。

此外，还可以通过串口线直接下载程序进行烧录。这种方式需要设置 BOOT0=1，BOOT1=0，使单片机从系统存储器启动，运行出厂预置的 BootLoader 程序，然后通过串口接收程序并将其写入主存储器。烧录完成后，需要将 BOOT0 引脚拉低，在主存储器处运行刚烧录的代码。

（4）连接网口或连接 USB：这两种连接方式选其一即可。对于 Linux 开发板，USB 或网口连接是非必须的，但功能受到限制；对于 RTOS 开发板，无须此类连接。

首先，需要将 USB 主/从切换开关切换为主设备（Host），即拨动开关靠向 USB 2.0 接口方向，然后通过 USB 网卡连接或者直接 USB 连接，如下所示。

❑ USB 网卡连接（适用于 M3D/M3TD、M350 RTK、M30/M30T 和 M3E/M3T 等无人机）：使用 USB 网卡芯片对接 E-Port 转接板的 USB 接口和负载，建议选择 AX88179A、RTL8152 等 Type-C 接口的 USB 网卡，如图 2-32 所示。

❑ USB 连接（适用于 M3D/M3TD、M350 RTK、M30/M30T、M3E/M3T 和 M300 RTK 等无人机）：直接通过 USB 线连接 E-Port 转接板的 USB 接口和负载。此类连接方式直接通过 USB 对负载供电，无须独立的供电连接，如图 2-33 所示。

注意：对于树莓派 4B 来说，RNDIS 或 Bulk 通信只能采用 USB 2.0 协议，因此并不需要全功能的 Type-C 数据线。但是，为了屏蔽干扰，建议选择 USB 同轴线。

（5）打开 E-Port 转接板的电源开关：朝向远离 E-Port 接口的方向波动开关。

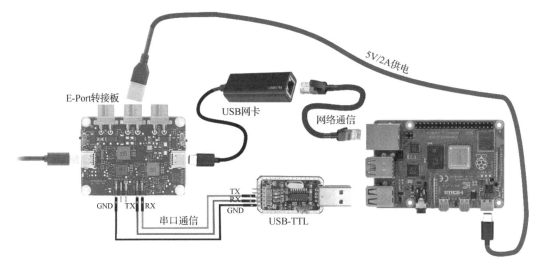

图 2-32 通过 USB 网卡连接树莓派 4B

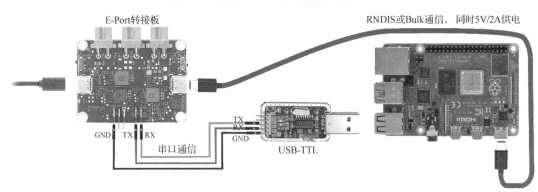

图 2-33 通过 USB 连接树莓派 4B

2．SkyPort V2 转接环硬件连接

SkyPort V2 转接环硬件连接（见图 2-34）相对简单，其步骤如下所述。

（1）将 SkyPort V2 转接环安装固定在负载的云台支架上，既可以安装在上云台支架，也可以安装在下云台支架。

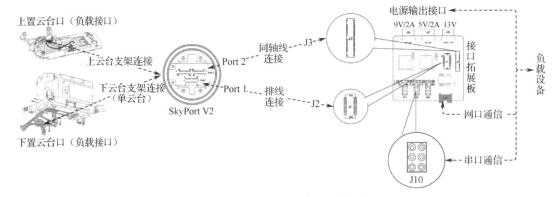

图 2-34 SkyPort V2 转接环硬件连接

（2）通过排线或者同轴线连接 SkyPort V2 与接口拓展板。

（3）连接串口。

（4）连接网口（可选）。

> **注意**：由于接口扩展板上存在网络接口，因此直接使用网线连接 Linux 开发板（树莓派）的网口即可，无须 USB 网卡。另外，RTOS 开发板不支持使用该网络接口。

（5）连接电源。

3．X-Port 标准云台硬件连接

X-Port 标准云台硬件连接（见图 2-35）和 SkyPort V2 非常类似，步骤如下所述。

（1）将 X-Port 标准云台安装固定在负载的云台支架上，既可以安装在上云台支架，也可以安装在下云台支架。

（2）通过排线或者同轴线连接 X-Port 与接口拓展板。

（3）连接串口。

（4）连接网口（可选）。

（5）连接电源。

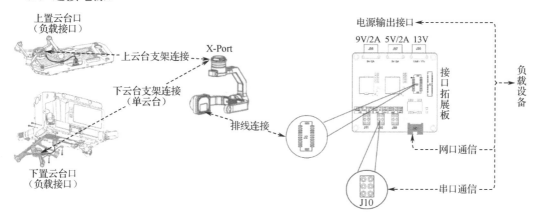

图 2-35　X-Port 标准云台硬件连接

关于串口、网口和电源的连接方法可以参考上述 E-Port 转接板中的连接方法，这里不再赘述。

4．E-Port Lite 接口硬件连接

E-Port Lite 接口支持 M3D/M3TD 和 FlyCart30 无人机，是大疆行业无人机系列最新的接口标准。E-Port Lite 接口经过了阉割，仅支持与负载之间的 UART 串口通信，因此这种连接方式更加适合于 FreeRTOS 操作系统（如 STM32 开发平台等）。E-Port Lite 接口的连接方式非常简单，只需要以 USB-OTG 的方式通过 USB 转 TTL 模块与负载设备连接即可。M3D/M3TD 和 FlyCart 30 无人机的 E-Port Lite 接口与负载连接的连接方式分别如图 2-36 和图 2-37 所示。

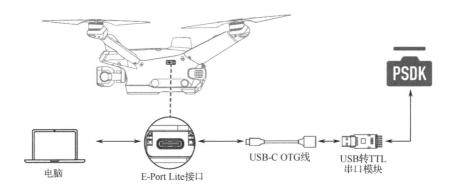

图 2-36　M3D/M3TD 无人机 E-Port Lite 接口与负载的连接方式

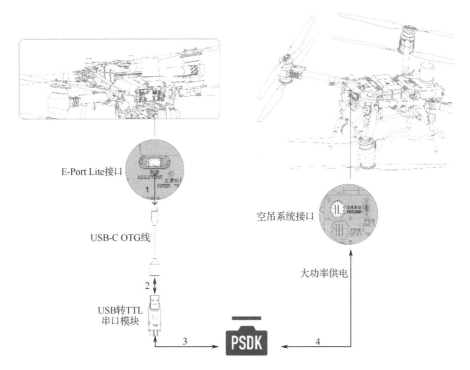

图 2-37　FlyCart 30 无人机 E-Port Lite 接口与负载的连接方式

在选用 USB-TTL 串口模块时，尽量选择官方支持验证的 CP2102、FT232 模块，一些低成本的 USB-TTL 模块产品可能因性能不佳导致负载连接失败，需要开发者特别注意。

2.3　本章小结

本章介绍了 PSDK 开发的准备工作，并介绍了硬件连接的主要方法。可以发现，PSDK 开发和其他的设备开发有所不同，不仅需要一定的测试场地，而且需要无人机、遥控器以及各类开发设备。建议开发者在桌面或地面上放置时整理好各种设备和物料，防止出现设备跌落、绊脚、扯断等意外情况，导致设备连接出现断线或短路等情况。

下一章将介绍开发环境的搭建，并运行第一个 PSDK 应用程序。

2.4　习题

1．结合你的实际需求，谈谈如何进行硬件选型？
2．UART、USB 和网络通信有什么区别？

第 3 章 PSDK 开发环境搭建

PSDK 支持 Linux 和 RTOS 操作系统，两者开发环境的搭建方法和运行模式有较大区别。建议初学者首选在 Linux 环境下实现基础功能，容易上手，方便学习。本章将分别介绍 Linux 和 RTOS 开发环境的搭建方法，核心知识点如下：

❑ 搭建开发环境；

❑ 运行第一个 PSDK 应用程序。

3.1 PSDK 开发环境搭建（Linux）

本节将首先介绍如何搭建基本的编译和运行环境，然后介绍如何通过网络连接和 USB 连接的方式连接飞行平台，并运行基本的样例程序。

3.1.1 编译和运行环境的搭建

本小节首先介绍如何将 Raspios 操作系统烧录并运行在树莓派 4B 上，然后介绍相应的编译工具和依赖的安装。

1. Raspios 操作系统的烧录和运行

Raspios（Raspberry Pi OS）是专门为树莓派设计的 Linux 操作系统，是基于 Debian 操作系统的发行版，因此 Raspios 的早期版本称为 Raspbian。当然，Raspios 是开放的，不仅可以运行在树莓派上，也可以运行在 PC、Mac 等其他设备上。Raspios 分为 3 个版本，分别是 Lite 版、标准版和 Full 版。

❑ Lite 版没有图形界面，仅拥有基本的 Linux 组件。

❑ 标准版拥有图形界面（基于 LXDE 的 Pixel 桌面环境）以及常用的软件。

❑ Full 版在标准的基础上增加了推荐软件（Recommended Software）。

由于树莓派采用 SD 卡作为存储，因此还需要通过 Raspberry Pi Imager、Win32 Disk Imager 或 balenaEtcher 等软件将 Raspios 烧录到 SD 卡或者 U 盘中。建议读者使用官方提供的 Raspberry Pi Imager 进行烧录，烧录时可以自动下载相应的镜像，非常方便。

注意：Raspios 及其烧录工具的下载地址为 https://www.raspberrypi.com/software/。

1）Raspios 的烧录

通过 Raspberry Pi Imager 烧录 Raspios 的基本步骤如下所述。

（1）运行 raspios_imager_1.7.5.exe 安装 Raspberry Pi Imager，文件可以在本书附带资源中找到。

（2）运行 Raspberry Pi Imager 1.7.5，如图 3-1 所示。

图 3-1　Raspberry Pi Imager

（3）单击【选择操作系统】按钮，选择 RASPBERRY PI OS(64-BIT)选项。

注意：为了方便 PSDK 的编译，建议开发者选择 64 位操作系统。

（4）插入 SD 卡（或 U 盘），单击【选择 SD 卡】按钮，选择需要烧写的存储设备。

（5）单击【烧录】按钮开始烧录。在烧录过程中，Raspberry Pi Imager 会自动下载并复制 Raspios 到 SD 卡中，并进行完整性验证。稍等片刻，出现"烧录成功"提示后即可退出 SD 卡。

（6）将烧录好 Raspios 的 SD 卡插入树莓派 4B 的 SD 卡槽中。

2）第一次运行 Raspios

（1）通过 MicroHDMI 将树莓派 4B 与显示器连接，启动后弹出如图 3-2 所示的 Raspios 欢迎界面。

图 3-2　Raspios 欢迎界面

（2）单击【Next】按钮后，即可在随后的 Set Country、Create User、Update Software 等界面中设置国家地区、用户、Wi-Fi、推荐软件安装等各类选项。设置完毕后，单击【Restart】按钮重启树莓派，即可进入如图 3-3 所示的 Raspios 桌面。

图 3-3　Raspios 桌面

3）在终端中执行命令

单击顶部菜单栏中的 >_ 按钮，进入终端，如图 3-4 所示。

图 3-4　终端（Terminal）

Raspios 具有典型的 Linux 命令行界面（Command-Line Interface，CLI），其命令提示符如下：

```
dongyu@raspberry:~$
```

该命令提示符的各部分含义如图 3-5 所示。当前用户为 root 时，最后 1 位提示符为 "#"，否则为 "$"。

注意：root 为 Linux 操作系统中的超级管理员，具有最高权限。

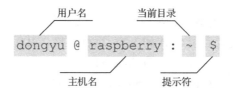

图 3-5　命令提示符的各部分含义

表 3-1 列举了 Linux 环境下的常用命令。

表 3-1　Linux 环境下的常用命令

命　令	功　能
ls	列出当前目录下的文件和目录
pwd	输出当前目录
cd	进入目录
sudo	具有 root 用户权限执行命令
su	切换到 root 用户
ip addr	查看当前网络情况
lsusb	查看当前 USB 设备连接情况

命令 sudo（意为 SuperUser Do）可以连接任何命令，可使用户具有 root 用户权限执行命令。例如，可以通过如下命令修改 root 的密码：

```
sudo passwd root
```

然后通过 su 命令进入 root 界面，其命令提示符如下所示：

```
root@raspberrypi:/home/dongyu#
```

4）树莓派配置选项

单击屏幕左上角的树莓派图标，选择 Preferences→Raspberry Pi Configuration 对树莓派进行基本的配置。另外，也可通过 raspi-config 命令在 CLI 中配置树莓派，命令提示符如下：

```
sudo raspi-config
```

命令行界面中树莓派的配置选项如图 3-6 所示。

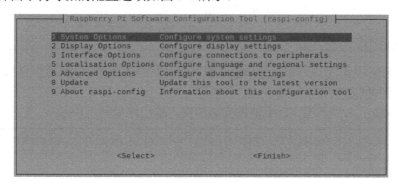

图 3-6　命令行界面中树莓派的配置选项

通过键盘中的上、下键选择菜单，按下 Esc 键可以返回上一层菜单或退出选项，按下 Enter 键可以进入选项。建议开发者启用 SSH 和 VNC 远程连接，其配置选项如下。

- 启用 SSH 远程连接：3 Interface Options→I2 SSH。
- 启用 VNC 远程连接：3 Interface Options→I3 VNC。

同时，建议开发者启用 Samba 服务，以便在 Windows 或其他操作系统中开发和调试。

注意：考虑到无人机的供电能力有限（如 E-Port 转接板只能提供最大 2A 的电流），因此建议开发者在树莓派上尽可能少地连接或者选用低功耗的 USB 设备（如鼠标和键盘），尽可能不通过 HDMI 连接显示器（可以使用 VNC 远程连接）。供电超载时，可能无法正常启动 Raspios。

2. 编译工具和依赖的安装

PSDK 应用程序可以运行在 Linux 设备上。编译 PSDK 应用程序所需要的环境非常容易配置，所需的编译工具或依赖如表 3-2 所示。

表 3-2　Linux 环境下的所需工具或依赖

工具或依赖	版　本
GCC/G++	推荐使用 5.4.0 或 5.5.0
CMake	≥2.8
FFmpeg	≥4.1.3 且<5.0.0

1）安装 GCC/G++ 工具

通过互联网（建议通过 Wi-Fi 方式连接互联网）更新 apt 源，并安装 gcc 和 g++编译工具，命令如下：

```
sudo apt update
sudo apt install gcc g++ -y
```

通过以下命令可以检查 gcc 的安装情况：

```
gcc -v
```

如果 gcc 安装正常，版本信息输出如下：

```
Using built-in specs.
...
gcc version 10.2.1 20210110 (Debian 10.2.1-6)
```

gcc 的版本为 10.2.1。官方建议使用 gcc 的 5.4.0 或 5.5.0 版本，开发者可以自行编译安装。

2）安装 FFmpeg 工具

通过"ffmpeg"命令检查 FFmpeg 的安装情况，输出结果如下所示：

```
ffmpeg version 4.3.5-0+deb11u1+rpt3 Copyright (c) 2000-2022 the FFmpeg developers
  built with gcc 10 (Debian 10.2.1-6)
...
```

此时，说明安装的 FFmpeg 工具的版本为 4.3.5。Raspios 自带的 FFmpeg 工具只有运行环境，没有开发所需要的库文件。执行以下命令查询 FFmpeg 所依赖的动态链接库信息：

```
ldd ffmpeg
```

根据输出结果 "ldd: ./ffmpeg: 没有那个文件或目录"，缺少相应的库文件。此时，需要重新编译并安装 FFmpeg 工具。通过 wget 命令下载 ffmpeg 4.3 的源代码，命令如下：

```
wget http://www.ffmpeg.org/releases/ffmpeg-4.3.tar.gz
```

当然，开发者也可以将这个源代码包通过 U 盘复制到树莓派的 SD 卡中，然后解压该源代码，命令如下：

```
tar zxvf ffmpeg-4.3.tar.gz
```

进入 ffmpeg-4.3 目录，并通过 configure 工具进行构建前配置，命令如下：

```
cd ffmpeg-4.3/
./configure --enable-shared --prefix=/usr/local/
```

最后通过 make 和 make install 命令构建并安装 FFmpeg 工具，命令如下：

```
make && sudo make install
```

再次使用 "ldd ffmpeg" 命令即可查询到相应的库文件。

如果在 Ubuntu 环境下，还需要执行以下命令：

```
sudo ldconfig
```

3）安装 CMake 构建工具

CMake 用于生成 makefile，是一种非常重要的通用构建工具。通过 apt 命令即可安装最新的 CMake 工具，命令如下：

```
sudo apt install cmake -y
```

查询 Cmake 工具的版本信息，命令如下：

```
cmake -version
```

输出结果如下：

```
cmake version 3.18.4
CMake suite maintained and supported by Kitware (kitware.com/cmake).
```

从输出结果中可以发现，CMake 工具的版本满足 PSDK 的构建条件。

3.1.2 运行样例应用程序

本小节将介绍如何编译运行 PSDK 中的样例程序，用于测试 PSDK 开发环境是否配置成功，并初步体验 PSDK 开发的乐趣和运行效果。

1．配置应用程序

样例程序包括 C 语言样例代码和 C++语言样例代码，需要分别进行许可配置。在 PSDK 的 samples 目录下，存在两个子目录：sample_c 和 sample_c++，分别为 C 语言样例程序和 C++ 语言样例程序。Linux 环境下的样例程序保存在相应样例程序目录的 platform/linux/manifold2 子目录中（由于目前的 PSDK 最早可运行在 Manifold 2 设备上，所以使用了 manifold2 目录名称），其主要配置文件如下所示。

❑ application/dji_sdk_app_info.h：应用程序基本信息配置。

❑ application/dji_sdk_config.h：应用程序使用的链路配置，以及样例配置。

❑ hal/hal_network.h：网络相关配置。

❑ hal/hal_uart.h：UART 相关配置。

❑ hal/hal_usb_bulk.h：USB Bulk 相关配置。

注意：hal 表示硬件接口层（Hardware Abstraction Layer），是实现 PSDK 应用与无人机通信的主要模块。开发者可以参考 PSDK 官方文档"跨平台移植"部分的内容。

1）配置 SDK 许可信息

在 samples/sample_c/platform/linux/manifold2/hal/dji_sdk_app_info.h（C 语言样例代码）以及 samples/sample_c++/platform/linux/manifold2/hal/dji_sdk_app_info.h（C++语言样例代码）代码文件中，配置 SDK 许可信息，代码如下：

```
#define USER_APP_NAME              "your_app_name"           // App 名称
#define USER_APP_ID                "your_app_id"             // AppID
#define USER_APP_KEY               "your_app_key"            // 密钥
#define USER_APP_LICENSE           "your_app_license"        // 许可
#define USER_DEVELOPER_ACCOUNT     "your_developer_account"  // 账户名（邮箱）
#define USER_BAUD_RATE             "921600"                  // 串口波特率
```

注意：C 语言样例和 C++语言样例的实例代码都需要类似的配置。在本章的后文中，仅以 C 语言样例代码为例，介绍各个配置文件的使用方法。C++语言样例代码可以作为参考，相应的配置方法是一样的。

关于 App 名称、App ID 等信息，可参考 2.1.1 小节负载许可申请的有关内容。账户名可以在 DJI 开发者网站中的用户中心查询，如图 3-7 所示。

图 3-7　账户名（邮箱）

串口波特率的设置可参考 2.2.2 小节和表 2-8 中的有关内容。默认情况下，波特率为 460800bps。另外，开发者还可以选择更加通用的波特率 921600bps，适用于任何接口和任何飞行平台。

2）配置无人机通信方式

PSDK 支持 3 种负载与无人机的通信方式，如表 3-3 所示。

表 3-3   负载与无人机的通信方式

通　信　方　式	说　　　明
DJI_USE_ONLY_UART	仅串口连接
DJI_USE_UART_AND_USB_BULK_DEVICE	串口连接和 USB Bulk 方式连接
DJI_USE_UART_AND_NETWORK_DEVICE	串口连接和网络连接

网络连接和 USB Bulk 连接将在后面两章详细介绍，本节选用仅串口连接的方式运行样例代码。在 samples/sample_c/platform/linux/manifold2/application/dji_sdk_config.h 文件中，配制通信方式，代码如下：

```
#define CONFIG_HARDWARE_CONNECTION     DJI_USE_ONLY_UART
```

此时，负载仅尝试通过串口连接无人机。

3）配置串口通信

树莓派 4B 自身带有 6 个串口，分别是 1 个 mini UART 和 5 个 PL011。通过 "ls /dev/tty*" 命令可查询目前的串口信息。不过，这些串口的性能比较一般，建议使用 USB-TTL 的方式进行串口通信，连接方式可参见图 2-32 和图 2-33。采用 USB 的方式进行串口通信时，通常设备文件名为 ttyUSB0 和 ACM0。

在 samples/sample_c/platform/linux/manifold2/application/hal_uart.h 文件中，确认串口配置是否正确，代码如下：

```
#define LINUX_UART_DEV1 "/dev/ttyUSB0"
#define LINUX_UART_DEV2 "/dev/ttyACM0"
```

2. 编译和运行 PSDK 样例应用程序

编译和运行 PSDK 样例应用程序的流程如下。

（1）进入 PSDK 的源代码目录，创建 build 子目录，用于存放编译构建的过程文件和结果文件：

```
mkdir build
```

（2）进入 build 目录中，命令如下：

```
cd build
```

（3）通过 CMake 工具生成 makefile（由于 CMakeLists.txt 文件存储在 PSDK 源代码根目录下，所以需要使用上一层目录参数 ".."），命令如下：

```
cmake ..
```

输出结果如下：

```
-- The C compiler identification is GNU 10.2.1
-- The CXX compiler identification is GNU 10.2.1
-- Detecting C compiler ABI info
-- Detecting C compiler ABI info - done
…
-- Found FFMPEG installed in the system
--  - Includes: /usr/local/include
--  - Libraries:
/usr/local/lib/libavcodec.so;/usr/local/lib/libavformat.so;/usr/local/lib/li
bavutil.so;/usr/local/lib/libswscale.so;/usr/lib/aarch64-linux-gnu/libz.so
…
-- Configuring done
-- Generating done
-- Build files have been written to: /home/dongyu/Payload-SDK-master/build
```

在上述输出结果中，加粗部分表示 PSDK 正常应用了 FFmpeg 等各类依赖库。当出现"Generating done""Generating done"提示后，说明生成成功。

（4）构建 PSDK 应用程序，命令如下：

```
make
```

稍等片刻后，输出结果如下：

```
Scanning dependencies of target entry
[  0%] Built target entry
Scanning dependencies of target dji_sdk_demo_linux
[  1%] Building C object
samples/sample_c/platform/linux/manifold2/CMakeFiles/dji_sdk_demo_linux.dir/
application/main.c.o
…
[100%] Linking CXX executable ../../../../../bin/dji_sdk_demo_linux_cxx
-- Cannot Find OPUS
-- Cannot Find LIBUSB
-- Did not find OpenCV in the system, image data is inside RecvContainer as raw
data
-- Found FFMPEG installed in the system
--  - Includes: /usr/local/include
--  - Libraries:
/usr/local/lib/libavcodec.so;/usr/local/lib/libavformat.so;/usr/local/lib/li
bavutil.so;/usr/local/lib/libswscale.so;/usr/lib/aarch64-linux-gnu/libz.so
--  - Version: 4.3
-- Cannot Find OPUS
-- Cannot Find LIBUSB
-- Configuring done
-- Generating done
-- Build files have been written to: /home/dongyu/Payload-SDK-master/build
[100%] Built target dji_sdk_demo_linux_cxx
```

（5）编译完成后，即可运行 PSDK 的样例应用程序。执行 C 语言的 PSDK 样例程序，命令如下：

```
sudo ./bin/dji_sdk_demo_linux
```

执行 C++语言的 PSDK 样例程序，命令如下：

```
sudo ./bin/dji_sdk_demo_linux_cxx
```

注意：必须使用 sudo 超级管理员模式运行样例程序。

运行样例程序后，输出结果如下：

```
[0.002][core]-[Info]-[DjiCore_Init:101] Payload SDK Version :
V3.5.0-beta.0-build.1765
[0.747][adapter]-[Info]-[DjiAccessAdapter_Init:186] Identify aircraft series
is Matrice 30 Series
[0.747][adapter]-[Info]-[DjiAccessAdapter_Init:206] Identify mount position
type is Extension Port Type
[0.755][adapter]-[Info]-[DjiAccessAdapter_Init:279]    Now   auto   reconfigure
baudrate from 115200 to 921600
[1.825][adapter]-[Info]-[DjiAccessAdapter_Init:186] Identify aircraft series
is Matrice 30 Series
[1.825][adapter]-[Info]-[DjiAccessAdapter_Init:206] Identify mount position
type is Extension Port Type
[1.833][adapter]-[Info]-[DjiAccessAdapter_Init:301] Identity uart0 baudrate is
921600 bps
[3.843][adapter]-[Info]-[DjiPayloadNegotiate_Init:197]     Waiting    payload
negotiate finish.
[4.843][adapter]-[Info]-[DjiPayloadNegotiate_Init:201] No need wait negotiate
finished
[6.871][adapter]-[Info]-[DjiPayloadNegotiate_Init:197]     Waiting    payload
negotiate finish.
[7.871][adapter]-[Info]-[DjiPayloadNegotiate_Init:201] No need wait negotiate
finished
[7.871][core]-[Info]-[DjiIdentityVerify_UpdatePolicy:470]   Updating   dji   sdk
policy file...
[8.872][core]-[Info]-[DjiIdentityVerify_UpdatePolicy:473]    Update   dji   sdk
policy file successfully
[8.890][core]-[Info]-[DjiCore_Init:169] Identify AircraftType = Matrice 30T,
MountPosition = Extension Port, SdkAdapterType = None
[8.895][core]-[Info]-[DjiCore_ApplicationStart:239] Start dji sdk application
[8.895][user]-[Info]-[DjiUser_ApplicationStart:261] Application start.
```

由于目前没有配置网络以及 USB 连接，所以在"Waiting payload negotiate finish."之后输出"No need wait negotiate finished"。

对于 C++样例，除上述输出外，还会出现功能测试菜单，如图 3-8 所示。

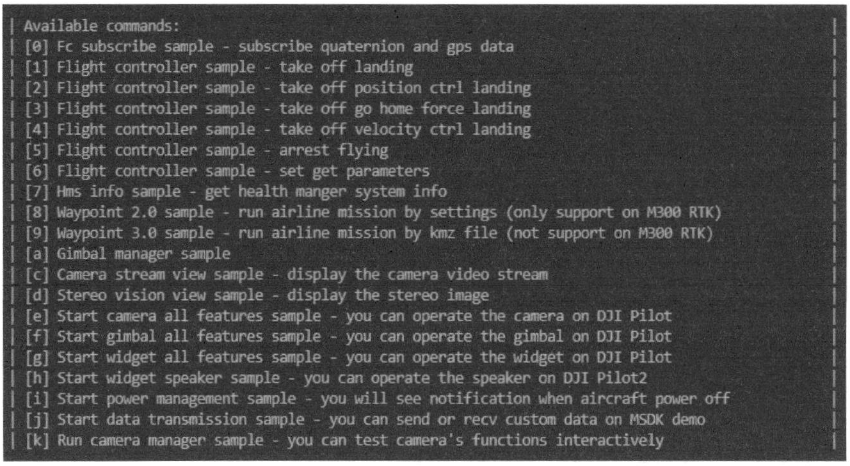

```
| Available commands:                                                                |
| [0] Fc subscribe sample - subscribe quaternion and gps data                        |
| [1] Flight controller sample - take off landing                                    |
| [2] Flight controller sample - take off position ctrl landing                      |
| [3] Flight controller sample - take off go home force landing                      |
| [4] Flight controller sample - take off velocity ctrl landing                      |
| [5] Flight controller sample - arrest flying                                       |
| [6] Flight controller sample - set get parameters                                  |
| [7] Hms info sample - get health manger system info                                |
| [8] Waypoint 2.0 sample - run airline mission by settings (only support on M300 RTK)|
| [9] Waypoint 3.0 sample - run airline mission by kmz file (not support on M300 RTK)|
| [a] Gimbal manager sample                                                          |
| [c] Camera stream view sample - display the camera video stream                    |
| [d] Stereo vision view sample - display the stereo image                           |
| [e] Start camera all features sample - you can operate the camera on DJI Pilot     |
| [f] Start gimbal all features sample - you can operate the gimbal on DJI Pilot     |
| [g] Start widget all features sample - you can operate the widget on DJI Pilot     |
| [h] Start widget speaker sample - you can operate the speaker on DJI Pilot2        |
| [i] Start power management sample - you will see notification when aircraft power off|
| [j] Start data transmission sample - you can send or recv custom data on MSDK demo |
| [k] Run camera manager sample - you can test camera's functions interactively      |
```

图 3-8　功能测试菜单

UART 串口通信的速度很慢，所以限制了部分功能。为了获得视频流获取等完整的开发体验，还需要通过网络连接或者 USB 连接。随后两小节将分别介绍网络连接和 USB 连接的使用方法。

3．常见问题

在通过 UART 串口连接无人机运行样例应用程序时，可能出现以下问题。

（1）如果串口性能不佳，有可能出现"protocol frame crc8 error"警告。少量的警告可以忽略。如果该警告大量出现，可以使用性能更强的 USB-TTL，或者更换质量更好、长度更短的串口线。

（2）如果提示"DjiAccessAdapter_IsUartConnect, returnCode = 236"错误，说明负载端的串口设备连接存在问题，可以尝试检查串口功能是否开启，USB-TTL 设备是否正常。

（3）如果提示"Try identify UART0 connection failed. Probably because SDK adapter or aircraft not finish init or UART connect error."错误，说明无人机端的串口设备连接存在问题，可以检查无人机是否开机、E-Port 等转接板是否开机，以及接线是否正常。

3.1.3　通过网络连接飞行平台

本小节将介绍树莓派 4B 等 Linux 设备通过网络连接飞行平台的方法和主要步骤。E-Port 转接板需要通过 USB 网卡与飞行平台连接，具体的连接方式如图 2-32 所示。

1．配置应用程序

为了配置网络，首先需要查询 USB 网卡的名称以及 VID 和 PID 等信息。

1）配置无人机通信方式

在 samples/sample_c/platform/linux/manifold2/application/dji_sdk_config.h 文件中，配置串口连接和网络连接通信方式，代码如下：

```
#define CONFIG_HARDWARE_CONNECTION    DJI_USE_UART_AND_NETWORK_DEVICE
```

注意：如果采用串口连接和 USB RNDIS 连接方式，也需要将 CONFIG_HARDWARE_CONNECTION 配置为 DJI_USE_UART_AND_NETWORK_DEVICE，可参考 3.1.4 小节的有关内容。

2）配置网口的设备名称

通过 ip addr 命令查询以太网卡名称。对于树莓派 4B 来说，默认的以太网卡名称通常为 eth0。在 samples/sample_c/platform/linux/manifold2/hal/hal_network.h 配置文件中，配置设备名称，代码如下：

```
#ifdef PLATFORM_ARCH_x86_64
#define LINUX_NETWORK_DEV "eth0"  // x86_64 架构
#else
#define LINUX_NETWORK_DEV "eth0"
#endif
```

上述代码通过宏判断当前设备的架构类型：当前设备为 x86_64 架构时，使用第 2 行的配置；当前设备为非 x86_64 架构（如树莓派的 aarch64 架构）时，则使用第 4 行的配置。因此，在使用树莓派 4B 时，直接修改上述代码的第 4 行即可。考虑到开发者使用的设备也有可能为 x86_64，因此这里一并修改。在下文中，还会出现类似的配置，开发者可根据设备类型修改其中 1 个配置文件，后文不再赘述。

3）配置 VID 和 PID

VID（Vendor ID）表示设备的生产商，由 USB-IF（USB 标准化组织）统一分发和管理。PID（Product ID）表示设备产品，不同的 PID 表示不同的产品系列。每一种 USB 设备产品都有独特的 VID 和 PID 编码，用于 USB 主机识别设备信息。

获取 USB 设备 VID 和 PID 信息的方法如下所述。

（1）在 Windows 操作系统中，打开设备管理器→网络适配器，在对应设备属性的【详细信息】选项卡的【设备 Id】选项中查看网卡的 PID/VID，如图 3-9 所示。

（2）在 Linux 操作系统中，可以使用 lsusb 命令查询 USB 网卡的 PID 和 VID 信息，如图 3-10 所示。关于 lsusb 命令的详细用法，可参考 3.1.4 小节的相关内容。

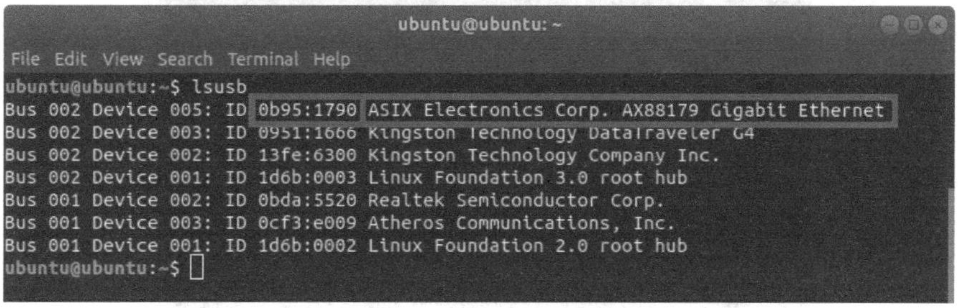

图 3-9　查询 USB 设备的 PID 和 VID 信息（Windows）

图 3-10　查询 USB 网卡的 PID 和 VID 信息(Linux)

在 samples/sample_c/platform/linux/manifold2/hal/hal_network.h 文件中，配置 PID 和 VID 信息，代码如下：

```
#ifdef PLATFORM_ARCH_x86_64
// 如采用 x86_64 架构主机，在此修改 VID 和 PID
#define USB_NET_ADAPTER_VID                    (0x0B95) // VID
#define USB_NET_ADAPTER_PID                    (0x1790) // PID
#else
// 如采用 ARM 架构主机，在此修改 VID 和 PID
#define USB_NET_ADAPTER_VID                    (0x0955) // VID
#define USB_NET_ADAPTER_PID                    (0x7020) // PID
#endif
```

2. 运行应用程序

重新编译并运行 C++实例代码，输出如下：

```
[0.017][core]-[Info]-[DjiCore_Init:101)          Payload          SDK          Version          :
V3.5.0-beta.0-build.1765
…
[3.838][adapter]-[Info]-[DjiPayloadNegotiate_Init:197)          Waiting          payload
negotiate finish.
[6.890][adapter]-[Info]-[DjiPayloadNegotiate_Init:197)          Waiting          payload
negotiate finish.
[7.907][core]-[Info]-[DjiIdentityVerify_UpdatePolicy:470)  Updating  dji  sdk
policy file...
[8.907][core]-[Info]-[DjiIdentityVerify_UpdatePolicy:473)  Update  dji  sdk
policy file successfully
…
[8.931][core]-[Info]-[DjiCore_ApplicationStart:239) Start dji sdk application
[8.931][user]-[Info]-[DjiUser_ApplicationStart:261) Application start.
```

从以上输出中可以发现，当"Waiting payload negotiate finish."提示出现后，不再出现"No need wait negotiate finished."提示，说明 USB 连接成功。如果一直出现"Waiting payload negotiate finish."，并且最后提示连接失败，说明网络链路出现问题。开发者可以检查之前的配置是否正确。

运行成功后，开发者可以通过"ip addr"命令查询网卡的 IP，如图 3-11 所示。

图 3-11　查询网卡的 IP

从图 3-11 中可以发现，以太网的 IP 为 192.168.140.2；而无人机的 IP（网关）应该为 192.168.140.1。因此，负载的 IP 是飞行平台分配的；而分配的过程需要负载通过串口向无人机发送指令。因此无论如何，串口连接都是必备的，否则无法配通 IP。

3．应用绑定

通过 DGC 2.0 接口（X-Port 标准云台或 SkyPort V2 转接环）连接飞行平台，还需要在 DJI Assistant 2 软件中进行应用绑定。应用绑定以后，当负载设备挂载到无人机上时，PSDK 应用程序将自动运行。应用绑定的具体流程如下所述。

（1）连接负载和无人机，并打开无人机的电源。

（2）打开 DJI Assistant 2，单击右上角的【设置】按钮，打开【Payload SDK Product ID 和 License 信息】开关。

（3）登录 DJI Assistant 2（使用与申请负载许可相同的 DJI 账号），进入所连接的飞机界面，单击左侧的【Payload SDK】选项卡。

（4）单击【绑定】按钮，绑定硬件平台、示例程序和飞行平台。绑定成功后，【绑定】按钮会显示为"已绑定"字样，如图 3-12 所示。

图 3-12　应用绑定

注意：SkyPort V2 转接环进行应用绑定后，如更换不同无人机运行同一个应用实例，无须重新绑定。

（5）串口的通信波特率与 PSDK 应用程序 dji_sdk_app_info.h 中设置的波特率相同（默认为 460800bps）。

应用绑定成功后，启动无人机时，负载设备将自动运行样例程序。

3.1.4　通过 USB 连接飞行平台

本小节将首先介绍 USB 总线，以及 Linux 中对 USB 设备操控和模拟的基本方法；然后介绍如何使负载通过 USB 与飞行平台进行通信。由于 DGC 2.0 接口并没有 USB 接口定义，因此此类连接方式仅支持 E-Port 接口。E-Port 转接板需要通过 USB 线与飞行平台连接，具体的连接方式如图 2-33 所示。

1．USB 总线

本部分将介绍 USB 总线，以及 Linux 中对 USB 设备操控和模拟的基本方法。

1）USB 总线

USB 作为总线标准，为了方便设备之间沟通，需要将接入总线的设备分为 USB 主机（Host）和 USB 设备（Device）。USB 主机用于控制总线中 USB 设备的硬件部分，称为 USB 主机控制器（USB Host Controller，UHC）。USB 设备用于在 USB 总线上提供某项具体功能的硬件部分，称为 USB 设备控制器（USB Device Controller，UDC）。另外，USB 主机不仅可以管理接入总线的各类 USB 设备，而且还需要对这些 USB 设备供电。在 2.2.2 小节中介绍过，通过 E-Port 转接板的按钮可以设置 USB 的主/从关系，当通过 E-Port 转接板将飞行平台设置为主机时，才会向外进行供电。

2）在 Linux 中查询 USB 设备

在 Linux 操作系统中，通过 lsusb 命令可以查询当前 USB 设备的连接情况，命令如下：

```
lsusb
```

该命令会列出当前连接的 USB 设备信息，输出如下：

```
user@user-PC:~$ lsusb
Bus 006 Device 001: ID 1d6b:0003 Linux Foundation 3.0 root hub
Bus 005 Device 002: ID 05e3:0610 Genesys Logic, Inc. 4-port hub
Bus 005 Device 001: ID 1d6b:0002 Linux Foundation 2.0 root hub
Bus 004 Device 001: ID 1d6b:0003 Linux Foundation 3.0 root hub
...
```

默认情况下，输出各个 USB 设备的总线编号（Bus）、总线内的设备编号（Device）、设备 ID（以 VID:PID 形式描述）和设备的名称。由于 Linux 是以文件的方式管理各个设备的，因此这些设备也可以在/dev/bus/usb 目录下找到；通过以下命令可以列举这些 USB 设备：

```
find /dev/bus/usb
```

输出如下：

```
user@user-PC:~$ find /dev/bus/usb
/dev/bus/usb
/dev/bus/usb/006
/dev/bus/usb/006/001
/dev/bus/usb/005
/dev/bus/usb/005/002
/dev/bus/usb/005/001
...
```

lsusb 命令还可以包含以下参数。

❑ -v：输出 USB 设备的详细信息。

❑ -s：通过总线编号和设备编号的方式指定具体的 USB 设备。

❑ -d：通过 VID 和 PID 的方式指定具体的 USB 设备。

❑ -D：通过 USB 设备文件的方式指定具体的 USB 设备。

❑ -t：以树形结构显示。

例如，通过 USB 设备文件的方式查询总线编号为 008 且设备编号为 002 的 USB 设备信息，命令如下：

```
lsusb -D /dev/bus/usb/008/002
```

再如，查询 VID 为 0955 且 PID 为 7020 的 USB 设备详细信息，命令如下：

```
lsusb lsusb -d 0955:7020 -v
```

3）Linux 上 UDC 的实现

Linux 设备往往是通用性设备，没有专门为某个功能设计的 USB 驱动芯片，因此需要通过软件实现 UDC 功能。Linux USB gadget 是 Linux 环境下的 UDC 实现。在树莓派中启用 USB Gadget，可以让树莓派充当 USB 设备。通过 USB Gadget 中的 g_multi、g_ether、g_zero、g_audio、g_serial 等模块，可以轻松实现 USB 网卡、串口、键盘、鼠标等功能。当然，除了使用已存在的 Gadget 模块，还可以通过 configfs（functionfs）的方式自定义实现 USB 设备的定义，配置设备的基础属性和功能，具有很强大的扩展性。

注意：configfs 是基于内存（ram-based）的文件系统，而 functionfs 是通过 configfs 实现的 gadgetfs 的扩展。

下文将介绍如何通过 configfs 将树莓派 4B 定义为 RNDIS 和 Bulk 通信设备。

2. 配置 RNDIS 和 Bulk 链路

USB 连接可以以 RNDIS 的方式模拟网络通信，也可以直接通过 Bulk 链路和飞行平台通信。推荐开发者使用 Bulk 链路通信方式。不过，目前的 PSDK 版本仍然需要同时配置 RNDIS 和 Bulk 链路，单独配置 Bulk 链路无法使用。因此，下文将介绍如何同时配置 RNDIS 和 Bulk 链路。

1）启用 dwc2.0

如图 2-33 所示，E-Port 开发板通过 USB 线直接接入树莓派 4B 的 Type-C 接口，不仅需要供电，而且需要配置该接口为 USB 设备。为了降低树莓派的功耗，在 Type-C 接口上的 USB 2.0 默认是关闭的，因此首先需要启用 dwc2 模块（USB 2.0 控制器的实现），包括以下两个步骤。

（1）在树莓派的启动配置文件/boot/config.txt 的末尾，添加如下代码：

```
dtoverlay=dwc2
```

上述代码通过覆盖设备树（Device Tree）的方式启用了 dwc2 模块。设备树用于描述硬件平台的各类资源，便于 Linux 内核加载解析，初始化各类硬件。

注意：由于树莓派没有 PC 上的 BIOS 系统，所以各种基本输入输出配置都是通过 config.txt 完成的，包括内存、显示、启动等方面的配置选项。

另外，虽然可以通过覆盖设备树的方式启用 g_ether，从而实现 RNDIS 功能，但是在树莓派 4B 中此举会影响 Bulk 链路的创建，因此不建议采用 g_ether 的方式启用 RNDIS。

（2）修改 Linux 内核启动的命令行参数，在/boot/cmdline.txt 命令行的最后（行内）添加如下代码：

```
modules-load=dwc2
```

重启后，启动 Linux 内核时将自动加载 dwc2 模块。通过 cat /proc/cmdline 命令可以查看内核的启动参数，输出结果如下：

```
... plymouth.ignore-serial-consoles modules-load=dwc2
```

在输出结果中出现了 modules-load=dwc2，说明 Linux 内核主动加载了 dwc2 模块。Linux 内核的实际启动参数可能与 cmdline.txt 有所区别，这是由于命令行参数在启动前可能固件有所修改。此时，开发者还可以通过 lsusb 命令查询当前的 USB 设备，也可以发现启用 dwc2 之后多出一个 USB 2.0 设备。

2）编译启动 Bulk 程序 startup_bulk.c

在本书的附带资源中可以找到 startup_bulk 压缩包。解压后，可以找到 startup_bulk.c 文件和相应的 Makefile 文件。

注意：本书附带的 startup_bulk.c 是由 functionfs 源代码进行修改得到的。开发者也可以尝试使用 functionfs 源代码中的 startup_bulk.c 文件。

通过 apt 安装编译所需的 libaio 库，命令如下：

```
sudo apt-get install libaio-dev
```

随后，进入 start_bulk 目录，通过 make 命令编译 startup_bulk.c 文件，命令如下：

```
make
```

编译完成后，在 start_bulk 目录中生成目标文件 startup_bulk.o 和可执行文件 startup_bulk。

3）准备 USB Gadget 环境

检查操作系统是否存在网桥管理工具 brctl 以及是否挂载了 configfs 文件系统，具体操作如下所述。

（1）检查当前操作系统中是否包含网桥管理工具 brctl（bridge control），命令如下：

```
brctl --version
```

如已经安装了 brctl，那么输出结果如下：

```
bridge-utils, 1.6
```

如果未找到 brctl 命令，那么可以尝试通过以下命令安装 brctl：

```
sudo apt install bridge-utils
```

（2）检查 configfs 的挂载情况。通过以下命令查询 configfs 的挂载信息：

```
mount -l | grep configfs
```

输出结果如下：

```
configfs on /sys/kernel/config type configfs (rw,nosuid,nodev,noexec,relatime)
```

说明 configfs 挂载成功。如果没有输出相应的信息，可以尝试通过以下命令实现 configfs 的挂载：

```
mount -t configfs none /sys/kernel/config
```

4）USB Gadget 环境

USB Gadget 环境配置主要包括以下几部分：

- ❑ 创建 Gadget 模板；
- ❑ 配置 USB 基本信息；
- ❑ 创建配置实例；
- ❑ 新建 RNDIS 接口；
- ❑ 新建 Bulk 接口；
- ❑ 将当前的 USB 设备绑定到 UDC 驱动中；
- ❑ 配置网络环境。

下面将按步骤介绍 USB Gadget 的配置方法。

注意：这一部分仅供开发者了解，所有的代码均包含在 startup_bulk.tar.gz 压缩包中的 raspi-usb-device-start.sh 脚本中。该脚本中的绝大多数代码均属于 functionfs 的用户态 API，开发者可查阅相关资料了解详情。

（1）创建 Gadget 模板。通过加载 libcomposite，生成 usb_gadget 目录，然后创建名为 pi4 的 Gadget 模板，代码如下：

```
# 加载 libcomposite,生成 usb_gadget 目录
modprobe libcomposite
# 进入到 usb_gadget 目录
cd /sys/kernel/config/usb_gadget/
# 创建 pi4 目录(Gadget 模板)
mkdir -p pi4
# 进入到 pi4 目录
cd pi4
```

此时，在/sys/kernel/config 路径下，即可找到 usb_gadget 目录，USB Gadget 的配置文件和相关信息就存储在这里。

（2）配置 USB 基本信息。通过文件的方式设置设备的 VID、PID、固件版本号、USB 版本等信息，代码如下：

```
# VID
echo 0x0955 > idVendor
# PID
echo 0x7020 > idProduct
# 固件版本号 v1.0.0
echo 0x0001 > bcdDevice
# USB 版本 USB2
echo 0x0200 > bcdUSB

# 设备类别
echo 0xEF > bDeviceClass
# 设备子类别
echo 0x02 > bDeviceSubClass
# 设备协议
echo 0x01 > bDeviceProtocol

# 创建配置描述
mkdir -p strings/0x409
echo "abcdefg1234567890" > strings/0x409/serialnumber
echo "raspberry" > strings/0x409/manufacturer
echo "PI4" > strings/0x409/product
```

（3）创建配置实例。创建 configs/c.1 目录，设置设备属性最大电流，代码如下：

```
cfg=configs/c.1
mkdir -p "${cfg}"
echo 0x80 > ${cfg}/bmAttributes
echo 250 > ${cfg}/MaxPower

cfg_str=""
udc_dev=fe980000.usb
```

（4）新建 RNDIS 接口，代码如下：

```
enable_rndis=1
if [ ${enable_rndis} -eq 1 ]; then
cfg_str="${cfg_str}+RNDIS"
func=functions/rndis.usb0
mkdir -p "${func}"
ln -sf "${func}" "${cfg}"

echo 1 > os_desc/use
echo 0xcd > os_desc/b_vendor_code
echo MSFT100 > os_desc/qw_sign
echo RNDIS > "${func}/os_desc/interface.rndis/compatible_id"
echo 5162001 > "${func}/os_desc/interface.rndis/sub_compatible_id"
```

```
ln -sf "${cfg}" os_desc
fi
```

（5）新建 Bulk 接口，创建 Bulk1 和 Bulk2 两个链路，代码如下：

```
enable_bulk=1
if [ ${enable_bulk}-eq1 ]; then
mkdir -p /dev/usb-ffs

cfg_str = "${cfg_str}+BULK1"
mkdir -p /dev/usb-ffs/bulk1
func = functions/ffs.bulk1
mkdir -p "${func}"
ln -sf "${func}" "${cfg}"
mount -o mode=0777 -o uid=2000 -o gid=2000 -t functionfs bulk1 /dev/usb-ffs/bulk1
/home/user/Desktop/startup_bulk/startup_bulk /dev/usb-ffs/bulk1 &
sleep 3

cfg_str = "${cfg_str}+BULK2"
mkdir -p /dev/usb-ffs/bulk2
func = functions/ffs.bulk2
mkdir -p "${func}"
ln -sf "${func}" "${cfg}"
mount -o mode=0777 -o uid=2000 -o gid=2000 -t functionfs bulk2 /dev/usb-ffs/bulk2
/home/user/Desktop/startup_bulk/startup_bulk /dev/usb-ffs/bulk2 &
sleep 3
fi

mkdir -p "${cfg}/strings/0x409"
echo "${cfg_str:1}" > "${cfg}/strings/0x409/configuration"
```

加粗部分的 startup_bulk 程序需要指定为该文件实际存在的位置。PSDK 3.3 版本以来，M350 RTK、M30/M30T 和 M3T/M3E 需要两个 Bulk 链路，分别实现不同的数据传输功能，如表 3-4 所示。

表 3-4　数据传输功能限制

链　路	M300 RTK	M30/M30T M350 RTK	M3T/M3E
虚拟串口	云台管理、相机管理、部分基础通信		
RNDIS		推送相机码流、订阅 FPV/主相机码流	推送相机码流、订阅主相机码流
Bulk(1)	获取码流、获取感知灰度图、MOP 功能、媒体文件管理	推送第三方相机码流、获取码流	推送第三方相机码流、获取码流
Bulk2		获取感知灰度图、媒体文件管理	获取感知灰度图

对于 M300 RTK 无人机来说，只需要 1 个 Bulk 链路，此时只需要创建 1 个 Bulk 链路，代码如下：

```
enable_bulk=1
if [ ${enable_bulk} -eq 1 ]; then
mkdir -p /dev/usb-ffs
cfg_str="${cfg_str}+BULK"

mkdir -p /dev/usb-ffs/bulk
func=functions/ffs.bulk
mkdir -p "${func}"
ln -sf "${func}" configs/c.1/
mount -o mode=0777 -o uid=2000 -o gid=2000 -t functionfs bulk /dev/usb-ffs/bulk
/home/user/Desktop/startup_bulk/startup_bulk /dev/usb-ffs/bulk &
sleep 3
fi
```

同样地，加粗部分的 startup_bulk 程序需要指定为该文件实际存在的位置。

（6）将当前的 USB 设备绑定到 UDC 驱动中，代码如下：

```
udevadm settle -t 5 || :
ls /sys/class/udc > UDC
```

检查 Bulk 链路的运行情况，命令如下：

```
ps -ef | grep startup_bulk
```

如两个 Bulk 链路正常运行，输出结果如下：

```
root  543  1  0 17:29 ?          00:00:00 /home/dongyu/Desktop/startup_bulk/
startup_bulk/dev/usb-ffs/bulk1
root  652  1  0 17:29 ?          00:00:00 /home/dongyu/Desktop/startup_bulk/
startup_bulk/dev/usb-ffs/bulk2
…
```

检查 Bulk 链路的 EP 端点，命令如下：

```
ls /dev/usb-ffs/bulk1
ls /dev/usb-ffs/bulk2
```

如 EP 端点正常，输出结果如下：

```
ep0 ep1 ep2
```

（7）配置网络环境，创建 usb0 的网桥 pi4br0，并设置其 IP 地址和子网掩码，代码如下：

```
# IP 地址
net_ip=192.168.55.1
# 子网掩码
net_mask=255.255.255.0

/sbin/brctl addbr pi4br0
```

```
/sbin/ifconfig pi4br0 ${net_ip} netmask ${net_mask} up

if [ ${enable_rndis} -eq 1 ]; then
/sbin/brctl addif pi4br0 usb0
/sbin/ifconfig usb0 down
/sbin/ifconfig usb0 up
fi
```

此时，通过 ip addr 命令即可查询到 pi4br0 和 usb0 网络设备，并且 pi4br0 的 IP 地址为 192.168.55.1，如图 3-13 所示。

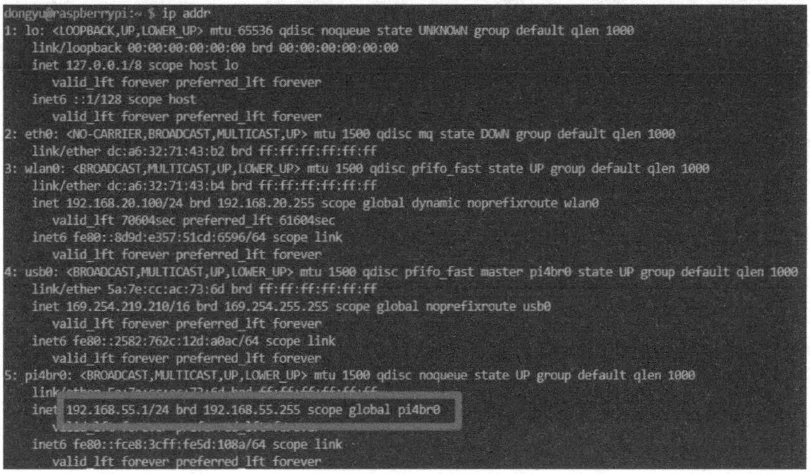

图 3-13　IP 地址设置成功

以上所有代码均包含在 startup_bulk 压缩包的 raspi-usb-device-start.sh 脚本中；解压进入 startup_bulk 目录后，执行如下命令：

```
sudo ./raspi-usb-device-start.sh
```

执行以上命令后，可以通过 lsusb 命令查询 Gadget 的配置情况：

```
lsusb -d 0955:7020 -v
```

由于树莓派 4B 的 PID 和 VID 信息是写死在脚本中的，因此可以根据实际情况，输出结果如下：

```
Bus 003 Device 004: ID 0955:7020 NVidia Corp.
Device Descriptor:
  ...
  idVendor          0x0955 NVidia Corp.
  idProduct         0x7020
  ...
  Configuration Descriptor:
    ...
    Interface Descriptor:
```

```
   bInterfaceNumber        0
   ...
   bInterfaceClass         2 Communications
   bInterfaceSubClass      2 Abstract (modem)
   bInterfaceProtocol    255 Vendor Specific (MSFT RNDIS?)
   ...
Interface Descriptor:
   bInterfaceNumber        1
   ...
   Endpoint Descriptor:
     ...
    bEndpointAddress     0x81  EP 1 IN
      Transfer Type          Bulk
      ...
   Endpoint Descriptor:
     ...
    bEndpointAddress     0x01  EP 1 OUT
      Transfer Type          Bulk
      ...
Interface Descriptor:
   bInterfaceNumber        2

   ...
   Endpoint Descriptor:
     ...
    bEndpointAddress     0x83  EP 3 IN
      Transfer Type          Bulk
      ...
   Endpoint Descriptor:
     ...
    bEndpointAddress     0x02  EP 2 OUT
      Transfer Type          Bulk
      ...
Interface Descriptor:
   bInterfaceNumber        3
   ...
   Endpoint Descriptor:
     ...
    bEndpointAddress     0x84  EP 4 IN
      Transfer Type          Bulk
      ...
   Endpoint Descriptor:
     ...
    bEndpointAddress     0x03  EP 3 OUT
      Transfer Type          Bulk
      ...
```

　　从以上输出结果中可以发现，该 USB 设备拥有 4 个接口描述符（Interface Descriptor），其中第 1 个为 RNDIS 链路；最后面两个为无人机通信使用的 Bulk 链路。记录 Bulk 链路的接口号和服务端点地址，稍后需要写入 PSDK 样例程序的代码中。

　　5）创建启用 Gadget 的系统服务

　　为了能够在 Raspios 启动时自动配置 Gadget，可以为其设置系统服务，下面为主要的配置步骤。

　　（1）准备用于启用与停止服务的 raspi-usb-device-start.sh 和 raspi-usb-device-stop.sh 脚本文件。压缩包 startup_bulk 中的 raspi-usb-device-stop.sh 文件用于结束 Gadget 服务，删除 pi4 目录（Gadget 模板），代码如下：

```
#!/bin/bash

cd /sys/kernel/config/usb_gadget
echo "" > pi4/UDC
rmdir pi4/configs/c.1/strings/0x409
rm -f pi4/configs/c.1/rndis.usb0
rmdir pi4/functions/rndis.usb0/
rm -f pi4/os_desc/c.1
rmdir pi4/configs/c.1/
rmdir pi4/strings/0x409
rmdir pi4

exit 0
```

　　在/opt 目录下创建 raspi-usb-config 目录，并将上述两个脚本文件复制到/opt/raspi-usb-config 目录中。

　　（2）准备 raspigadget.service 服务文件（可在压缩包 startup_bulk 中找到），并复制到/etc/systemd/system 目录中，代码如下：

```
[Unit]
Description=USB Gadget Service

[Service]
Type=simple
RemainAfterExit=yes
ExecStart=/opt/raspi-usb-config/raspi-usb-device-start.sh
ExecStop=/opt/raspi-usb-config/raspi-usb-device-stop.sh

[Install]
WantedBy=multi-user.target
```

　　（3）通过以下命令启用 raspigadget 服务：

```
systemctl enable raspigadget
```

　　重启树莓派后，会自动配置 Gadget。通过"systemctl status raspigadget"命令查询

raspigadget 服务的运行状态，如图 3-14 所示。

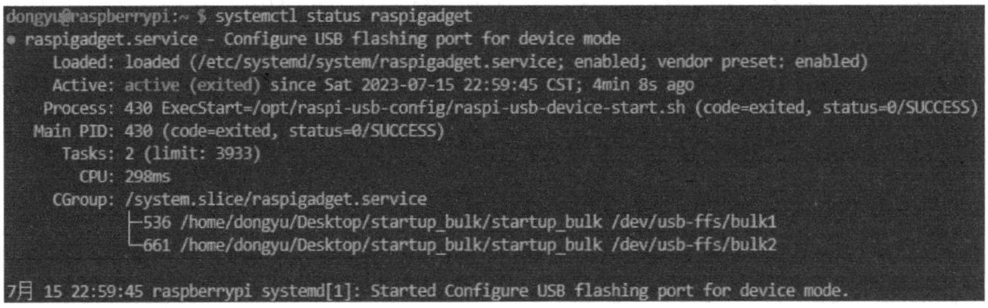

图 3-14 raspigadget 服务的运行程序

如果 Gadget 启用一切正常，那么该服务的运行状态为 active，并且提示"Started Configure USB flashing port for device mode."。

3．测试并运行 PSDK 应用样例程序

本小节同时配置了 RNDIS 和 Bulk 链路，因此 Linux 开发板和飞行平台之间既可以通过 RNDIS 网络通信，也可以通过 Bulk 链路通信。因此，在 dji_sdk_config.h 代码文件中，既可以使用串口连接和网络连接通信方式，也可以使用串口连接和 USB Bulk 通信方式。这两种方式二选其一即可。

1）使用串口连接和网络连接通信方式

在 samples/sample_c/platform/linux/manifold2/application/dji_sdk_config.h 文件中，设置串口连接和网络连接通信方式，代码如下：

```
#define CONFIG_HARDWARE_CONNECTION    DJI_USE_UART_AND_NETWORK_DEVICE
```

在 samples/sample_c/platform/linux/manifold2/hal/hal_network.h 文件中，设置网络端口号为桥接端口"pi4br0"，代码如下：

```
#ifdef PLATFORM_ARCH_x86_64
#define LINUX_NETWORK_DEV        "pi4br0"
#else
#define LINUX_NETWORK_DEV        "pi4br0"
#endif
```

同样地，在 hal_network.h 文件中，设置 RNDIS 设备（USB Gadget 设备）的 VID 和 PID 信息，代码如下：

```
#ifdef PLATFORM_ARCH_x86_64
#define LINUX_USB_VID        (0x0955)
#define LINUX_USB_PID        (0x7020)
#else
#define LINUX_USB_VID        (0x0955)
#define LINUX_USB_PID        (0x7020)
#endif
```

这里的 VID 和 PID 信息需要与 raspi-usb-device-start.sh 中的配置相同。

再次运行 PSDK 样例程序，即可实现负载与无人机的串口通信和 RNDIS 通信。运行时，其输出结果和 3.1.3 小节的输出结果类似，这里不再赘述。

2）使用串口连接和 USB Bulk 通信方式

在 samples/sample_c/platform/linux/manifold2/application/dji_sdk_config.h 文件中，设置串口连接和 USB Bulk 通信方式，代码如下：

```
#define CONFIG_HARDWARE_CONNECTION        DJI_USE_UART_AND_USB_BULK_DEVICE
```

在 samples/sample_c/platform/linux/manifold2/hal/hal_usb_bulk.h 文件中，设置 Bulk 链路的接口号和服务端点地址，代码如下：

```
#define LINUX_USB_BULK1_EP_OUT_FD              "/dev/usb-ffs/bulk1/ep1"
#define LINUX_USB_BULK1_EP_IN_FD               "/dev/usb-ffs/bulk1/ep2"

#define LINUX_USB_BULK1_INTERFACE_NUM          (2)
#define LINUX_USB_BULK1_END_POINT_IN           (0x83)
#define LINUX_USB_BULK1_END_POINT_OUT          (0x02)

#define LINUX_USB_BULK2_EP_OUT_FD              "/dev/usb-ffs/bulk2/ep1"
#define LINUX_USB_BULK2_EP_IN_FD               "/dev/usb-ffs/bulk2/ep2"

#define LINUX_USB_BULK2_INTERFACE_NUM          (3)
#define LINUX_USB_BULK2_END_POINT_IN           (0x84)
#define LINUX_USB_BULK2_END_POINT_OUT          (0x03)
```

同样地，在 hal_usb_bulk.h 文件中，设置 USB 设备的 VID 和 PID 信息，代码如下：

```
#ifdef PLATFORM_ARCH_x86_64
#define LINUX_USB_VID                          (0x0955)
#define LINUX_USB_PID                          (0x7020)
#else
#define LINUX_USB_VID                          (0x0955)
#define LINUX_USB_PID                          (0x7020)
#endif
```

这里的 VID 和 PID 信息需要与 raspi-usb-device-start.sh 中的配置相同。

再次运行 PSDK 样例程序，即可实现负载与无人机的串口通信和 USB Bulk 通信。

3.2 PSDK 开发环境搭建（RTOS）

本节将采用 STM32F407ZGT6 芯片开发板，结合官方提供的基于 FreeRTOS 的 PSDK 样例程序，介绍在 RTOS 环境下 PSDK 开发环境的搭建方法。

3.2.1　配置 STM32 开发环境

为了编译、烧录和调试 PSDK 应用程序，需要在上位机（调试机）上安装 MDK-ARM 集成开发环境，以及 STM32 开发包。

1. 安装 MDK-ARM 集成开发环境

MDK（Microcontroller Development Kit）是为基于 Cortex、ARM7、ARM9 等处理器设备提供的完整开发环境。本小节使用的是 5.23 版本的 MDK-ARM，运行其安装文件 mdk523.exe，弹出如图 3-15 所示的对话框。

图 3-15　安装 MDK-ARM

单击【Next】按钮，在随后的 License Agreement、Folder Selection、Customer Information 等对话框中，依次同意许可协议、选择安装位置、输入客户信息后，单击【Next】按钮。

注意：安装目录最好选择在磁盘的根目录下，不能包含中文、空格或特殊字符。

随后，开始安装 MDK 程序。稍等片刻后，安装 ARM USB 工具，弹出如图 3-16 所示的对话框。

图 3-16　安装 ARM USB 工具

单击【安装】按钮。安装完毕后，弹出如图 3-17 所示的对话框，单击该对话框中的【Finish】
按钮结束安装。

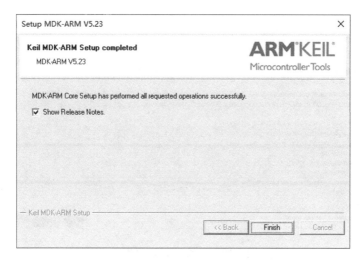

图 3-17　MDK 安装结束

激活 MDK 程序后，在开始菜单中运行 Keil μVersion5 集成开发环境，如图 3-18 所示。

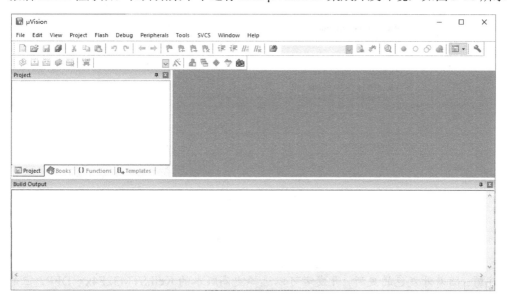

图 3-18　Keil μVersion5 集成开发环境

2. 安装 STM32 开发包

在 Keil 官方网站中搜索并下载 STM32 开发包。本书使用 STM32F407ZGTx 开发包，直
接下载，如图 3-19 所示。

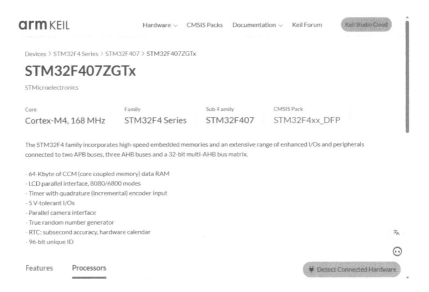

图 3-19　下载 STM32 开发包

下载并双击 Keil.STM32F4xx_DFP.2.17.1.pack 文件，直接安装该开发包，如图 3-20 所示。

图 3-20　安装 Keil.STM32F4xx_DFP.2.17.1

注意：随着开发包的更新，开发者可以选择更高版本的 Keil.STM32F4xx_DFP，但是版本不得低于 2.x.x。

单击【Next】按钮即可安装该开发包。安装完毕后，在 Keil μVersion5 菜单栏中选择 Project→Manage→Pack Installer，打开包安装器 Pack Installer，如图 3-21 所示。

在左侧的【Devices】选项卡中，选择 STMicroelectronics→STM32F4 Series→STM32F407→STM32F407GTx 设备后，即可在右侧的【Packs】选项卡的 Device Specific 中找到 Keil.STM32F4xx_DFP 开发包，说明该开发包安装成功。

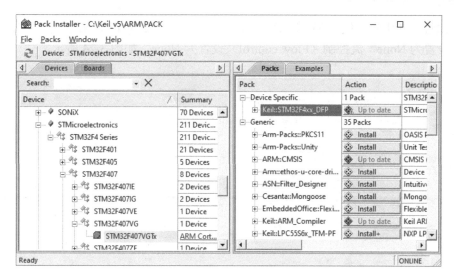

图 3-21   Pack Installer

3.2.2   编译并运行 PSDK 样例程序

RTOS 目前仅支持 C 语言样例程序,可以在 PSDK 开发包的 samples\sample_c\platform\rtos_freertos\stm32f4_discovery 目录中找到。PSDK 样例程序分为两部分:一部分是用于启动的自举程序(Bootloader);另一部分是应用程序,这两部分需要分别烧录到 STM32F4xx 开发板中。

❏ 自举程序:从 Flash 存储的 0x08000000 地址开始烧录,长度为 0x100000。
❏ 应用程序:从 Flash 存储的 0x08010000 地址开始烧录,长度为 0x70000。

下文中将分别介绍如何烧录这两个程序,前者烧录一次即可;后者则是样例程序的本体,可以在自举程序不变的情况下多次烧录。

注意:建议开发者使用 J-Link 或 ST-Link 等调试工具,既方便烧录安装,又方便调试。

1. 准备串口调试工具

连接好硬件后,可以在 Windows 设备管理器中查询串口号,如图 3-22 所示。

在端口列表中,USB-SERIAL CH340(COMx)项即为串口设备,其中 x 表示具体的端口号,上图中的串口号为 COM5。

随后,即可在串口调试工具中查看 PSDK 样例程序的调试输出。例如,采用 putty 软件打开 COM5 串口,如图 3-23 所示。

在 Connection type 选项中选择 Serial 串口连接;在 Serial line 中输入串口号 COM5;在 Speed 中输入默认的波特率 921600。单击左侧的 Serial 列表项,可以设置串

图 3-22   查询串口号

口的具体属性，其中数据位（Data bits）设置为 8，停止位（Stop bits）设置为 1，奇偶校验位（Parity）设置为 None，流控制（Flow control）设置为 None，如图 3-24 所示。

图 3-23　采用 putty 软件打开 COM5 串口　　　图 3-24　设置串口的具体属性

单击【Open】按钮，打开 COM5 串口。

2．烧录 Bootloader

Bootloader 是在操作系统内核启动之前运行的程序，具有初始化硬件设备、建立内存空间映射图等功能。进入 project\mdk_bootloader 子目录中，打开 mdk_bootloader 工程，如图 3-25 所示。

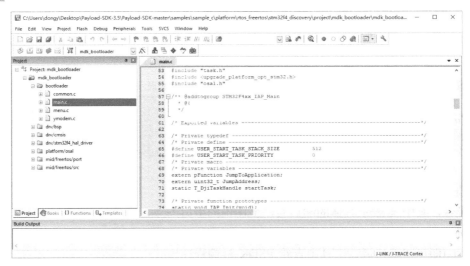

图 3-25　打开 mdk_bootloader 工程

烧录 Bootloader 包括以下几个步骤。

（1）确认编译环境。单击 Keil μVersion5 菜单栏中的 Help→About μVision 选项，弹出如图 3-26 所示的对话框。

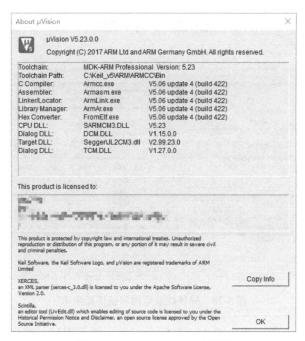

图 3-26　About μVision 对话框

PSDK 需要 5.06 版本的编译器和相关编译工具。

❑ C Compiler: Armcc.exe V5.06 update 6 (build 750)

❑ Assembler: Armasm.exe V5.06 update 6 (build 750)

❑ Linker/Locator: ArmLink.exe V5.06 update 6 (build 750)

❑ Library Manager: ArmAr.exe V5.06 update 6 (build 750)

❑ Hex Converter: FromElf.exe V5.06 update 6 (build 750)

在实际开发中，只要确保编译器不低于上述环境即可。随后，单击工具栏中的"魔法棒"按钮，进入 Options for Target 'mdk_bootloader'对话框。

在【Device】选项卡中确认烧录目标设备为 STM32F4xx，符合芯片类型即可，如图 3-27 所示。

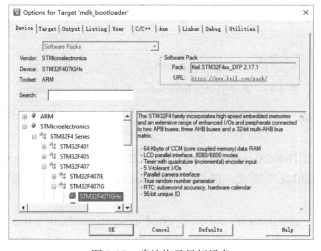

图 3-27　确认烧录目标设备

在【Target】选项卡中可以核对烧录范围和编译器版本，如图 3-28 所示。

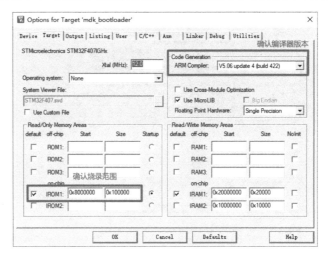

图 3-28　确认烧录范围和编译器版本

在【Output】选项卡中，选中 Debug Information，便于调试；选中 Browse Information，便于编写代码（编译后可以很方便地通过鼠标右键的方式查询某个函数或变量的定义），如图 3-29 所示。如果需要通过串口烧录程序，还需要选中 Create HEX File 选项。

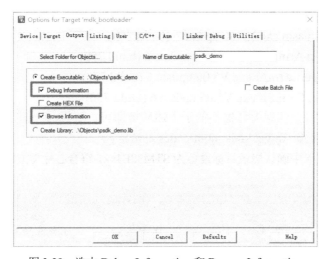

图 3-29　选中 Debug Information 和 Browse Information

（2）编译 Bootloader。在工具栏中单击█按钮（或按下 F7 键）编译 Bootloader，如图 3-30 所示。

若出现 "L6050U: The code size of this image (221788 bytes) exceeds the maximum allowed for this version of the linker." 错误，则说明当前 Keil μVersion5 软件未激活。请激活软件后重新编译。

若出现 "anonymous unions are only supported in --gnu mode, or when enabled with #pragma anon_unions" 错误，则可以定位到相应的文件（如 dji_upgrade.h），在 typedef struct 前添加 "#pragma anon_unions" 声明，代码如下：

```
compiling croutine.c...
compiling list.c...
compiling stm32f4xx_hal_tim_ex.c...
compiling event_groups.c...
compiling port.c...
compiling stm32f4xx_hal_uart.c...
compiling timers.c...
compiling stm32f4xx_ll_usb.c...
compiling queue.c...
compiling tasks.c...
compiling stm32f4xx_hal_tim.c...
linking...
Program Size: Code=19856 RO-data=916 RW-data=8588 ZI-data=78516
After Build - User command #1: C:\Keil_v5\ARM\ARMCC\Bin\fromelf.exe .\Objects\p
".\Objects\psdk_demo.axf" - 0 Error(s), 0 Warning(s).
Build Time Elapsed:  00:00:03
```

图 3-30　编译 Bootloader

```
#pragma anon_unions
typedef struct {
    E_DjiUpgradeStage upgradeStage;

    union {
        T_DjiUpgradeOngoingInfo upgradeOngoingInfo;
        T_DjiUpgradeRebootInfo upgradeRebootInfo;
        T_DjiUpgradeEndInfo upgradeEndInfo;
    };
} T_DjiUpgradeState;
```

（3）检查串口配置选项。默认情况下，Bootloader 调试输出的 UART 端口为 2 号端口：
在 main.h 头文件中，可以找到如下代码：

```
#define PSDK_CONSOLE_UART_NUM       UART_NUM_2
#define PSDK_CONSOLE_UART_BAUD      921600
```

如果开发者更换了调试输出串口或波特率，可以在此进行修改。

（4）烧录 Bootloader。通过 ARM 仿真器或者串口将 Bootloader 烧录到芯片中。如果使用
JLink 仿真器，那么需要在 Options for Target 'mdk_bootloader'对话框的【Debug】选项卡中选
择对应的调试器类型，如图 3-31 所示。

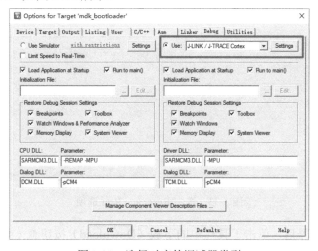

图 3-31　选择对应的调试器类型

单击【Settings】按钮，进入调试器设置界面，在该界面中确认调试器是否正常连接，并选择合适的烧录端口（JTAG 或 SW），如图 3-32 所示。

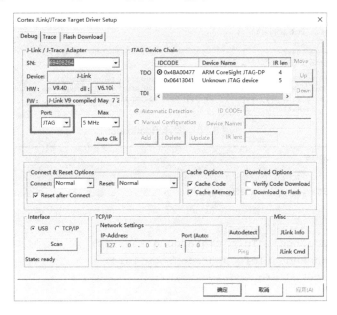

图 3-32　调试器设置界面

在【Flash Download】选项卡中，选中 Reset and Run 选项，如图 3-33 所示。此时，当程序烧录到开发板后会自动启动运行。

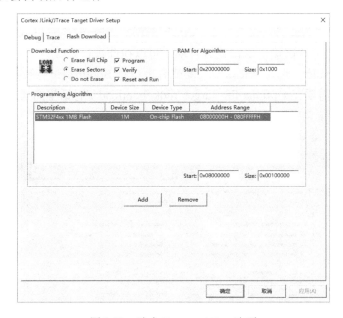

图 3-33　选中 Reset and Run 选项

当正确配置调试器后，单击工具栏中的下载（Download）按钮 (或按下 F8 键)即可将 Bootloader 烧录到开发板中。烧录成功后，在 Build Output 窗口中即可看到如下输出：

```
Erase Done.
Programming Done.
Verify OK.
Application running ...
Flash Load finished at 23:15:35
```

注意：烧录前，可以在 Keil μVersion5 的菜单栏中选择 Flash→Erase 菜单清除 Flash 全片内容。

此时，串口并没有任何输出，但 Bootloader 已经正常运行。

3. 烧录 PSDK 样例程序

进入 project\mdk_bootloader 子目录中，打开 mdk_bootloader 工程。烧录 PSDK 样例程序包括以下几个步骤。

（1）配置 SDK 许可信息。在 Keil μVersion5 左侧的 Project 窗口中，打开 Project:
mdk_app→mdk_app→application→application.c→dji_sdk_app_info.h 文件，配置 SDK 许可信息，代码如下：

```
#define USER_APP_NAME              "your_app_name"              // App 名称
#define USER_APP_ID                "your_app_id"                // AppID
#define USER_APP_KEY               "your_app_key"               // 密钥
#define USER_APP_LICENSE           "your_app_license"           // 许可
#define USER_DEVELOPER_ACCOUNT     "your_developer_account"     // 账户名（邮箱）
#define USER_BAUD_RATE             "921600"                     // 串口波特率
```

许可信息的配置方法可参考 3.1.2 小节的有关内容，这里不再赘述。

（2）确认串口配置选项。默认情况下，PSDK 样例程序调试输出的 UART 端口为 2 号端口。打开 Project: mdk_app→mdk_app→application→hal_uart.c→uart.h 头文件，找到如下代码：

```
#define DJI_CONSOLE_UART_NUM       UART_NUM_2
#define DJI_CONSOLE_UART_BAUD      921600
```

如果开发者更换了调试输出串口或波特率，可以在此进行修改。

（3）编译程序。首先需要检查 Options for Target 'mdk_bootloader'对话框中的相关编译选项是否正确，可以参考前文进行配置，这里不再赘述。按下 F7 键编译 PSDK 样例程序，如图 3-34 所示。

```
Build target 'mdk_app'
assembling startup_stm32f407xx.s...
compiling hal_uart.c...
compiling application.c...
compiling uart.c...
linking...
Program Size: Code=221876 RO-data=124516 RW-data=17560 ZI-data=95384
".\Objects\mdk_app.axf" - 0 Error(s), 0 Warning(s).
Build Time Elapsed:  00:00:04
```

图 3-34 编译 PSDK 样例程序

（4）烧录程序。首先需要检查 Options for Target 'mdk_bootloader'对话框中的相关调试选项是否正确，可以参考前文进行配置，这里不再赘述。按下 F8 键将 PSDK 样例程序烧录到 STM32 芯片中。

如果程序正常运行，即可在串口输出界面看到相应的信息，如图 3-35 所示。

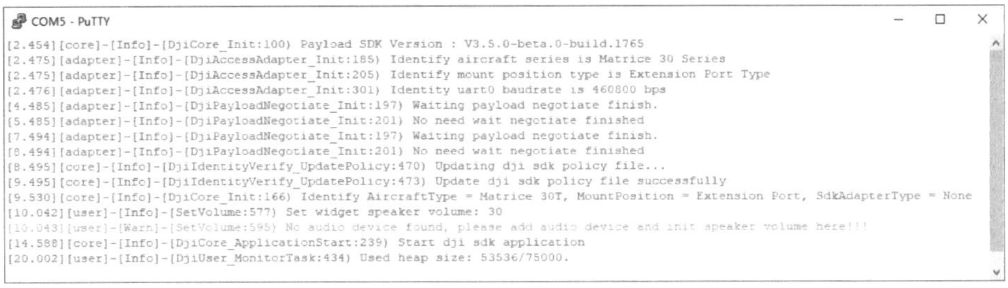

图 3-35　运行 PSDK 样例程序

如果在调试过程中反复出现"USB Device Connected""USB Device Reset Completed"等提示，可能是因为部分开发板设计时预留了 USB 接口的缘故。此时可以在 Option for Target 窗口的 C/C++选项卡中将"_DUSE_USB_HOST_UART=1"语句从 Misc Controls 配置中移除。

3.3　本章小结

PSDK 支持 RTOS 和 Linux 两类操作系统，具有不同的开发环境和运行模式。在 Linux 操作系统上运行 PSDK，功能更加强大，方便与 AI、视觉处理等其他技术体系相融合。在 RTOS 操作系统上运行 PSDK，可以使用更加流行的 STM32、海思等芯片硬件，从而压缩成本，多用于基础功能实现，可以满足轻计算能力的用户需求。

无论采用哪种操作系统，其开发方法、具体的 API 都是相同的。在后文的章节中，将详细介绍 PSDK 的各类 API。你准备好了吗？让我们进入具体的无人机开发学习中吧。

3.4　习题

1．在树莓派 4B 或 STM32F4xx 开发板上准备好 PSDK 开发环境。
2．介绍实际需求，谈谈 Linux 和 RTOS 的开发环境有什么区别？

第 4 章　STM32 开发基础

STM32 具有高性能、低成本、丰富的外设接口和良好的生态系统，在嵌入式系统领域得到了广泛应用，是 STM32 微控制器可以作为 FreeRTOS 实时操作系统的硬件平台，也是大疆官方推荐的 PSDK 开发平台。通过在 STM32 上运行 FreeRTOS，开发者可以充分利用 STM32 的硬件资源和 FreeRTOS 的实时性能，实现高效、可靠的嵌入式系统。

本章将介绍 STM32 和 FreeRTOS 的基础知识，为后文学习 PSDK 打好基础。如无特别说明，本章所采用的 STM32 芯片默认为 STM32F407VET6，其他类型的芯片也可以作为参考，核心知识点如下：

- ❑ C 语言和 C++语言；
- ❑ 指针；
- ❑ 预处理；
- ❑ 位操作；
- ❑ 存储器映射和寄存器；
- ❑ 标准库和 HAL 库；
- ❑ FreeRTOS。

4.1　C/C++语言基础

STM32 程序开发需要使用到 C 语言和 C++语言，这两种语言都属于高级语言，它们的基础语法非常相似，但是 C++提供面向对象编程、异常处理、STL 库等更多高级功能。本节将介绍 C 语言和 C++语言的基础知识，以便于更加高效地学习 PSDK 程序开发。

C 语言最初是由丹尼斯·里奇（Dennis Ritchie）在 AT&T 的贝尔实验室于 1972 年开发的，作为 UNIX 操作系统的开发语言，也是至今为止最为重要的高级语言。C 语言是一种结构化编程语言，提供了丰富的底层访问能力，包括直接访问内存、硬件操作等，具有高效、可移植性好、适合系统级编程等特点。截至 2023 年 4 月，最新的 ISO 标准是 C17。

C++语言是由比雅尼·斯特劳斯特鲁普（Bjarne Stroustrup）于 1983 年在贝尔实验室开发的，作为 C 语言的扩展，增加了面向对象编程的特性。C++是一种混合了面向过程和面向对象编程的语言，支持类、继承、多态等面向对象特性。它还提供了模板元编程、异常处理、STL（标准模板库）等高级功能。截至 2023 年 4 月，最新的 ISO 标准是 C++20。

PSDK API 由宏定义、枚举、结构体和函数等组成，具有统一的代码风格和命名规范。开发者在开发时也尽量符合这些规则，以便于代码维护。本节将介绍 STM32 和 PSDK 应用开发中常用的 C 和 C++的语言基础和代码风格，以便于开发者能够更好地理解后文中的 PSDK 样例程序。

4.1.1 基本数据类型和枚举类型

本小节将介绍 C 和 C++语言中的基本数据类型和枚举类型。

1. 基本数据类型

在 C 和 C++语言中，它们的基本数据类型是非常类似的，主要包括以下几部分。

- ❑ 整型（Integer Types）：用于表示整数的类型，包括整型（int）、短整型（short）、长整型（long、long long）等。
- ❑ 浮点型（Floating-Point Types）：用于表示小数的类型，包括单精度浮点型（float）和双精度浮点型（double）等。
- ❑ 字符型（Character Types）：用于表示字符的类型，本质上可以理解为 1 个短整型。
- ❑ 布尔型（Boolean Type）：用于表示真假的数据类型（bool）。
- ❑ 空类型（Void Type）：无类型（void），通常用于函数的返回值，表示不返回任何数据。

由于基本数据类型的位数可能会因编译器和计算机架构的不同而有所差异，因此并不建议开发者直接使用整型数据类型，否则可能出现难以排查的错误。在具体的 STM32 嵌入式开发中，通常使用 stdint.h 头文件中定义的一些扩展的整数类型和宏，常用的类型定义代码如下：

```
// 有符号整型的定义
typedef   signed          char    int8_t;
typedef   signed short     int    int16_t;
typedef   signed           int    int32_t;
typedef   signed         __INT64  int64_t;

// 无符号整型的定义
typedef unsigned          char    uint8_t;
typedef unsigned short     int    uint16_t;
typedef unsigned           int    uint32_t;
typedef unsigned         __INT64  uint64_t;
```

例如，int16_t 表示一个 16 位的有符号整型，而 uint16_t 格式的宏则指定了一个 16 位的无符号整型。

注意：stdint.h 中还定义了用于表示特定整数类型的常数的类似函数的宏，如 INTN_C(value)和 UINTN_C(value)，这些宏可以创建一个至少 N 位包含指定值的常数。

在 PSDK 源代码中，会大量使用 stdint.h 头文件中定义的整型类型。

2. 枚举类型

枚举类型（Enumeration Type）是一种用户定义的类型，它允许你为整数值分配有意义的名称。枚举在程序中可以用来增加代码的可读性和可维护性。枚举类型也是一种基本数据类型，是一种用户定义类型。本质上，枚举类型是被当作 int 或者 unsigned int 类型来处理的。

通过使用枚举，可以为一组相关的常量定义一个类型名称，然后使用该类型声明变量、数组等。枚举类型的定义如下所示：

```
enum tagname {
    enumerator1,
    enumerator2,
    enumerator3,
    ...
    enumeratorN
};
```

其中，tagname 是枚举类型的名称，而 enumerator1、enumerator2 以及 enumeratorN 是枚举器的列表，分别对应一个整数值。默认情况下，第一个枚举器的值为 0，后续枚举器的值依次递增。

例如，定义星期枚举类型 Weekday，并通过 Sunday、Monday 等定义星期天、星期一等枚举值，代码如下：

```
#include <stdio.h>

// 定义枚举类型 Weekday
enum Weekday {
    Sunday, Monday, Tuesday, Wednesday, Thursday, Friday, Saturday
};

void main() {
    // 定义枚举类型变量 today
    enum Weekday today = Wednesday;
    // 判断 today 的枚举值
    if (today == Wednesday) {
        printf("Today is Wednesday");
    }

}
```

在 main 函数中创建了一个 Weekday 类型的变量 today 并将其初始化为 Wednesday。接下来，使用 if 语句检查 today 是否等于 Wednesday，并输出相应的信息，输出结果如下：

```
Today is Wednesday
```

在 PSDK 源代码中，枚举类型在.h 文件中定义，并且枚举类型的名称以 E_Dji 开头，采用帕斯卡命名法（SomeEnumerationType）命名，后接模块名称以及枚举描述，如下所示：

```
typedef enum {
    TEMPLATE_COLOR_RED = 0,
    TEMPLATE_COLOR_GREED = 1,
    TEMPLATE_COLOR_BLUE = 2,
} E_DjiTemplateColor;
```

具体的枚举值命名要和枚举类型本身的名称相呼应，采用大写和下画线的命名法命名，后接具体的枚举含义。例如，dji_logger.h 文件中的 E_DjiLoggerConsoleLogLevel 枚举类型定义了控制台输出级别，代码如下：

```
typedef enum {
    // 错误级别
    DJI_LOGGER_CONSOLE_LOG_LEVEL_ERROR = 0,
    // 警告级别
    DJI_LOGGER_CONSOLE_LOG_LEVEL_WARN = 1,
    // 信息级别
    DJI_LOGGER_CONSOLE_LOG_LEVEL_INFO = 2,
    // 调试级别
    DJI_LOGGER_CONSOLE_LOG_LEVEL_DEBUG = 3,
} E_DjiLoggerConsoleLogLevel;
```

4.1.2 结构体

在 PSDK 源代码中，大量出现枚举类型和结构体的应用，用于无人机的各类配置选项和动作执行。枚举类型已经在上一小节中介绍，本小节将着重介绍结构体的基本用法。

结构体（struct）是一种用户自定义的数据类型，它可以将不同类型的数据组合成一个单一的复合类型。结构体中的每个元素称为成员，每个成员都有其自己的名称和数据类型。结构体的基本语法如下：

```
struct tagname {
    type1 member1;
    type2 member2;
    type3 member3;
    ...
    typeN memberN;
};
```

其中，tagname 是结构体的标签名，type1, type2, ..., typeN 是成员的数据类型，member1, member2, ..., memberN 是成员的名称。

例如，定义学生信息结构体，代码如下：

```
struct Student {
    char name[50];      // 姓名
    int age;            // 年龄
    float score;        // 分数
};
```

结构体 Student 有三个成员，分别是用于表示学生姓名的字符数组成员 name、用于表示学生年龄的整型成员 age 和用于表示学生分数的浮点型成员 score。

随后，实例化该结构体对象，代码如下：

```
void main() {
    struct Student student;
```

```
    student.age = 33;
    printf("age : %d", student.age);
}
```

编译并运行程序，输出结果如下：

```
age : 33
```

为了能够更好、更方便地定义结构体，通常结合 typedef 关键字为结构体定义别名，从而避免在实例化结构体对象时重复使用 struct 关键字。例如，定义并实例化结构体 Student_t，代码如下：

```
#include <stdio.h>

typedef struct Student {
    char name[50];
    int age;
    float score;
} Student_t;

void main() {
    Student_t student;
    student.age = 33;
    printf("age : %d", student.age);
}
```

编译并运行程序，输出结果如下：

```
age : 33
```

结构体在 PSDK 源代码中非常常用，用于组合不同类型的数据和对象，以便于在 PSDK 源代码中处理和分析。PSDK 源代码中的结构体在.h 文件中定义。结构体的名称定义与枚举类型类似，以 T_Dji 开头，采用帕斯卡命名法（SomeEnumerationType）命名，后接模块名称以及结构体描述，如下所示：

```
typedef struct {
    uint8_t structMember1;
    uint8_t longStructMember2;
    uint8_t someFlag;
} T_DjiTemplateStructDefine;
```

例如，dji_logger.h 文件中的 T_DjiLoggerConsole 枚举类型定义了控制台输出级别，代码如下：

```
typedef struct {
    // 控制台输出级别
    uint8_t consoleLevel;
    // 控制台输出函数
```

```
    ConsoleFunc func;
    // 是否支持输出日志颜色
    bool isSupportColor;
} T_DjiLoggerConsole;
```

另外，在 PSDK 源代码中定义结构体时，通常会使用到内存对齐技术。默认情况下，编译器可能会为了优化访问速度而对结构体中的成员进行内存对齐。这意味着编译器可能会在成员之间插入填充字节，以确保每个成员的起始地址符合特定的对齐要求（例如，4 字节或 8 字节对齐）。这样做的好处是可以提高访问速度，因为 CPU 访问对齐的内存地址通常比访问未对齐的地址要快。

然而，在某些情况下，我们可能希望控制结构体的布局，以减少其占用的内存空间，或者确保与特定的硬件或文件格式兼容。这时，我们可以使用#pragma pack 指令来指定对齐规则。例如，PSDK 样例代码中矢量方位结构体的定义如下：

```
#pragma pack(1)
typedef struct {
    dji_f32_t x;
    dji_f32_t y;
    dji_f32_t z;
} T_DjiTestFlightControlVector3f;
#pragma pack()
```

这里的#pragma pack(1)预处理指令通知编译器，结构体中的成员应该按照 1 字节对齐的方式进行布局，也就是说，不应该在成员之间插入任何填充字节，这样可以确保结构体的大小最小化，以提高程序的运行效率。

4.1.3 指针

指针（Pointer）是 C（C++）语言的精髓所在。通过指针可以直接操作内存地址。本小节将介绍指针的基本用法。

1. 指针的基本用法

通过*号即可定义一个指针变量。例如，定义指针变量 ptr，代码如下：

```
int *ptr;
```

指针变量 ptr 指向了一个存储整型变量的地址。因此，指针可以简单地被理解为地址的变量。在运行时，由于没有进行初始化的指针变量可能会随机分配地址空间，为了安全起见，建议将没有进行初始化的指针赋值为空指针，代码如下：

```
int *ptr = NULL;
```

通过取地址运算符&可以获取变量的地址。例如，获取变量 num 的地址，并将其赋值给指针变量 ptr，代码如下：

```
int num = 42;
```

```
int *ptr = &num;
```

此时，指针变量 ptr 所指向的地址存储着整型数值 42。那么，如何取出指针所指地址中存储的内容呢？我们可以通过解引用操作符*将具体的指针地址的值取出，代码如下：

```
int value = *ptr;
printf("num : %d", value);
```

这里的解引用操作符和定义指针变量的符号非常容易混淆，需要注意区分。完整的代码如下：

```
#include <stdio.h>

void main() {
    int num = 42;              // 定义整型变量 num
    int *ptr = &num;           // 定义指针变量 ptr，并初始化为 num 的地址
    int value = *ptr;          // 解引用 ptr 指针的值，赋值给 ptr
    printf("num : %d", value); // 输出 num 的值
}
```

在上述代码中，定义了指针变量 ptr，并赋值为 num 变量的地址，然后通过解引用操作符将 ptr 地址中具体的值赋值给 value 变量，并输出至控制台。上述代码的输出结果如下：

```
num : 42
```

2．指针数组和数组指针

在 C（C++）语言中，指针数组和数组指针是两个相关但不同的概念，它们分别用于不同的场景，并具有不同的用途和功能。

1）指针数组

指针数组是一个数组，其中每个元素都是一个指针。指针数组是通常用于存储多个相同类型指针的集合。例如，你可以创建一个整数指针数组来存储多个整数变量的地址。例如，定义指针数组 ptrArray，并实现简单的赋值输出功能，代码如下：

```
#include <stdio.h>

void main() {
    // 定义一个包含 5 个整数指针的数组
    int *ptrArray[5];
    int a = 1, b = 2, c = 3, d = 4, e = 5;
    ptrArray[0] = &a;
    ptrArray[1] = &b;
    ptrArray[2] = &c;
    ptrArray[3] = &d;
    ptrArray[4] = &e;

    // 通过指针数组访问变量的值
    printf("%d %d %d %d %d\n", *ptrArray[0], *ptrArray[1],
```

```
            *ptrArray[2], *ptrArray[3], *ptrArray[4]);
}
```

在上述代码中，ptrArray 是一个包含 5 个整数指针的数组。每个元素都被初始化为一个不同整数变量的地址。通过解引用数组中的指针，可以访问这些整数的值。上述代码的输出结果如下：

```
1 2 3 4 5
```

2）数组指针

数组指针是一个指针，它指向一个数组。更准确地说，它指向数组的第一个元素，并且可以通过指针算术来访问数组中的其他元素。数组指针通常用于动态内存分配和多维数组。例如，定义数组指针 arrayPtr，并实现基本的赋值输出功能，代码如下：

```c
#include <stdio.h>
void main() {
    // 定义一个指向包含 5 个整数的数组的指针
    int (*arrayPtr)[5];

    int array[5] = {1, 2, 3, 4, 5};
    // 将 array 的地址赋给 arrayPtr
    arrayPtr = &array;

    // 通过数组指针访问数组的值
    printf("%d %d %d %d %d\n", (*arrayPtr)[0], (*arrayPtr)[1],
            (*arrayPtr)[2], (*arrayPtr)[3], (*arrayPtr)[4]);
}
```

在上述代码中，arrayPtr 是一个指向包含 5 个整数的数组的指针。需要注意的是，在声明数组指针时，括号是必需的，以区分它是指向数组的指针，而不是指向整数的指针数组。随后，将 array 数组的地址赋值给 arrayPtr，并通过数组指针 arrayPtr 的方式输出数组中各个索引下的值。上述代码的输出结果如下：

```
1 2 3 4 5
```

然而，上面的例子实际上并不常见，因为通常我们不需要整个数组的指针，而只需要数组中第一个元素的指针（普通指针）。更常见的用法是与动态内存分配结合使用，代码如下：

```c
#include <stdio.h>
#include <malloc.h>
void main() {
    // 动态分配一个包含 5 个整数的数组
    int *dynamicArray = malloc(5 * sizeof(int));
    // 处理内存分配失败的情况
    if (dynamicArray == NULL) {
        exit(1);
    }
```

```
    // 使用动态分配的数组
    for (int i = 0; i < 5; i++) {
    dynamicArray[i] = i + 1;
    }

    // 通过指针访问数组中的值
    printf("%d %d %d %d %d\n", dynamicArray[0], dynamicArray[1],
            dynamicArray[2], dynamicArray[3], dynamicArray[4]);


    // 释放动态分配的内存
    free(dynamicArray);


}
```

在这个例子中，dynamicArray 是一个指向整数的指针，它被初始化为通过 malloc 函数动态分配的内存区域的地址。尽管这里 dynamicArray 不是一个数组指针，但它可以用来访问动态分配的数组。分别通过 dynamicArray[0]、dynamicArray[2]等方式就可以很方便地访问数组中的值。上述代码的结果输出如下：

```
1 2 3 4 5
```

这里的 dynamicArray 本质上是一个指针，指向了数组中第一个元素的地址，因此直接对该指针解引用*dynamicArray 即可得到第一个元素的值。指针也可以进行加减法运算，从而获得前后相邻的地址。例如，dynamicArray+1 即为数组中第二个元素的地址，通过对该指针解引用*(dynamicArray + 1)即可得到第二个元素的值，以此类推。因此，对于上述代码还可以将printf 语句修改如下，得到相同的输出效果：

```
printf("%d %d %d %d %d\n", *dynamicArray, *(dynamicArray + 1),
    *(dynamicArray + 2), *(dynamicArray + 3), *(dynamicArray + 4));
```

这里的 dynamicArray 地址可以理解为基地址，数组中其他元素的地址均可通过 dynamicArray 地址求得。

3. 指针参数

指针参数（Pointer Parameters）是一种在函数定义中使用的技术，允许函数接受指针类型的参数。通过传递指针参数，函数能够直接访问和修改传递给它的变量的内存地址，从而实现变量间更灵活的数据共享和操作。

在 PSDK 源代码中，函数的名称以 Dji 开头，采用帕斯卡命名法（SomeEnumerationType）命名，后接模块名称，随后接下画线"_"和具体功能，如下所示：

```
void DjiSdkTemplate_Init(void);
T_DjiReturnCode DjiSdkTemplate_Send(const uint8_t *buffer, uint16_t len);
```

注意：PSDK 源代码中的功能性函数，需要将 T_DjiReturnCode 类型作为返回值类型，用于判断功能是否执行成功。

在上述两个函数的定义中，DjiSdkTemplate_Send 函数包含了一个指针参数 buffer，用于在 DjiSdkTemplate_Send 函数中共享 buffer 数据。并且由于该指针由 const 修饰，因此无法在 DjiSdkTemplate_Send 函数内通过指针修改 buffer 中的数据内容，提高了数据的安全性。

在具体调用 DjiSdkTemplate_Send 函数时，需要通过取地址运算符&将数据转换为指针，并作为参数传递至函数内部，实现代码如下：

```
DjiSdkTemplate_Send (&buffer, 100);
```

在函数内部，直接通过解引用运算符即可访问到共享的 buffer 数据。

4．指针和函数回调

通过指针调用回调函数是一种常见的编程技术。回调函数是一个通过函数指针传递给其他函数，并在需要时被调用的函数。这种机制允许开发者将函数作为参数传递，并在程序的不同部分实现更加灵活和模块化的代码。例如，定义函数 performOperation 及其回调函数类型 CallbackFunction，并实现具体的回调函数 myCallback，代码如下：

```
#include <stdio.h>

// 回调函数类型定义
typedef void (*CallbackFunction)(int);

// 一个简单的回调函数
void myCallback(int value) {
    printf("the result is %d\n", value);
}

// 一个接受回调函数作为参数的函数
void performOperation(int data, CallbackFunction callback) {
    // 执行一些操作
    // 调用回调函数
    callback(data);
}

void main() {
    // 调用 performOperation 函数，并传递回调函数 myCallback
    performOperation(42, myCallback);
}
```

在上述代码中，首先定义了一个名为 CallbackFunction 的函数指针类型，它指向一个接受一个整数参数并返回 void 的函数。然后实现了一个简单的回调函数 myCallback，可以输出参数 value 的值。随后创建了一个名为 performOperation 的函数，执行一些操作后可以调用传递进来的回调函数。最后在 main 函数中，将 42 和回调函数 myCallback 作为参数调用了

performOperation 函数。上述代码的输出结果如下：

```
the result is 42
```

这种机制非常强大，因为它允许开发者在不修改现有代码的情况下，通过传递不同的回调函数来改变程序，在事件驱动编程、异步操作、插件架构等方面经常用到。在 PSDK 源代码中，也经常用到这种回调机制。

4.1.4　预处理

预处理是指在编译的第一遍扫描（词法扫描和语法分析）之前进行的工作。预处理程序负责处理源文件中的预处理部分，如宏定义、文件包含和条件编译等。当对源文件进行编译时，系统将自动引用预处理程序对源程序中的预处理部分做处理，处理完毕自动进入对源程序的编译。

预处理的主要任务是处理以#开头的指令，如#include <stdio.h>等。这些指令告诉预处理器在编译之前要执行哪些操作，如包含其他文件、定义宏或根据条件编译不同的代码段。

1．文件包含

对于 C/C++源代码来说，需要将程序的声明和实现分开，即头文件（.h）和实现文件（.c/.cpp）分离。在编译某个程序源代码时，需要开发者自行声明该程序所需要的头文件（如标准库或自定义库的头文件），此时就需要使用文件包含指令。文件包含通过#include 指令完成。

为了能够让编译器在编译程序前找到所有的头文件，文件包含指令需要位于源代码文件的开头位置处。例如，在 PSDK 样例程序 test_fc_subscirption.c 的开头位置处，实现文件包含的代码如下：

```
#include <utils/util_misc.h>
#include <math.h>
#include "test_fc_subscription.h"
#include "dji_logger.h"
#include "dji_platform.h"
#include "widget_interaction_test/test_widget_interaction.h"
```

从以上代码中可以发现，在使用#include 时，可以使用尖括号<>或双引号" "来包围文件名，它们之间的区别主要在于编译器搜索头文件的方式。

❑ 使用尖括号< >：当使用尖括号时，编译器通常会在特定的系统路径下搜索指定的头文件。这些路径通常是编译器预定义的，用于存放标准库的头文件。例如，#include <stdio.h>会告诉编译器去标准库路径下查找 stdio.h。

❑ 使用双引号" "：当使用双引号时，编译器首先会在当前源文件所在的目录中查找指定的头文件。如果编译器在当前目录下没有找到该文件，它会按照预设的搜索路径（可能包括标准库路径）继续查找。这种方式通常用于包含用户自定义的头文件或项目中的其他头文件。例如，#include "dji_logger.h"会告诉编译器首先在当前目录下查找 dji_logger.h，如果没找到，再去其他路径查找。

尖括号通常用于包含标准库的头文件，而双引号则用于包含用户自定义的头文件或项目内的头文件。虽然这并不是一个硬性规定，开发者可以自由选择使用尖括号或双引号，但在实践中遵循这个约定可以使代码更加清晰，易于维护。

为了避免头文件重复包含，PSDK 源代码中的头文件通常采用条件编译的方式对文件包含和定义部分进行处理，具有类似的结构，代码如下：

```
// 避免头文件重复包含
#ifndef DJI_SDK_TEMPLATE_H
#define DJI_SDK_TEMPLATE_H

// 包含部分
#include <stdint.h>

// 实现 C++编译器正确编译 C 语言代码
#ifdef __cplusplus
extern "C" {
#endif

// 定义部分

#ifdef __cplusplus
}
#endif

#endif // DJI_SDK_TEMPLATE_H
```

在定义部分中，#ifdef __cplusplus 指令用于在 C 和 C++混合编程环境中检测当前编译的单元是否为 C++代码，实现 C++编译器正确编译 C 语言代码。其中，__cplusplus 是一个在 C++中自动定义的宏，而在纯 C 环境中则不被定义。

如果该文件被 C++编译器编译，#ifdef __cplusplus 为真，则 extern "C" 块会被包含进来。extern "C" 指令告诉 C++编译器，包含在其中的代码应该以 C 语言的方式进行链接，即函数名不应该被 C++的名字修饰（name mangling）机制改变。如果该文件被 C 编译器编译，则 __cplusplus 宏不会被定义，因此与 C++相关的部分（extern "C" 块）不会被包含进来，只有 C 兼容的声明会被编译。

2. 宏定义

宏定义是通过预处理器指令#define 来完成的。预处理器是编译器在编译代码之前执行的一段程序，它处理源代码中的预处理器指令。宏定义允许程序员为代码中的常量、表达式或代码片段定义名称，然后在程序的后续部分使用这些名称。上文中的 #define DJI_SDK_TEMPLATE_H 就是一种典型的宏定义。宏定义的基本语法如下：

```
#define 宏名称 替换文本
```

在 PSDK 的 dji_typedef.h 文件中存在大量的宏定义，常用的如下所示。
圆周率的定义，代码如下：

```
#define DJI_PI   (3.14159265358979323846f)
```

单精度浮点型和双精度浮点型的定义，代码如下：

```
typedef float dji_f32_t;
typedef double dji_f64_t;
```

功能性函数返回类型的定义，代码如下：

```
typedef uint64_t T_DjiReturnCode;
```

在 PSDK 源代码中，宏定义需要在.c 或.h 文件开头、在包含宏（#include）之后定义。在 PSDK 源代码中，宏定义以 DJI_开头，采用大写和下画线的命名法（类似 AAA_BBB_CCC）命名，后接模块名称以及宏的描述，如下所示：

```
#define DJI_TEMPLATE_MAX_BUFFER_SIZE      256
#define DJI_TEMPLATE_SUCCESS              (0)
#define DJI_TEMPLATE_FAILURE              (-1)


#define DJI_SOME_FLAG_AAA                 1
#define DJI_SOME_FLAG_BBB                 2
#define DJI_SOME_FLAG_CCC                 3
#define IS_DJI_SOME_FLAG(FLAG)            (((FLAG) == DJI_SOME_FLAG_AAA) || \
                                          ((FLAG) == DJI_SOME_FLAG_BBB) || \
                                          ((FLAG) == DJI_SOME_FLAG_CCC))
```

例如，定义 PSDK 版本信息（dji_version.h）中相关宏定义的实现代码如下：

```
// 主版本号(0~99)，兼容性差异
#define DJI_VERSION_MAJOR    3
// 次版本号(0~99)，功能性增加
#define DJI_VERSION_MINOR    5
// 修改版本号(0~99)，修复 Bug
#define DJI_VERSION_MODIFY   0
// Beta 版本号(0~255)，用于测试版本
#define DJI_VERSION_BETA     0
// 构建版本号(0~65535)
#define DJI_VERSION_BUILD    1765
```

3. 条件编译

条件编译是预处理器在编译程序之前根据特定的条件来决定是否包含某段代码的过程；可以根据开发者不同的需求、平台或配置来编译不同的代码。

条件编译主要使用预处理器指令#if、#ifdef、#ifndef、#elif、#else 和#endif 来实现。这些指令在源代码中引入条件结构，预处理器会根据这些条件结构来决定哪些代码块应该被编译，哪些应该被忽略。

条件编译指令最常见的形式如下：

```
#ifdef 标识符
程序段 1
#else
程序段 2
#endif
```

如果不需要#else 部分，那么应用形式如下：

```
#ifdef
程序段 1
#endif
```

在实际开发中，条件编译常用于：

❏ 根据不同的操作系统或平台编译不同的代码；
❏ 根据不同的编译配置（如调试模式与生产模式）包含或排除特定的功能；
❏ 在代码中包含或排除测试或示例代码；
❏ 根据项目版本或构建类型（如稳定版、开发版）包含不同的功能或日志级别。

例如，在 PSDK 官方样例中，dji_sdk_config.h 文件中定义了各类样例的宏定义，代码如下：

```
// 电源管理样例
#define CONFIG_MODULE_SAMPLE_POWER_MANAGEMENT_ON
// 控件样例
#define CONFIG_MODULE_SAMPLE_WIDGET_ON
// 扬声器控件样例
#define CONFIG_MODULE_SAMPLE_WIDGET_SPEAKER_ON
// 数据传递样例
#define CONFIG_MODULE_SAMPLE_DATA_TRANSMISSION_ON
```

在 application.c 文件中，通过条件编译的方式来选择性地编译这些样例功能代码，代码如下：

```
// 电源管理样例
#ifdef CONFIG_MODULE_SAMPLE_POWER_MANAGEMENT_ON
  …
#endif

// 控件样例
#ifdef CONFIG_MODULE_SAMPLE_WIDGET_ON
  …
#endif
```

如此一来，开发者就可以通过上述宏定义来控制是否编译运行某些样例。

4.1.5 位操作

在 STM32 应用开发中，位操作也是很重要的运算操作，主要包括取反、左移、右移、按位与、按位或、按位异或等操作符，如表 4-1 所示。

表 4-1 位运算的操作符

操 作 符	描 述
&	按位与
|	按位或
^	按位异或
~	取反
<<	左移
>>	右移

- 取反：将数值中的每一位求反，原位为 0 的变为 1，原位为 1 的变为 0。
- 左移：将二进制的各个位向左移动指定的位数。在左移的过程中，左侧移出的部分被舍弃，右侧新出现的位用 0 补齐，简称"高位丢弃，低位补齐"。
- 右移：将二进制的各个位向右移动指定的位数。在右移的过程中，右侧移出的部分被舍弃，左侧新出现的位用 0 补齐，简称"低位丢弃，高位补齐"。
- 按位与：将两个数值的每一位一一对应进行与运算。按位与运算可以简单描述为当且仅当两个位均为 1 时为 1，否则为 0。
- 按位或：当且仅当两个位均为 0 时为 0，否则为 1。
- 按位异或：当且仅当两个位不同时为 1，否则为 0。

在 STM32 嵌入式开发中，位操作可以实现对寄存器的精准控制。比如，对 8 位二进制数的第三位进行精准控制，代码如下：

```
// 清除第 3 位（将第 3 位设置为 0）
value &= ~(1 << 2);
// 设置第 3 位（将第 3 位设置为 1）
value |= (1 << 2);
// 反转第 3 位（反转第 3 位的值）
value ^= (1 << 2);
```

其中，1 << 2 表示二进制 0000 0100，如果将其取反，则表示为二进制 1111 1011；随后即可通过按位操作对二进制的第 3 位进行精准控制了。

4.2 STM32 开发基础

本节将介绍 STM32 的开发基础，包括存储器映射、寄存器操作、标准库、HAL 库等，以及创建并运行 STM32 工程的基本方法。

4.2.1 存储器映射和寄存器

STM32 的内部架构是基于 ARM Cortex-M 内核的微控制器架构，包括主内存（FLASH）存储器、静态随机存储器（SRAM）和片上外设等部分，并通过总线矩阵相连接。

- ❑ ARM Cortex-M 内核：STM32 采用 ARM Cortex-M 系列内核，属于高性能、低功耗的 32 位处理器内核。
- ❑ 存储器：STM32 内部包含多种类型的存储器，其中 FLASH 存储器用于存储程序代码，SRAM 用于数据存储和程序执行，以及备份 SRAM 和各种寄存器。
- ❑ 总线矩阵：STM32 内部采用多级总线矩阵来连接各个功能模块，包括 AHB（Advanced High-performance Bus）总线、APB（Advanced Peripheral Bus）总线和各种专用总线。
- ❑ 片上外设：STM32 提供了丰富的外设接口，用于连接各种外部设备。这些接口包括 GPIO（通用输入输出）、UART（通用异步收发器）、SPI（串行外设接口）、I2C（双向同步串行接口）等。

除上述结构外，STM32 还包括中断控制器、时钟系统（定时器、看门狗、实时时钟）、电源管理系统等各类实用的模块组件。

本小节将介绍 STM32 的存储器映射、寄存器以及外设控制的基础。

1．存储器映射

STM32 芯片中的 FLASH 存储器、SRAM 和片上外设的管理接口都被排列在 4GB 的总线地址（0x00000000～0xFFFFFFFF）上，这种外设管理方式称为存储器映射。在 C 语言中，通过这些总线地址就可以实现各类功能。

存储器映射大致分为 8 个主要区域，分别用于操作不同的外设，实现不同的功能，如表 4-2 所示。

表 4-2　存储器映射区域划分

区　　域	区　域　地　址	主　要　功　能
Block 0	0x00000000～0x1FFFFFFF	系统存储器和 FLASH 存储器
Block 1	0x20000000～0x3FFFFFFF	SRAM
Block 2	0x40000000～0x5FFFFFFF	片上外设
Block 3	0x60000000～0x7FFFFFFF	其他功能
Block 4	0x80000000～0x9FFFFFFF	
Block 5	0xA0000000～0xBFFFFFFF	
Block 6	0xC0000000～0xDFFFFFFF	
Block 7	0xE0000000～0xFFFFFFFF	

其中，Block 0～Block 2 这 3 个区域是最重要的，其主要映射如下所示。

（1）Block 0：主要包括系统存储器和 FLASH 存储器等控制区域。

- ❑ 系统存储器（0x1FFF0000～0x1FFF7A0F）：存储 STM32 自举程序（Bootloader），是

ISP 烧录的要件。STM32 自举程序是芯片出厂时烧录的，开发者无须修改。

❏ FLASH 存储器（0x8000000～）：开发者烧录程序的存储器，其地址终点取决于芯片的 FLASH 大小。例如，对于 512KB 的 FLASH 来说，其终点为 0x0807FFFF；对于 1MB 的 FLASH 来说，其终点为 0x080FFFFF；对于 2MB 的 FLASH 来说，其终点为 0x081FFFFF。

（2）Block 1：主要包括 SRAM 控制区域，不同 STM32 芯片中的 SRAM 大小不同，其地址也不同，但一般都是从 0x20000000 地址开始映射。

（3）Block 2：主要包括各类片上外设的操作区域，包括 APB 总线外设和 AHB 总线外设等不同区域。

2．寄存器

寄存器是单片机内部一种特殊的内存，可以实现对单片机各个功能的控制。在存储器映射的 Block2 中包括了各类片上外设寄存器。这些寄存器通常为 4 个字节（相当于 32 位二进制数值）。通过指针的方式控制这些寄存器就可以对片上外设进行操控了。对于 GPIO 外设来说，具有 7 个寄存器，如表 4-3 所示。

表 4-3 STM32 中的 GPIO 外设寄存器

寄 存 器	全　　称	功　　能
CRL	Configuration Register Low	端口配置低寄存器，用于配置端口的低 8 位（通常是引脚 0～7）的模式、输出类型、输出速度等
CRH	Configuration Register High	端口配置高寄存器，用于配置端口的高 8 位（通常是引脚 8～15）的模式、输出类型、输出速度等
IDR	Input Data Register	端口输入数据寄存器，只读。用于读取端口引脚的状态（高电平或低电平）
ODR	Output Data Register	端口输出数据寄存器，可读写。用于设置端口引脚的输出状态（高电平或低电平）
BSRR	Bit Set/Reset Register	端口设置/复位寄存器。通过向特定位写入 1 或 0，可以分别设置或复位对应的端口引脚
BRR	Bit Reset Register	端口复位寄存器。与 BSRR 相似，但只提供复位功能。向特定位写入 1 可以复位对应的端口引脚
LCKR	Lock Register	端口配置锁定寄存器。用于锁定端口的配置，防止意外或恶意修改

例如，用于控制 GPIOA 的 ODR 的地址为 0x4002 0014，因此 16 个 IO 均输出高电平的代码如下：

```
*(unsigned int *)(0x4002 0014) = 0xFFFF
```

ODR 虽然是 32 位的，但是只有低 16 位有效，因此以下代码可以实现相同的效果：

```
*(unsigned int *)(0x4002 0014) = 0xFF
```

当然，为了让代码更加直观，通常会为地址设置别名，以便于更加方便地操控各个外设，代码如下：

```
// stm32f4xx.h
// Block 2 基地址
#define PERIPH_BASE            ((uint32_t)0x40000000)
// AHB1 总线外设基地址
#define AHB1PERIPH_BASE        (PERIPH_BASE + 0x00020000)
// GPIOA 基地址
#define GPIOA_BASE             (AHB1PERIPH_BASE + 0x0000)
// GPIOA_ODR 寄存器
#define GPIOA_ODR * (unsigned int *)(GPIOA_BASE + 0x14) // 0x40020014
// 操作 GPIOA_ODR 寄存器
GPIOA_ODR = 0xFF
```

实际上，各类外设的基地址和操作函数都已经被封装到库文件中，开发者可以选择通过直接操作寄存器或者实用库文件的方式进行 STM32 应用开发。下一节将详细介绍 STM32 的编程框架。

4.2.2　STM32 编程基础

STM32 主要有寄存器编程、库函数编程和 HAL 库编程等 3 种基本框架。

（1）寄存器编程（Register-level Programming）：寄存器编程是最底层的编程方式，直接操作微控制器内部的寄存器来实现各种功能。这种方式直接操作硬件，没有额外的软件层开销，因此性能较高；但是从开发层面来看却非常低效，编程难度较大，并且难以在不同的 STM32 芯片之间移植。

（2）标准库编程（Library-based Programming）：标准库编程是使用微控制器厂商提供的标准库函数进行开发的方式。标准库中提供了软件抽象层，屏蔽了一些硬件细节，因此开发上较为简单，且具有可移植性，但同时也带来了一些性能损耗。

（3）HAL 库编程（Hardware Abstraction Layer Programming）：HAL 库编程是通过硬件抽象层（HAL）进行开发的方式，HAL 提供了一组统一的 API 来访问不同硬件平台的功能。HAL 库编程开发进一步提高了易用性和可移植性，是一般项目的首选开发方式。

上一节中直接操作寄存器的编程方式就是一种寄存器编程。当然，为了更加快速、高效地开发应用程序，还是首选标准库编程或者 HAL 库编程。STM32 官方推荐使用移植性更强的 HAL 库编程框架，并且 PSDK 也采用了 HAL 库编程框架。

本小节将介绍 HAL 库编程中常见的库文件及其相应的功能，主要包括 CMSIS 库、启动文件、系统配置文件以及库文件等。

1．CMSIS 库

CMSIS，全称为 Cortex Microcontroller Software Interface Standard，是 ARM 公司定义的针对 Cortex-M 处理器系列的与供应商无关的硬件抽象层。它的主要目的是为处理器和外设实现一致且简单的软件接口，从而简化软件的重用，缩短微控制器新开发人员的学习过程。注意，CMSIS 库定义了 Cortex-M 内核的 API，除 STM32 芯片外，其他采用 Cortex-M 内核的微处理器也需要使用 CMSIS 库。

CMSIS 库包括 CMSIS-CORE、CMSIS-DSP、CMSIS-RTOS API 以及 CMSIS-SVD 等子库，在 STM32 应用开发中，需要使用到 CMSIS-CORE 库，常用的文件如下。

- core_cm4.h：CMSIS 核心文件，提供了 M4 内核的操作接口。如果需要开发 STM32F103 等 M3 内核 MCU，那么需要 core_cm3.h 文件。
- core_cmInstr.h：定义了 Cortex-M 内核指令集的相关定义。
- core_cmFunc.h：定义了与 Cortex-M 内核功能相关的函数原型或宏定义，用于内核控制、中断管理、系统配置等。
- core_cm4_simd.h：包含 SIMD（单指令多数据流）指令集的相关定义，这些指令集在 Cortex-M4 内核上可能用于优化数据处理和计算密集型任务。
- cmsis_armcc.h：包含了 CMSIS Cortex-M 核心函数/指令的访问接口，提供了编译器特定的定义和宏。
- cmsis_compiler.h：这是一个编译声明文件，包含了与不同编译器兼容的宏和定义，用于检测正在使用的编译器类型，并相应地包含特定编译器的头文件。
- mpu_armv7.h：提供内存保护单元（MPU）的相关 API，用于定义内存区域并应用不同的访问权限（如读、写、执行等）和属性（如缓存策略、可共享性等）。

2．启动文件和系统配置文件

启动文件和系统文件：这些文件包含了微控制器的启动代码和系统配置代码，如 startup_stm32f4xx_hd.s、system_stm32f4xx.c 和 system_stm32f4xx.h 等。这些文件通常由芯片厂商提供，用于初始化微控制器的硬件资源和配置系统时钟等。

启动文件 startup_stm32f4xx_ld.s 直接通过 Cortex-M 内核指令，用于初始化 STM32 芯片内部的运行环境，包括内存（堆栈）、中断向量表和系统时钟的初始化等操作。对于系统时钟配置，需要通过 SystemInit 函数配置，分别由 system_stm32f4xx.h 和 system_stm32f4xx.c 定义与实现。

3．标准库或 HAL 库

在实际的开发过程中，可以从标准库和 HAL 库中二选一即可，它们常用的文件和功能如表 4-4 所示。

表 4-4　标准库和 HAL 库常用的文件和功能

标 准 库		HAL 库	
头 文 件	主 要 功 能	头 文 件	主 要 功 能
stm32f4xx.h	顶层头文件	stm32f4xx_hal.h	顶层头文件
stm32f4xx_conf.h	配置库函数头文件包含关系		
stm32f4xx_it.h	中断函数		
stm32f4xx_gpio.h stm32f4xx_gpio.c	GPIO 的相关操作	stm32f4xx_hal_gpio.h	GPIO 的相关操作
stm32f4xx_rcc.h stm32f4xx_rcc.c	系统时钟 RCC 相关操作	stm32f4xx_hal_rcc.h	系统时钟 RCC 相关操作

下一节将详细介绍 STM32 HAL 库工程的创建方法。

4.2.3 创建 STM32 工程

本小节将介绍如何在 Keil µVersion5 软件中创建 STM32 工程，并使用 HAL 库实现基本的 GPIO 功能，主要分为以下几部分：

❑ 准备工程目录；
❑ 准备驱动程序；
❑ 创建 STM32 工程；
❑ 导入源代码；
❑ 配置工程选项；
❑ 编写 main 函数并运行程序。

下文将介绍具体的创建方法，具体的工程可以在本书配套代码中的 mdk-app-template 中找到。

1．准备工程目录

首先，在计算机的任意位置创建一个工程目录，可以是任意名称，本书中将其命名为 mdk-app-template。

然后，在 mdk-app-template 目录中创建子目录 application、drivers、projects，其功能如下。

❑ application：应用程序主体目录，用于存储包含 main 函数以及业务逻辑函数的代码文件等。
❑ drivers：驱动程序目录，用于存放 CMSIS 驱动程序以及 STM32 HAL 库等。
❑ projects：工程目录，用于存储 Keil µVersion5 工程文件。

2．准备驱动程序

将 CMSIS 目录以及 STM32F4xx_HAL_Driver 目录复制到 drivers 目录下，然后将 stm32f4xx_it.h、stm32f4xx_it.c 以及 stm32f4xx_hal_conf.h 文件复制到 application 目录下。其中，上述 CMSIS、STM32F4xx_HAL_Driver、stm32f4xx_it.h 等目录文件可以在本书的配套代码中找到。

此时，mdk-app-template 目录下的结构如下所示：

```
mdk-app-template
├──application
│     stm32f4xx_hal_conf.h
│     stm32f4xx_it.c
│     stm32f4xx_it.h
├──drivers
│   ├──CMSIS
│   │   ├──Device
│   │   └──Include
│   └──STM32F4xx_HAL_Driver
│       ├──Inc
```

```
|     └─Src
└─projects
```

3. 创建 STM32 功能

打开 Keil μVersion5 软件，在菜单栏中选择 Projects→New μVersion Project 菜单，并在弹出的对话框中选择 mdk-app-template 目录下的 projects 目录，然后将工程保存为 template.uvprojx 文件，随后弹出 Select Device for Target 'Target 1'对话框，如图 4-1 所示。

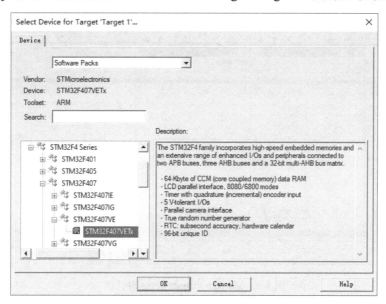

图 4-1   Select Device for Target 'Target 1'对话框

选择 STM32F4 Series→STM32F407→STM32F407VE→STM32F407VETx 设备，单击【OK】按钮，随后弹出 Manage Run-Time Environment 对话框，如图 4-2 所示。

图 4-2   Manage Run-Time Environment 对话框

在这里可以选择所需要的依赖和库文件。本书通过手动配置，因此单击【Cancel】按钮即可。

4．导入源代码

在工具栏中单击 🖫 按钮（File Extensions, Books and Environment 工具），也可以在 Template 目录上单击鼠标右键，选择 Manage Project Items 菜单，打开 Manage Project Items 对话框，如图 4-3 所示。

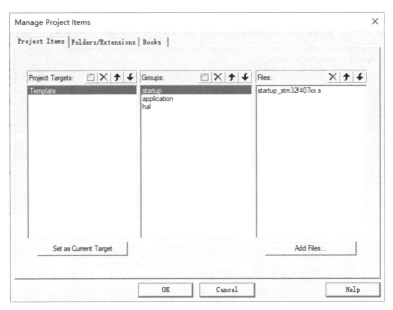

图 4-3　Manage Project Items 对话框

在该对话框中，分别完成以下操作。

（1）在 Groups 列表中创建 startup、application 和 hal 组，分别用于放置启动文件、应用程序主体文件和 HAL 库文件。

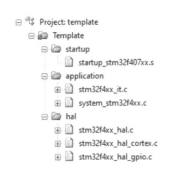

图 4-4　mdk-app-template 工程结构

（2）在 startup 组中，添加 drivers\CMSIS\Device\ST\STM32F4xx\Source\Templates\arm\startup_stm32f407xx.s 启动文件。

（3）在 application 组中，添加 application 目录下的 stm32f4xx_it.c 文件以及 drivers\CMSIS\Device\ST\STM32F4xx\Source\Templates 目录下的 system_stm32f4xx.c 文件。

（4）在 hal 组中，添加 drivers\STM32F4xx_HAL_Driver\Src 目录下的 stm32f4xx_hal.c 、 stm32f4xx_hal_cortex.c 和 stm32f4xx_hal_gpio.c 文件。

单击【OK】按钮，此时整个工程结构如图 4-4 所示。

5．配置工程选项

单击工具栏中的"魔法棒" 🔧 按钮，进入 Options for Target 'Template'对话框。进入【C/C++】选项卡，如图 4-5 所示。

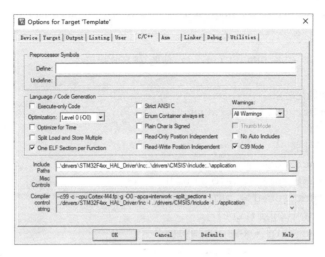

图 4-5　C/C++编译环境配置

在 Include Paths 选项中，添加头文件搜索目录位置 "..\drivers\STM32F4xx_HAL_Driver\Inc;..\drivers\CMSIS\Include;..\application"，如图 4-6 所示。

图 4-6　头文件搜索位置

6．编写 main 函数并运行程序

在 application 组中添加 main.c 文件，并将其保存在 application 目录下，编写通过 HAL 库操作 GPIO 的代码如下：

```c
#include "stm32f4xx.h"
#include "core_cm4.h"
#include "stm32f4xx_hal.h"

// 自定义延时函数
static void delay(unsigned int times)
{
    while(times--);
}


int main(void)
{
    // 初始化 HAL 库
```

```
    HAL_Init();

    __HAL_RCC_GPIOE_CLK_ENABLE();  // 使能 GPIOE 接口

    // 定义 GPIO 初始化对象
    GPIO_InitTypeDef gpio_init_struct;

    // 推挽输出 高速上拉
    gpio_init_struct.Mode = GPIO_MODE_OUTPUT_PP;
    gpio_init_struct.Pull = GPIO_PULLUP;
    gpio_init_struct.Speed = GPIO_SPEED_FREQ_HIGH;
    // 初始化 GPIOE 的 10 引脚(LED0)
    gpio_init_struct.Pin = GPIO_PIN_10;
    HAL_GPIO_Init(GPIOE, &gpio_init_struct);
    // 初始化 GPIOE 的 11 引脚(LED1)
    gpio_init_struct.Pin = GPIO_PIN_11;
    HAL_GPIO_Init(GPIOE, &gpio_init_struct);

    // 熄灭所有的 LED
    HAL_GPIO_WritePin(GPIOE, GPIO_PIN_11, GPIO_PIN_SET);
    HAL_GPIO_WritePin(GPIOE, GPIO_PIN_10, GPIO_PIN_SET);
    while(1)
    {
        // LED0 和 LED1 交替闪烁
        HAL_GPIO_WritePin(GPIOE,GPIO_PIN_11,GPIO_PIN_RESET);
        HAL_GPIO_WritePin(GPIOE,GPIO_PIN_10,GPIO_PIN_SET);
        delay(1000000);
        HAL_GPIO_WritePin(GPIOE,GPIO_PIN_11,GPIO_PIN_SET);
        HAL_GPIO_WritePin(GPIOE,GPIO_PIN_10,GPIO_PIN_RESET);
        delay(1000000);

    }
}
```

在上述代码中，主要实现了以下功能。

（1）自定义延时函数：定义了 delay 函数，通过空循环达到延时效果。这种方法并不是最好的延时方式，会占用 CPU 的时间，但实现上非常简单。

（2）在主函数中，首先通过 HAL_Init 函数初始化 STM32 的 HAL 库。然后通过 __HAL_RCC_GPIOE_CLK_ENABLE 函数使能了 GPIOE 端口的时钟，配置 GPIOE 的 PIN10 和 PIN11 两个引脚，将其设置为推挽输出，并初始化为低电平。最后通过 while 循环交替地改变两个引脚的高低电平，分别点亮和熄灭两个 LED，使两个 LED 交替闪烁。

另外，如果开发者希望使用 HSE 外部时钟源，则可以导入 stm32f4xx_hal_rcc.c 文件，并将 PSDK 样例程序 main.c 中的 SystemClock_Config 函数复制到本例中，在 HAL_Init 函数调用之后调用该函数即可。

最后，通过合适的方式将该程序烧录到 STM32 芯片中，即可出现上述效果。如果两个

LED 没有交替闪烁，那么可以尝试重置 STM32 芯片后再试。

4.3 FreeRTOS 基础

FreeRTOS 是一种免费的、开源的实时操作系统（RTOS），非常适用于嵌入式系统。本节将首先简介 FreeRTOS 的基本特点，然后介绍如何将 FreeRTOS 移植到 STM32 项目中。

4.3.1 为什么需要 FreeRTOS

上一节介绍了 STM32 开发的基本方法，通过 while 循环维持程序的稳定运行。这是一种裸机开发和运行应用程序的方法。这种方法虽然简单，但是需要通过中断和定时器对工作任务进行调度处理，不仅非常麻烦，而且使代码的耦合性降低，非常容易出错。通过操作系统可以很方便地解耦代码模块，提高开发效率。从本质上看，操作系统（Operation System，OS）屏蔽了各种不同硬件的细节，为应用软件提供运行环境，如图 4-7 所示。

操作系统相当于一个设备的大管家，将各类硬件资源进行整合，协调分配计算资源和内存资源给不同的应用程序使用，以便于高效地向用户提供服务。相对于裸机开发来说，有了操作系统，开发者就可以更加方便地进行任务管理、内存管理和文件管理。

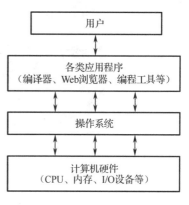

图 4-7　操作系统

1. RTOS

实时操作系统（Real-Time Operation System，RTOS）是为满足实时应用的需求而设计的操作系统。实时应用通常指的是那些对时间有严格要求的系统，如航空航天、工业自动化、医疗设备、汽车控制系统等。RTOS 的基本特性包括实时性、独立性和多任务支持，如下所示。

（1）实时性：RTOS 能够在预定的时间内响应输入，并在给定的时间内完成输出，以保证实时性能，这有助于保证系统的稳定性和可靠性。实时性使 RTOS 特别适用于那些对时间有严格要求的系统，如航空航天、工业自动化、医疗设备、汽车控制系统等，当然也适用于无人机控制系统中。

（2）独立性：RTOS 通常是独立于硬件和软件平台的，这意味着它可以在多种不同的嵌入式系统上运行，具有很好的跨平台能力。

（3）多任务支持：RTOS 支持多任务处理，可以同时处理多个任务，并保证每个任务都能及时得到响应。在 RTOS 中，还可以为任务设置优先级，并具有响应的优先级调度机制。高优先级的任务可以抢占正在运行的低优先级任务的执行权，以确保系统的响应时间。

常见的 RTOS 包括 FreeRTOS、uCOS、RT-Thread、QNX 等，而 FreeRTOS 是最受欢迎的一种 RTOS。

2．FreeRTOS

FreeRTOS 是一个开源的 RTOS，专为嵌入式应用而设计。FreeRTOS 提供了实时操作系统所需的核心功能，如任务管理、时间管理、信号量、互斥量、消息队列等，但其实现非常简单，代码量很小且可裁剪，核心代码不超过一万行。

正因为如此，FreeRTOS 被官方应用在嵌入式开发中。依据 Embedded Survery 的统计显示，2023 年 FreeRTOS 和 Linux 同时位居最受欢迎的嵌入式操作系统榜首，其次才是 Android 和 RTX 等操作系统。由于 FreeRTOS 的开源特性，开发者可以在 FreeRTOS 官方网站上下载、学习和使用 FreeRTOS，如图 4-8 所示。

图 4-8　FreeRTOS 官方网站

FreeRTOS 的特点如下。

❑ 提供任务管理功能：FreeRTOS 支持多任务处理，允许用户创建和管理多个任务。每个任务都有自己的堆栈和优先级，FreeRTOS 根据任务的优先级进行调度，确保高优先级的任务能够优先执行。

❑ 提供时间管理功能：提供了实时时钟和定时器管理功能，可以用于任务延时、周期性任务调度以及超时管理等，使系统能够按照预定的时间要求进行操作。

❑ 提供内存管理功能：包括动态内存分配和释放，帮助开发者有效地管理系统的内存资源，避免内存泄漏和浪费。

❑ 支持信号量和互斥量：用于任务间的通信和资源共享，避免竞态条件和死锁等问题，确保系统的稳定性和可靠性。

❑ 提供消息队列功能：允许任务之间发送和接收消息，通过异步通信方式帮助任务之间进行数据交换和事件通知。

下文将详细介绍如何在 STM32 工程中使用 FreeRTOS。

4.3.2　在 STM32 工程中使用 FreeRTOS

任务管理是 RTOS 最基础的功能之一，任务也是 FreeRTOS 竞争系统资源的最小单位。通过 FreeRTOS，可以很方便地创建、调度和管理任务，实现多个任务的并行处理，并按照优先级规则保证高优先级任务的实时性。本小节将介绍如何在 mdk-app-template 工程的基础上增加 FreeRTOS 特性，创建并执行 2 个任务，具体步骤如下：

❑ 准备 FreeRTOS 源代码；
❑ 配置 STM32 工程；
❑ 编写 FreeRTOS 测试程序。

1．准备 FreeRTOS 源代码

由于大疆 PSDK 中包含 FreeRTOS，所以开发者可以直接在 PSDK 开发包的 samples\sample_c\platform\rtos_freertos\stm32f4_discovery\middlewares\Third_Party\FreeRTOS 目录中找到 FreeRTOS 源代码。

开发者可直接将 FreeRTOS 目录复制到 mdk-app-template 工程的根目录下，并将 FreeRTOS 配置文件 FreeRTOSConfig.h（可以在 samples\sample_c\platform\rtos_freertos\stm32f4_discovery\application 目录中找到）复制到 mdk-app-template 工程的 application 目录下。

2．配置 STM32 工程

添加 freertos_core 组和 freertos_port 组，然后将 FreeRTOS 中的相关文件添加进来，如图 4-9 所示。

其中，freertos_core 组中的源代码均位于 FreeRTOS\Source 目录下，是 FreeRTOS 的主体部分。freertos_port 组包括 3 个文件，分别是 port.c、heap_4.c 和 cmsis_os.c，其文件位置和主要功能如下。

❑ port.c 文件：包含了与特定硬件平台或编译器相关的代码，用于实现 FreeRTOS 内核与底层硬件之间的接口，位于 FreeRTOS\Source\portable\[编译器]\[芯片架构]目录下，在本例中使用 FreeRTOS\Source\portable\RVDS\ARM_CM4F 目录下的 port.c 文件。

❑ heap_4.c 文件：实现了内存的动态分配和释放，位于 FreeRTOS\Source\portable\ MemMang 目录下。

图 4-9　STM32 功能移植 FreeRTOS 后的目录结构

❑ cmsis_os.c 文件：实现了 CMSIS RTOS API，这些 API 提供了一组通用的函数接口，用于管理任务、信号量、互斥量等。通过使用 CMSIS RTOS API，可以方便地将基于 CMSIS 的应用程序移植到不同的 RTOS 上，包括 FreeRTOS。在本例中，该文件位于 FreeRTOS\Source\CMSIS_RTOS 目录下。

随后，还需要在 C/C++编译环境中增加头文件搜索位置 FreeRTOS\Source\portable\RVDS\ARM_CM4F 和 FreeRTOS\Source\CMSIS_RTOS，如图 4-10 所示。具体操作方法可以参考 4.2.3

小节中的相关内容。

图 4-10　添加 FreeRTOS 头文件搜索位置

3. 编写 FreeRTOS 测试程序

如果开发者尝试编译工程，可以发现此时 Keil μVersion5 会报以下错误：

```
.\Objects\template.axf: Error: L6200E: Symbol SVC_Handler multiply defined (by
port.o and stm32f4xx_it.o).
.\Objects\template.axf: Error: L6200E: Symbol PendSV_Handler multiply defined
(by port.o and stm32f4xx_it.o).
.\Objects\template.axf: Error: L6200E: Symbol SysTick_Handler multiply defined
(by port.o and stm32f4xx_it.o).
```

这是由于 FreeRTOS 的 FreeRTOSConfig.h 文件和 STM32 库中的 stm32f4xx_it.c 文件中的 SVC_Handler、PendSV_Handler 和 SysTick_Handler 函数重复导致的。此时，开发者可以将 stm32f4xx_it.c 文件中的相应函数注释或删除。另外，也可以在 FreeRTOSConfig.h 文件中找到并注释以下语句，也可以解决此问题：

```
// #define xPortSysTickHandler SysTick_Handler
```

随后，即可通过 FreeRTOS 实现任务调度。

（1）导入 FreeRTOS 及其任务调度头文件，代码如下：

```
#include "FreeRTOS.h"
#include "task.h"
```

（2）在 main 函数中创建 2 个不同的任务函数，分别用于实现 LED0 和 LED1 的闪烁，代码如下：

```
// 任务1：实现 LED0 的闪烁
void vTask1(void *pvParameters)
{
    for (;;)
    {
        // LED0 闪烁
        HAL_GPIO_WritePin(GPIOE,GPIO_PIN_10,GPIO_PIN_RESET);
        vTaskDelay(200);
        HAL_GPIO_WritePin(GPIOE,GPIO_PIN_10,GPIO_PIN_SET);
```

```
        vTaskDelay(200);
    }
}

// 任务 2：实现 LED1 的闪烁
void vTask2(void *pvParameters)
{
    for (;;)
    {
        // LED1 闪烁
        HAL_GPIO_WritePin(GPIOE,GPIO_PIN_11,GPIO_PIN_SET);
        vTaskDelay(200);
        HAL_GPIO_WritePin(GPIOE,GPIO_PIN_11,GPIO_PIN_RESET);
        vTaskDelay(200);
    }
}
```

其中，vTask1 和 vTask2 任务均通过死循环的方式维持任务的稳定运行。LED0 和 LED1 的闪烁间隔通过 vTaskDelay 实现，其中传入的参数是间隔时间（单位：毫秒）。这种间隔等待函数比上文中自定义的 delay 函数强很多，不仅不占用 CPU 时间，而且间隔时间非常精确。

注意：参数 pvParameters 用于传递数据。

（3）在 main 函数中初始化 HAL 库以及 GPIOE 外设后，即可创建上述两个任务并实现任务调度，代码如下：

```
int main(void)
{
    …
    /* 创建任务 1 */
    xTaskCreate(&vTask1, "Task 1", configMINIMAL_STACK_SIZE, NULL, 1, NULL);
    /* 创建任务 2 */
    xTaskCreate(&vTask2, "Task 2", configMINIMAL_STACK_SIZE, NULL, 2, NULL);
    //开启任务调度
    vTaskStartScheduler();

}
```

函数 xTaskCreate 用于创建任务，其函数签名如下：

```
BaseType_t xTaskCreate(TaskFunction_t pxTaskCode,
                    constchar * const pcName,
                    const configSTACK_DEPTH_TYPE usStackDepth,
                    void * const pvParameters,
                    UBaseType_t uxPriority,
                    TaskHandle_t * const pxCreatedTask);
```

其中，pxTaskCode 为任务函数的指针；pcName 为任务名称；usStackDepth 为任务栈（Stack）

的大小，这里的 configMINIMAL_STACK_SIZE 参数表示最小栈大小，由 FreeRTOSConfig.h 头文件定义，默认为 128 字节；pvParameters 为传递至任务的参数数据；uxPriority 表示任务的优先级；pxCreatedTask 为任务的句柄指针，通过该指针可以对任务进行管理。

注意：任务的优先级用数字表示，数值越大，优先级越高。最大的优先级由 configMAX_PRIORITIES 定义（默认为 5）。实际的优先级数值范围为 0 到 configMAX_PRIORITIES-1。在任务执行过程中，还可以通过 vTaskPrioritySet 函数设置当前任务的优先级。

函数 vTaskStartScheduler 用于开始任务调度。除该函数外，常见的任务管理函数如下。
- ❑ vTaskDelay：任务延时。
- ❑ vTaskSuspend：任务暂停。
- ❑ vTaskResume：任务继续。
- ❑ vTaskDelete：任务停止并删除。

编译并运行程序，任务 1 和任务 2 同时启动，并且由 FreeRTOS 调度同时执行，因而实现了两个 LED 交替闪烁的功能。相对于裸机开发，RTOS 将两个 LED 的控制函数进行解耦，以便于后期开发中的维护和移植。

4.3.3 FreeRTOS 任务间通信和同步机制

本小节将详细介绍 FreeRTOS 消息队列、信号量以及互斥锁等任务间的通信和同步机制。消息队列作为任务间通信的一种手段，允许任务之间发送和接收不固定长度的消息。信号量则是一种用于同步和互斥访问共享资源的机制，通过控制资源的访问权限，避免了资源冲突和数据不一致的问题。互斥锁也是一种保护共享资源的手段，它只允许一个任务在某一时刻访问共享资源，确保了数据的安全性和完整性。这些工具的应用将大大提高 FreeRTOS 的稳定性和性能。

1．消息队列

消息队列是任务之间的异步通信方式，是任务之间数据交互的主要方式。消息队列遵循先进先出（FIFO）的存储缓冲机制，即数据入队时总是发送到队列的尾部，而出队时则从队列的头部提取数据。然而，FreeRTOS 的队列也提供了后进先出（LIFO）的存储缓冲机制，即后进先出。

1）消息队列的定义

使用消息队列前需要导入 queue.h 头文件，代码如下：

```
#include "queue.h"
```

通过 xQueueCreate 函数创建一个消息队列，代码如下：

```
// 消息队列句柄
QueueHandle_t Test_Queue;
// 创建消息队列
```

```
Test_Queue  =  xQueueCreate((UBaseType_t)  QUEUE_LEN,  (UBaseType_t)  sizeof
(uint32_t));
```

　　在创建消息队列时，FreeRTOS 会为队列分配一块内存空间，该空间的大小等于队列控制块的大小加上单个消息的空间大小乘以队列长度。队列控制块包含了队列的一些信息，如存储位置、头指针、尾指针、消息大小以及队列长度。单个消息的空间大小和队列长度需要用户指定，在上面的代码中，指定单个消息的空间大小为 sizeof(uint32_t)，即一个 uint32_t 类型的整型值所占空间的大小；队列长度指定为 QUEUE_LEN，代码如下：

```
#define QUEUE_LEN 4 // 队列长度
```

　　2）发送消息

　　任务或中断服务程序可以向消息队列发送消息。在任务中，通过 xQueueSend 函数即可发送消息，其中第 1 个参数是消息队列的句柄，第 2 个参数是发送的消息内容，第 3 个参数是阻塞时间：

```
// 发送消息数据
uint32_t message;
// 错误信息
BaseType_t err;
// 发送消息
xQueueSend(Test_Queue, &message, 0);
// 发送失败时的处理
if(err==errQUEUE_FULL)
{
    …
}
```

　　当发送消息时，如果队列未满或者允许覆盖入队，系统会将消息复制到队列队尾。如果队列已满且不允许覆盖入队，则发送任务会根据指定的阻塞时间进行阻塞，等待队列中有空间可用。由于上述代码中的阻塞时间为 0，所以如果消息如未能入队，那么就会发送失败。

　　3）接收消息

　　在任务中，可以通过 xQueueReceive 函数从队列中读取消息，其基本代码如下：

```
// 接收的消息
uint32_t message;

for (;;)
{
    // 如果句柄为空，则跳过
    if(Test_Queue!=NULL)
    {
        continue;
    }
    // 接收消息
    if (xQueueReceive(Test_Queue,&message,portMAX_DELAY)) {
```

```
        ...
    }
}
```

在上述代码中，通过 for 循环不断接收消息。当代码执行到 xQueueReceive 函数时，则开始等待消息接收，一旦接收到消息，则执行相应 if 语句中的代码进行处理。函数 xQueueReceive 的第 1 个参数是消息队列的句柄，第 2 个参数是接收的消息变量，第 3 个参数是等待时间，此处采用最长等待时间 portMAX_DELAY，表示不设置超时时间。

从以上代码中可以发现，消息队列提供了一种灵活且高效的数据传递机制，用于在 FreeRTOS 系统中的任务之间的通信和同步。通过使用消息队列，任务可以异步地发送和接收消息，从而实现任务间的解耦和并发执行。

2. 信号量

FreeRTOS 信号量是另外一种实现任务间通信和同步的机制，主要用于控制对共享资源的访问。信号量通常是一个非负整数，表示可用资源的数量。任务在访问共享资源前需要获取信号量，如果信号量大于零，则任务可以继续执行并访问资源；如果信号量为零，则任务将被阻塞，直到其他任务释放资源并增加信号量的值。

FreeRTOS 中的信号量可以分为多种类型，包括二值信号量、计数信号量、互斥信号量和递归信号量。二值信号量只有两种状态，通常用于表示资源的可用或不可用状态。计数信号量用于表示多个相同资源的可用数量。互斥信号量是一种特殊的二值信号量，用于保护临界资源，确保同一时间只有一个任务可以访问。递归信号量允许同一任务多次获取信号量，用于处理嵌套的资源访问。

通过使用信号量，FreeRTOS 可以实现任务间的同步和互斥访问，从而确保系统的稳定性和性能。开发者可以根据具体的应用场景和需求选择适当的信号量类型，并合理地配置和使用信号量，以实现高效的任务间通信和资源管理。

本部分将通过二值信号量的简单例子，介绍信号量的作用。

1）二值信号量的基本用法

下面将依次介绍二值信号量的定义，以及给出和接收二值信号量的方法。

（1）二值信号量的定义。

使用 FreeRTOS 信号量特性前，需要导入 semphr.h 头文件，代码如下：

```
#include "semphr.h"
```

通过 xSemaphoreCreateBinary 函数创建二值信号量，代码如下：

```
// 定义二值信号量
SemaphoreHandle_t xBinarySemaphore;
// 创建二值信号量
xBinarySemaphore = xSemaphoreCreateBinary();
```

变量 xBinarySemaphore 是二值信号量的句柄。随后，创建两个任务，分别用于给出二值信号量和接收二值信号量。

（2）给出二值信号量。

通过 xSemaphoreGive 函数给出二值信号量，代码如下：

```
// 给出二值信号量
xSemaphoreGive( xBinarySemaphore );
```

其中，参数为信号量的句柄。

（3）接收二值信号量。

通过 xSemaphoreTake 函数接收二值信号量，代码如下：

```
// 接收二值信号量
xReturn = xSemaphoreTake(xBinarySemaphore, portMAX_DELAY);
if(xReturn == pdTRUE) {
    …
}
```

当程序运行到 xSemaphoreTake 函数时，会阻塞一定时间，即控制任务在获取信号量时的最大等待时间。在上面的代码中，在阻塞时间的参数上传入了 portMAX_DELAY，表示没有超时时间。

2）二值信号量的应用

对于二值信号量来说，通常用于代码的访问控制。例如，通过二值信号量确保某一段程序不能被同时运行多次，代码如下：

```
// 尝试获取二值信号量
if(xSemaphoreTake(xBinarySemaphore, 100) == pdPASS)
{
    // 成功获取信号量，可以访问共享资源
    ...

    // 释放信号量
    xSemaphoreGive(xBinarySemaphore);
}
else
{
    // 获取信号量超时
    printf("Task A failed to get the semaphore.\n");
}
```

对于上面的代码来说，共享资源不允许同时执行多次。同一时刻内，仅运行一个任务（线程）访问到共享资源。如果有其他任务需要访问目前正在使用的共享资源，就需要阻塞等待100 个系统节拍周期；如果超时仍然没有释放信号量，就无法进入这段代码中了。

总体来说，FreeRTOS 信号量是一种强大的工具，有助于在多任务系统中实现资源的有效管理和任务间的协调。通过合理使用信号量，开发者可以提高系统的并发性和响应性，从而满足各种复杂应用的需求。

3. 互斥锁

FreeRTOS 的互斥锁（Mutex）是一种特殊的信号量，用于保护临界区或共享资源，确保在同一时间只有一个任务可以访问这些资源，如图 4-11 所示。互斥锁可以防止资源冲突和数据不一致的问题。

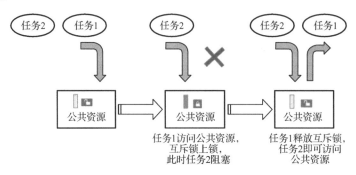

图 4-11　互斥锁

在 FreeRTOS 中，互斥锁通常使用 xSemaphoreCreateMutex 函数创建，然后使用 xSemaphoreTake 和 xSemaphoreGive 函数来获取和释放互斥锁。

1）互斥锁的定义

由于互斥锁本身就是一种特殊的信号量，因此同样需要导入 semphr.h 头文件，代码如下：

```
#include "semphr.h"
```

通过 xSemaphoreCreateMutex 函数创建互斥锁，代码如下：

```
// 定义互斥锁
SemaphoreHandle_t xMutex;
// 创建互斥锁
xMutex = xSemaphoreCreateMutex();
```

2）给出互斥锁

通过 xSemaphoreGive 函数给出互斥锁，代码如下：

```
// 给出互斥锁
xSemaphoreGive( xMutex);
```

其中，参数为信号量的句柄。

3）接收互斥锁

通过 xSemaphoreTake 函数接收互斥锁，代码如下：

```
// 接收互斥锁
xReturn = xSemaphoreTake(xMutex, portMAX_DELAY);
if(xReturn == pdTRUE) {
    …
}
```

互斥锁和二值信号量非常类似，但互斥锁和二值信号量在 FreeRTOS 中用于不同的目的。互斥锁主要用于确保同一时间只有一个任务可以访问共享资源，防止资源冲突。它类似于一个令牌，任务必须先获取令牌才能访问资源，用完后归还令牌。而二值信号量则用于任务之间的同步，类似于一个只有两种状态的标志，用于协调不同任务之间的执行顺序。互斥锁具有优先级继承特性，能减少优先级反转问题；而二值信号量通常不具备此特性。因此，互斥锁主要多用于资源保护，二值信号量多用于任务同步。

4.3.4　PSDK 的移植思路

PSDK 支持多种不同的设备和操作系统，并提供了移植的基本方法。只需要使用指定的接口将 Platform 模块（dji_platform.h）注册到负载设备的控制程序中，获取硬件资源和操作系统资源，实现负载设备控制程序的跨平台移植。这个过程需要确保控制程序能够正确访问和使用新平台的资源，同时保持与原平台相同的功能和性能。

在 PSDK 样例程序中，提供了 FreeRTOS 平台和 Linux 平台的移植方案，均通过 OSAL 层和 HAL 层将 PSDK 程序和系统底层代码分离，如图 4-12 所示。OSAL（Operating System Abstraction Layer）是操作系统抽象层，封装了任务管理、信号量、互斥锁等操作系统的基本功能。HAL（Hardware Abstraction Layer）是硬件抽象层，封装了串口、网络和 USB 的通信协议与方法。

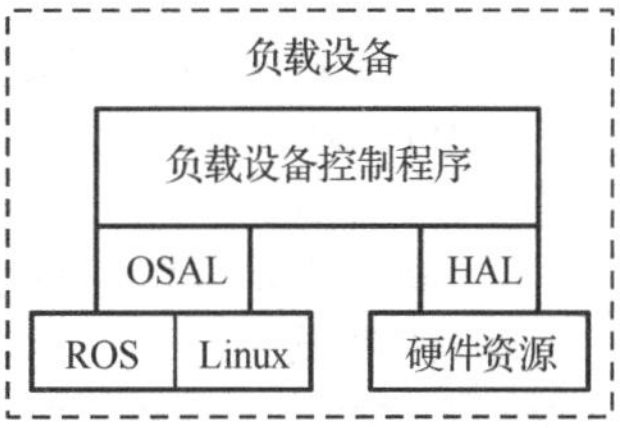

图 4-12　PSDK 移植

本小节将简单介绍 PSDK 移植的基本思路，主要包括 HAL 层移植和 OSAL 层移植。

1．HAL 层

由于 PSDK 通过串口（UART）、网口和 USB 与无人机通信，因此 HAL 层的主要功能就是将这些通信协议封装起来。对于开发者来说，需要分别实现 DjiPlatform_RegHalUartHandler、DjiPlatform_RegHalNetworkHandler 和 DjiPlatform_RegHalUsbBulkHandler 结构体中声明的函数。

UART 通信是必选的，因此开发者必须实现 DjiPlatform_RegHalUartHandler 函数才可以保证 PSDK 的运行，具体包括如下函数。

- ❑ UartInit：初始化串口设备。
- ❑ UartDeInit：反初始化串口设备。
- ❑ UartWriteData：通过串口发送数据。
- ❑ UartReadData：通过串口接收数据。
- ❑ UartGetStatus：获取串口状态。

对于 STM32 平台，HAL 层仅实现了 UART 通信协议的封装。开发者可以参考 samples\sample_c\platform\rtos_freertos\stm32f4_discovery\hal 中的 hal_uart.c 和 hal_uart.h 文件了解具体的实现细节。

2．OSAL 层

OSAL 层是对操作系统基本功能的封装，包括任务管理、互斥锁、信号量等基本功能。

对于 STM32 平台，开发者可以参考 samples\sample_c\platform\rtos_freertos\common\osal 中的 osal.c 和 osal.h 文件了解具体的实现细节。具体需要实现的函数如下所示：

```
// 创建任务
Osal_TaskCreate(const char *name, void *(*taskFunc)(void *), uint32_t stackSize,
                        void *arg, T_DjiTaskHandle *task);
// 销毁任务
Osal_TaskDestroy(T_DjiTaskHandle task);
// 任务暂停
Osal_TaskSleepMs(uint32_t timeMs);
// 创建互斥锁
Osal_MutexCreate(T_DjiMutexHandle *mutex);
// 销毁互斥锁
Osal_MutexDestroy(T_DjiMutexHandle mutex);
// 互斥锁上锁（获取互斥锁）
Osal_MutexLock(T_DjiMutexHandle mutex);
// 互斥锁解锁（释放互斥锁）
Osal_MutexUnlock(T_DjiMutexHandle mutex);
// 创建信号量
Osal_SemaphoreCreate(uint32_t initValue, T_DjiSemaHandle *semaphore);
// 销毁信号量
Osal_SemaphoreDestroy(T_DjiSemaHandle semaphore);
// 等待超时信号量
Osal_SemaphoreTimedWait(T_DjiSemaHandle semaphore, uint32_t waitTimeMs);
// 等待信号量
Osal_SemaphoreWait(T_DjiSemaHandle semaphore);
// 释放信号量
Osal_SemaphorePost(T_DjiSemaHandle semaphore);
// 获取当前的系统时间(ms)
Osal_GetTimeMs(uint32_t *ms);
// 获取当前的系统时间(us)
Osal_GetTimeUs(uint64_t *us);
// 获取随机数
Osal_GetRandomNum(uint16_t *randomNum);
```

从以上内容可以发现，PSDK 的移植非常简单，只需要足够的硬件性能以及基本的操作系统能力即可保证 PSDK 的稳定运行。开发者可以尝试将 PSDK 移植到 uCOS、OpenHarmony、LiteOS 等操作系统中。

4.4　本章小结

本章介绍了 C/C++ 语言基础，以及 STM32 和 FreeRTOS 的基本概念以及创建工程的基本流程。事实上，本章仅介绍了 STM32 和 FreeRTOS 的基础。对于 STM32 的各类外设控制方法以及 FreeRTOS 的更多用法，开发者可以查阅相关资料和书籍，本书因篇幅有限不再详细介绍。

　　本章学习的重点是希望能够让开发者清晰地了解到 STM32 和 FreeRTOS 底层支撑文件的基本功能，以及应用开发的基本操作。从下一章开始，将会进入 PSDK 的代码学习中，包括 PSDK 的代码结构、核心模块的解析以及实例开发，相信读者在学习和调试 PSDK 样例程序时能够更加得心应手。

4.5　习题

1．创建 STM32 应用工程，并导入 HAL 库。
2．尝试通过寄存器的方式控制 GPIO 的输出电平。
3．尝试使用 FreeRTOS 的任务管理功能，实现多个任务的同时执行。

第 5 章　监控和操作无人机

通过 PSDK，我们可以实时获取无人机的飞行状态、传感器数据等关键信息，实现远程控制、航点规划、任务执行等高级功能。本章将介绍通过 PSDK 监控和操作无人机的基本方法，核心知识点如下：

- ❏ 输出控制台；
- ❏ 信息获取和消息订阅；
- ❏ 健康管理系统；
- ❏ 电源管理；
- ❏ 飞行控制。

5.1　开发属于自己的 PSDK 应用程序（RTOS）

官方提供了 PSDK 样例应用程序，是我们学习和研究的好帮手，也是我们初步体验 PSDK 功能的重要媒介。因此，我们首先要学习和理解 PSDK 样例应用程序，然后在 PSDK 样例应用程序的基础上研发需要的功能，也可以重新创建新的 PSDK 应用程序，即增量式开发和原生开发。

- ❏ 增量式开发：直接在 PSDK 样例应用程序上增加需要的功能模块，移除不需要的应用程序。
- ❏ 原生开发：重新创建 PSDK 应用程序，或者使用 PSDK 样例应用程序模板进行开发。

下面将逐一介绍这两种开发模式。

5.1.1　玩转 PSDK 样例应用程序

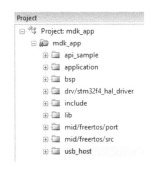

图 5-1　mdk_app 的目录结构

本小节将介绍 PSDK 样例应用程序的结构和主要源代码文件。

1. PSDK 样例程序结构

打开 PSDK 样例应用程序 mdk_app 后，可以看到 mdk_app 包括 api_sample、application、bsp 等子目录，如图 5-1 所示。

注意：Keil μVersion5 中的目录结构和实际的目录结构是不同的。

子目录的功能及包含的文件如下。

- ❑ api_sample：PSDK 样例代码，包括消息订阅样例（test_fc_subscription.c）、健康管理系统样例（test_hms.c）、航点飞行 V3 样例（test_waypoint_v3.c）等。
- ❑ application：PSDK 样例应用程序主要代码，包括入口主函数（main.c）、样例应用程序（application.c）、UART 通信硬件接口（hal_uart.c）、操作系统抽象层（osal.c）等代码文件。
- ❑ bsp：板级支持包（Board Support Package），包括针对 STM32 等硬件平台的硬件抽象层代码和驱动程序。
- ❑ drv/stm32f4_hal_driver：STM32F4xx 芯片的 HAL 驱动程序，是 ST 官方提供的 HAL 库。
- ❑ include：头文件，包括 CMSIS（Cortex-M 软件接口标准）、STM32 HAL、PSDK 库等。
- ❑ lib：包括 PSDK 库文件，即 libpayload.lib。
- ❑ mid/freertos/port：FreeRTOS 操作系统用于内存管理和处理器相关的代码。
- ❑ mid/freertos/src：FreeRTOS 操作系统主要源代码。
- ❑ usb_host：USB 相关驱动。

api_sample、application 是学习和应用 PSDK 以及编写代码的"主战场"，开发者可以浏览和参考学习 include 中的各类头文件来帮助理解。

注意：STM32 的硬件操作包括寄存器操作法、标准库操作法和 HAL 库操作法。其中，通过 HAL 库操作法开发的代码最简洁、最方便，是官方推荐的开发方案。

2. 主函数入口

首先，让我们关注 application 子目录下的主函数入口源代码文件 main.c，其包含了整个应用程序的入口函数 main，代码如下：

```
int main(void)
{
    // 初始化 STM32F4xx HAL 库
    HAL_Init();
    // 配置系统时钟为 168MHz
    SystemClock_Config();
    // 创建 start 任务
    xTaskCreate((TaskFunction_t) DjiUser_StartTask,
            "start_task", USER_START_TASK_STACK_SIZE,
            NULL, USER_START_TASK_PRIORITY,
            (TaskHandle_t *) startTask);
    // 创建 monitor 任务
    xTaskCreate((TaskFunction_t) DjiUser_MonitorTask,
            "monitor_task", USER_RUN_INDICATE_TASK_STACK_SIZE,
            NULL, USER_RUN_INDICATE_TASK_PRIORITY,
            (TaskHandle_t *) runIndicateTask);
    // 启动 FreeRTOS 调度器
    vTaskStartScheduler();
    // 死循环，防止程序终止
```

```
    for (;;);
}
```

在 main 函数中，首先初始化 HAL 库并配置系统时钟为 168MHz，然后通过 RTOS 的 xTaskCreate 函数创建两个任务，分别是 start 任务和 monitor 任务（也称其为 indicate 任务），最后通过 RTOS 的 vTaskStartScheduler 函数启动调度器，开始执行这两个任务。

相关的宏也在 main.c 中定义，代码如下：

```
#define USER_START_TASK_STACK_SIZE          2048      // start 任务栈大小
#define USER_START_TASK_PRIORITY            0         // start 任务优先级
#define USER_RUN_INDICATE_TASK_STACK_SIZE   256       // monitor 任务栈大小
#define USER_RUN_INDICATE_TASK_PRIORITY     0         // monitor 任务优先级
```

下面介绍 start 任务和 monitor 任务的功能。

（1）start 任务：用于执行 PSDK 各类函数，与无人机传递数据、命令信息，优先级为 0，栈大小为 2048 字节。

（2）monitor 任务：用于监控 PSDK 的运行状态，在控制台输出 UART 串口缓冲区状态、当前任务状态以及堆内存使用状况。

注意：UART 缓冲区状态是指当前 UART（通用异步收发传输）缓冲区中已经接收或即将发送的数据量。当缓冲区已满时，进一步的数据传输将被阻塞，直到缓冲区有足够的空间。类似地，如果缓冲区为空，则尝试读取数据将被阻塞，直到有新数据可供读取。了解 UART 缓冲区状态对确保正确和高效的数据传输非常重要。

开发者可以根据需求适当调整两个任务栈大小。start 任务和 monitor 任务均在 application 目录中的 application.c 源代码中进行了定义。下面将分别介绍这两个任务。

3. start 任务

start 任务的入口函数为 DjiUser_StartTask，函数签名如下：

```
void DjiUser_StartTask(void const *argument)
```

该函数可以分为 4 个主要部分：

❑ 初始化负载设备，设置负载的基本信息；

❑ 注册样例模块；

❑ 启动 PSDK 核心应用程序；

❑ 结束当前 start 任务。

1）初始化负载设备，设置负载的基本信息

这部分包括初始化 UART 和 LED 指示灯、注册日志控制台、获取负载和无人机基本信息、初始化 PSDK 及为负载设置别名、版本号和序列号等操作。

例如，注册 OSAL 操作器的相关代码如下：

```
// 注册 OSAL 操作器
returnCode = DjiPlatform_RegOsalHandler(&osalHandler);
```

```
// 判断操作是否成功
if (returnCode != DJI_ERROR_SYSTEM_MODULE_CODE_SUCCESS) {
    printf("register osal handler error");
    goto out;
}
```

这段代码调用了 DjiPlatform_RegOsalHandler 函数，将 OSAL 操作器定义为结构体变量 osalHandler，用来与不同的操作系统（这里指 FreeRTOS）对接，以及操作任务（Task）、操作信号量（Semaphore）、分配内存、获取时间随机数信息等，是 PSDK 调用函数的基本结构，需要注意以下几个方面。

（1）在 PSDK 中，函数以 Dji 开头命名，枚举以 E_Dji 开头命名，结构体以 T_Dji 开头命名，宏定义以 DJI_ 开头命名。关于代码风格可以参见 doc\dji_sdk_code_style 目录下的 dji_sdk_template.h 文件和 dji_sdk_template.c 文件。

（2）在 PSDK 中，几乎所有函数的返回值均为 T_DjiReturnCode 类型（实际为 uint64_t 类型），用于返回该函数的执行结果。执行成功后，返回 DJI_ERROR_SYSTEM_MODULE_CODE_SUCCESS；否则，返回其他值，具体可详见 https://developer.dji.com/doc/payload-sdk-api-reference/cn/core/dji-error.html。在执行任何的 PSDK 函数之后，均需要判断操作是否成功，如上述代码的加粗部分。在随后的开发和学习中，大家会大量遇到这种代码形式。如非必要，本书后文将此部分代码略去，以节省篇幅，突出学习重点。

（3）若操作失败，则可以通过 goto 语句跳转到 out 标签位置，停止当前 start 任务。out 标签在 DjiUser_StartTask 函数的最后位置定义。

除了上述代码，这部分还对负载的基本信息进行了设置，代码如下：

```
// 注册 OSAL 操作器
returnCode = DjiPlatform_RegOsalHandler(&osalHandler);
// 注册串口操作器
returnCode = DjiPlatform_RegHalUartHandler(&uartHandler);
// 注册日志控制台
returnCode = DjiLogger_AddConsole(&printConsole);
// 获取负载信息
returnCode = DjiUser_FillInUserInfo(&userInfo);
// 通过负载信息初始化 PSDK 核心
returnCode = DjiCore_Init(&userInfo);
// 获取无人机基本信息
returnCode = DjiAircraftInfo_GetBaseInfo(&aircraftInfoBaseInfo);
// 设置别名
returnCode = DjiCore_SetAlias("样例程序");
// 设置版本号
returnCode = DjiCore_SetFirmwareVersion(firmwareVersion);
// 设置序列号
returnCode = DjiCore_SetSerialNumber("DONGYU19911009");
```

这部分代码是必要的，开发者也无须修改，只需要了解具体功能即可。

（1）注册串口操作器 DjiPlatform_RegHalUartHandler 和注册日志控制台 DjiLogger_

AddConsole 部分代码用于控制台输出，后文将进行详细介绍。

（2）函数 DjiUser_FillInUserInfo、DjiCore_Init 和 DjiAircraftInfo_GetBaseInfo 用于获取无人机和负载的基本信息，并初始化 PSDK 核心。

（3）通过 DjiCore_SetAlias 函数可以为负载设置别名，即负载的显示名称，可以显示在 Pilot 2 等应用程序中，如图 5-2 所示。

图 5-2　显示负载的别名（显示名称）

（4）通过 DjiCore_SetFirmwareVersion 和 DjiCore_SetSerialNumber 函数可以为负载设置固件版本和序列号。固件版本和序列号可以在 Pilot 2 应用程序的 Payload 设置界面中体现，如图 5-3 所示。

图 5-3　Payload 设置界面

固件版本由 T_DjiFirmwareVersion 结构体定义，代码如下：

```
T_DjiFirmwareVersion firmwareVersion = {
    .majorVersion = 0,    // 主版本号
    .minorVersion = 1,    // 次版本号
```

```
    .modifyVersion = 2,    // 修改版本号
    .debugVersion = 3,    // 修改版本号
};
```

2）注册样例模块

通过调用样例模块的函数，执行相应的操作；这些操作函数均在 api_sample 目录中定义。例如，通过 DjiTest_WidgetStartService、DjiTest_WidgetSpeakerStartService 和 DjiTest_DataTransmissionStartService 函数执行调用控件、扬声器控件和数据传递样例，代码如下：

```
    // 控件样例
#ifdef CONFIG_MODULE_SAMPLE_WIDGET_ON
    returnCode = DjiTest_WidgetStartService();
    if (returnCode != DJI_ERROR_SYSTEM_MODULE_CODE_SUCCESS) {
        USER_LOG_ERROR("widget sample init error");
    }
#endif

    // 扬声器控件样例
#ifdef CONFIG_MODULE_SAMPLE_WIDGET_SPEAKER_ON
    returnCode = DjiTest_WidgetSpeakerStartService();
    if (returnCode != DJI_ERROR_SYSTEM_MODULE_CODE_SUCCESS) {
        USER_LOG_ERROR("widget speaker sample init error");
    }
#endif

    // 数据传递样例
#ifdef CONFIG_MODULE_SAMPLE_DATA_TRANSMISSION_ON
    returnCode = DjiTest_DataTransmissionStartService();
    if (returnCode != DJI_ERROR_SYSTEM_MODULE_CODE_SUCCESS) {
        USER_LOG_ERROR("widget sample init error");
    }
#endif
```

其中，加粗部分用于启用/停用这些样例代码，相关的宏定义在 include/dji_sdk_config.h 文件中，代码如下：

```
// 电源管理样例
#define CONFIG_MODULE_SAMPLE_POWER_MANAGEMENT_ON
// 控件样例
#define CONFIG_MODULE_SAMPLE_WIDGET_ON
// 扬声器控件样例
#define CONFIG_MODULE_SAMPLE_WIDGET_SPEAKER_ON
// 数据传递样例
#define CONFIG_MODULE_SAMPLE_DATA_TRANSMISSION_ON
// 消息订阅样例
#define CONFIG_MODULE_SAMPLE_FC_SUBSCRIPTION_ON
// 云台 EMU 样例
```

```
#define CONFIG_MODULE_SAMPLE_GIMBAL_EMU_ON
// 相机样例
#define CONFIG_MODULE_SAMPLE_CAMERA_ON
// X-Port 样例
#define CONFIG_MODULE_SAMPLE_XPORT_ON
// Payload 校准样例
#define CONFIG_MODULE_SAMPLE_PAYLOAD_COLLABORATION_ON
// 固件更新样例
#define CONFIG_MODULE_SAMPLE_UPGRADE_ON
// 健康管理系统样例
#define CONFIG_MODULE_SAMPLE_HMS_ON

// 以下样例在 RTK 启用的条件下可用
// 时间同步样例
//#define CONFIG_MODULE_SAMPLE_TIME_SYNC_ON
// 精准定位样例
//#define CONFIG_MODULE_SAMPLE_POSITIONING_ON
```

如果需要单独执行某个样例，则只需要保留所需要样例的宏定义，并且将其他的#define 宏定义进行注释。

3）启动 PSDK 核心应用程序

通过 DjiCore_ApplicationStart 函数启动 PSDK 核心应用程序，通过 s_isApplicationStart 变量标识当前应用程序已经启动，通过死循环阻止任务结束，保持 LED 灯闪烁，代码如下：

```
// 启动 PSDK 核心应用程序
returnCode = DjiCore_ApplicationStart();
// 如果启动成功，输出 Start dji sdk application
if (returnCode != DJI_ERROR_SYSTEM_MODULE_CODE_SUCCESS) {
    USER_LOG_ERROR("start sdk application error");
}
// 标识当前应用程序已经启动
s_isApplicationStart = true;

// LED 灯闪烁
while (1) {
    Osal_TaskSleepMs(500);
    Led_Trigger(LED3);
}
```

4）结束当前 start 任务

通过 vTaskDelete(xTaskGetCurrentTaskHandle())语句结束当前 start 任务，代码如下：

```
out:
    vTaskDelete(xTaskGetCurrentTaskHandle());
```

这部分代码通过 out 标签标识，如果样例代码中出现问题，则可以直接通过 goto 语句跳转到此处，并结束任务。

4．monitor 任务

monitor 任务的入口函数为 DjiUser_MonitorTask，函数签名如下：

```
void DjiUser_MonitorTask(void const *argument)
```

DjiUser_MonitorTask 中包含了 while(1)死循环，代码如下：

```
void DjiUser_MonitorTask(void const *argument)
{
    …
    // 死循环
    while (1) {
        // 暂停 10 秒
        Osal_TaskSleepMs(1000 / RUN_INDICATE_TASK_FREQ_0D1HZ);
        // 判断当前 PSDK 核心应用程序是否启动
        if (s_isApplicationStart == false) {
            continue;
        }
        // 监控 PSDK 应用程序运行情况
        …
    }
}
```

在 while(1)死循环中，首先通过 Osal_TaskSleepMs 函数暂停当前任务 10 秒，然后判断当前 PSDK 核心应用程序是否启动：如果已经启动，那么监控 PSDK 应用程序的运行情况，主要包括以下 3 个部分。

❑ 输出 UART 串口缓冲区状态。
❑ 输出任务执行情况以及系统性能信息。
❑ 输出堆内存占用大小。

在输出 UART 串口缓冲区状态和输出任务执行情况以及系统性能信息代码部分，由于使用 USER_LOG_DEBUG 方式输出信息，所以在默认情况下是不显示在控制台的，读者可以在 application.c 文件中了解具体的实现方式。

在输出堆内存占用大小部分，代码如下：

```
USER_LOG_INFO("Used heap size: %d/%d.\r\n",
              configTOTAL_HEAP_SIZE - xPortGetFreeHeapSize(),
              configTOTAL_HEAP_SIZE);
```

在 PSDK 应用程序中，每 10 秒会出现如下所示的堆内存占用情况，输出结果类似如下：

```
[330.033][user]-[Info]-[DjiUser_MonitorTask:307) Used heap size: 40000/75000.
[340.034][user]-[Info]-[DjiUser_MonitorTask:307) Used heap size: 40000/75000.
[350.035][user]-[Info]-[DjiUser_MonitorTask:307) Used heap size: 40000/75000.
…
```

5.1.2　PSDK 应用模板

为了方便独立开发 PSDK 应用程序，或者单纯测试某个具体功能，以 mdk_app 应用为基础制作了 PSDK 应用模板 template。该模板可以在 samples\sample_c\platform\rtos_freertos\stm32f4_discovery\project\00template 目录下找到。对比 mdk_app，template 应用模板的主要修改如下。

❑ 移除了 api_sample 目录和所有的文件引用。

❑ 在 application.c 中，将所有样例模块的相关代码移除。

❑ 在工程目录下创建 user 目录，将 application.h 和 application.c 放置在该目录下；在随后的开发中，相关代码也可以放在其中。

在后文中，均以 template 应用模板为基础，创建并测试 PSDK 功能的用法。

5.2　监控无人机

本节将介绍日志管理和信息管理的相关内容。日志管理就是指将日志输出到控制台或者文件中的一系列 API 和操作方法。信息管理包括信息获取和消息订阅。

❑ 信息获取：获取无人机的型号、负载挂载的位置以及用户使用的移动端应用程序等信息。

❑ 消息订阅：获取无人机的状态信息。

信息获取的信息一般是静态的；消息订阅的信息一般是动态变化的。

5.2.1　控制台输出

本小节将介绍在控制台输入日志的相关方法，相关代码可以在 01console\console.uvprojx 工程中找到。为了方便在不同操作系统和框架下输出日志，PSDK 定义了日志控制台结构体，代码如下：

```
typedef struct {
    // 控制台输出级别
    uint8_t consoleLevel;
    // 控制台输出函数
    ConsoleFunc func;
    // 是否支持输出日志颜色
    bool isSupportColor;
} T_DjiLoggerConsole;
```

其中，ConsoleFunc 为定义具体控制台输出的函数指针，代码如下：

```
typedef T_DjiReturnCode (*ConsoleFunc)(const uint8_t *data, uint16_t dataLen);
```

在使用控制台输出前，需要包括 dji_logger.h 头文件，代码如下：

```
#include "dji_logger.h"
```

下面介绍在 UART 串口输出日志的步骤。

（1）初始化 UART 串口。在 uart.h 文件中定义或调整 UART 串口和波特率，代码如下：

```
#define DJI_CONSOLE_UART_NUM        UART_NUM_2
#define DJI_CONSOLE_UART_BAUD       921600
```

在默认情况下，控制台日志输出的 UART 串口号为 UART_NUM_2，波特率为 921600。
串口号的枚举类型定义如下：

```
typedef enum {
    UART_NUM_1 = 1,
    UART_NUM_2 = 2,
    UART_NUM_3 = 3,
} E_UartNum;
```

随后，在 start 任务中初始化 UART 串口，代码如下：

```
UART_Init(DJI_CONSOLE_UART_NUM, DJI_CONSOLE_UART_BAUD);
```

（2）在 application.h 文件中，定义在 UART 串口控制台输出日志函数 DjiUser_PrintConsole，
代码如下：

```
// 定义输出日志信息方法
static T_DjiReturnCode DjiUser_PrintConsole(const uint8_t *data, uint16_t
dataLen) {
    // 通过 UART 串口输出日志
    UART_Write(DJI_CONSOLE_UART_NUM, (uint8_t *) data, dataLen);
    // 返回输出结果
    return DJI_ERROR_SYSTEM_MODULE_CODE_SUCCESS;
}
```

（3）在 start 任务中，定义串口操作器和日志控制台结构体对象，代码如下：

```
// 定义串口操作器
T_DjiHalUartHandler uartHandler = {
    .UartInit = HalUart_Init,
    .UartDeInit = HalUart_DeInit,
    .UartWriteData = HalUart_WriteData,
    .UartReadData = HalUart_ReadData,
    .UartGetStatus = HalUart_GetStatus,
};
// 定义日志控制台
T_DjiLoggerConsole printConsole = {
    .func = DjiUser_PrintConsole,
    .consoleLevel = DJI_LOGGER_CONSOLE_LOG_LEVEL_DEBUG,
    .isSupportColor = true,
};
```

需要注意的是，T_DjiLoggerConsole 结构体的 consoleLevel 表示输出等级，默认为 DJI_

LOGGER_CONSOLE_LOG_LEVEL_INFO，这里修改为 DJI_LOGGER_CONSOLE_LOG_LEVEL_
DEBUG，便于输出更加详细的日志信息。对 consoleLevel 变量的枚举类型 E_DjiLoggerConsole
LogLevel 的定义如下：

```
typedef enum {
    // 错误级别：只显示错误
    DJI_LOGGER_CONSOLE_LOG_LEVEL_ERROR = 0,
    // 错误级别：只显示警告和错误
    DJI_LOGGER_CONSOLE_LOG_LEVEL_WARN = 1,
    // 信息级别：只显示信息、警告和错误
    DJI_LOGGER_CONSOLE_LOG_LEVEL_INFO = 2,
    // 调试级别：显示所有控制台输出
    DJI_LOGGER_CONSOLE_LOG_LEVEL_DEBUG = 3,
} E_DjiLoggerConsoleLogLevel;
```

可见，控制台输出涉及错误、警告、信息和调试等 4 个等级的日志，如表 5-1 所示。

表 5-1　日志等级

等　　级	等 级 名 称	输 出 接 口	颜　　色
4	调试 Debug	USER_LOG_DEBUG	白色
3	信息 Info	USER_LOG_INFO	绿色
2	警告 Warm	USER_LOG_WARN	黄色
1	错误 Error	USER_LOG_ERROR	红色

（4）在 start 任务中，注册串口操作器和日志控制台的代码如下：

```
// 注册串口操作器
returnCode = DjiPlatform_RegHalUartHandler(&uartHandler);
// 注册日志控制台
returnCode = DjiLogger_AddConsole(&printConsole);
```

（5）在注册串口操作器和日志控制台之后，即可通过 USER_LOG_ERROR、USER_LOG_
WARN 等输出接口输出日志，代码如下：

```
USER_LOG_DEBUG("调试输出");
USER_LOG_INFO("信息输出");
USER_LOG_WARN("警告输出");
USER_LOG_ERROR("错误输出");
```

编译并运行程序，输出结果如图 5-4 所示。

```
[2.454][user]-[Debug]-[DjiUser_StartTask:150] 调试输出
[2.454][user]-[Info]-[DjiUser_StartTask:151] 信息输出
[2.454][user]-[Warn]-[DjiUser_StartTask:152] 警告输出
[2.454][user]-[Error]-[DjiUser_StartTask:153] 错误输出
```

图 5-4　控制台输出

注意：建议使用英文输出，否则需要注意字符编码，尽量选择 UTF-8 编码方式。如确实需要输出中文日志，那么尽可能保持全角字符的个数为偶数，以避免编译报错。

除通过颜色可以区分日志等级外，输出的日志信息也具有不同的结构，如图 5-5 所示。

图 5-5　日志信息的结构

5.2.2　信息获取

本小节将介绍获取无人机系统和移动设备基本信息的操作方法，相关代码可以在 02information\information.uvprojx 工程中找到。本小节所介绍的函数均在 dji_aircraft_info.h 头文件中进行定义，因此首先需要包括该头文件，代码如下：

```
#include "dji_aircraft_info.h"
```

1．获取连接状态

通过 DjiAircraftInfo_GetConnectionStatus 函数可以获取当前负载和无人机的连接状态，并将相应的结果赋值到 isConnected 变量，函数签名如下：

```
T_DjiReturnCode DjiAircraftInfo_GetConnectionStatus(bool *isConnected);
```

在获取无人机系统和移动设备的各类基本信息前，首先通过该函数判断连接情况，代码如下：

```
// 标识无人机和负载是否连接
bool isConnected = false;

// 判断负载和无人机是否连接
returnCode = DjiAircraftInfo_GetConnectionStatus(&isConnected);
…
// 输出负载和无人机的连接情况
if (isConnected) {
    USER_LOG_INFO("负载和无人机连接成功!");
} else {
    USER_LOG_WARN("负载和无人机连接失败!");
    goto out;
}
```

当设备连接正确时，结果输出类似如下：

```
[9.535][user]-[Info]-[TestInformationStart:40) 负载和无人机连接成功!
```

2. 获取无人机系统基本信息

无人机系统的基本信息通过结构体 T_DjiAircraftInfoBaseInfo 定义，代码如下：

```
typedef struct {
    E_DjiAircraftType aircraftType;              // 无人机类型
    E_DjiSdkAdapterType djiAdapterType;          // 负载连接接口
    E_DjiMountPosition mountPosition;            // 连接接口位置
} T_DjiAircraftInfoBaseInfo;
```

枚举类型 E_DjiAircraftType 列举了各行业无人机的类型，包括从 M200 V2、M210 V2 直到 M300 RTK 等所有的无人机类型，代码如下：

```
typedef enum {
    DJI_AIRCRAFT_TYPE_UNKNOWN = 0,              // 未知
    DJI_AIRCRAFT_TYPE_M200_V2 = 44,             // M200 V2
    DJI_AIRCRAFT_TYPE_M210_V2 = 45,             // M210 V2
    DJI_AIRCRAFT_TYPE_M210RTK_V2 = 46,          // M210 RTK V2
    DJI_AIRCRAFT_TYPE_M300_RTK = 60,            // M300 RTK
    DJI_AIRCRAFT_TYPE_M30 = 67,                 // M30
    DJI_AIRCRAFT_TYPE_M30T = 68,                // M30T
    DJI_AIRCRAFT_TYPE_M3E = 77,                 // M3E
    DJI_AIRCRAFT_TYPE_M3T = 79,                 // M3T
    DJI_AIRCRAFT_TYPE_M350_RTK = 89,            // M350 RTK
} E_DjiAircraftType;
```

枚举类型 E_DjiSdkAdapterType 定义了各类负载后连接方式，代码如下：

```
typedef enum {
    DJI_SDK_ADAPTER_TYPE_UNKNOWN = 0,           // 未知（E-Port 包含在内）
    DJI_SDK_ADAPTER_TYPE_SKYPORT_V2 = 1,        // SkyPort V2 转接环
    DJI_SDK_ADAPTER_TYPE_XPORT = 2,             // X-Port 标准云台
    DJI_SDK_ADAPTER_TYPE_NONE = 3,              // 无
} E_DjiSdkAdapterType;
```

目前，PSDK 并没有为 E-Port 单独设计独立的负载连接方式，在实际获取无人机系统信息时会返回 UNKNOWN 类型。

枚举类型 E_DjiMountPosition 定义了 DGC 2.0 接口的负载连接位置，代码如下：

```
typedef enum {
    DJI_MOUNT_POSITION_UNKNOWN = 0,
    DJI_MOUNT_POSITION_PAYLOAD_PORT_NO1 = 1,
    DJI_MOUNT_POSITION_PAYLOAD_PORT_NO2 = 2,
    DJI_MOUNT_POSITION_PAYLOAD_PORT_NO3 = 3,
    DJI_MOUNT_POSITION_EXTENSION_PORT = 4,
} E_DjiMountPosition;
```

随后，我们即可通过 DjiAircraftInfo_GetBaseInfo 函数获取这些无人机系统信息，函数签

名如下：

```
T_DjiReturnCode DjiAircraftInfo_GetBaseInfo(T_DjiAircraftInfoBaseInfo *baseInfo);
```

获取无人机系统基本信息，并打印到控制台，代码如下：

```
// 获取无人机系统基本信息
returnCode = DjiAircraftInfo_GetBaseInfo(&aircraftInfoBaseInfo);
…

USER_LOG_INFO("无人机的类型: ");
switch (aircraftInfoBaseInfo.aircraftType) {
    case 44: USER_LOG_INFO("M200 V2"); break;
    case 45: USER_LOG_INFO("M210 V2"); break;
    case 46: USER_LOG_INFO("M210 RTK V2"); break;
    case 60: USER_LOG_INFO("M300 RTK"); break;
    case 67: USER_LOG_INFO("M30"); break;
    case 68: USER_LOG_INFO("M30T"); break;
    case 77: USER_LOG_INFO("Mavic 3E"); break;
    case 79: USER_LOG_INFO("Mavic 3T"); break;
    case 89: USER_LOG_INFO("M350 RTK"); break;
    default:USER_LOG_INFO("未知");
}
USER_LOG_INFO("负载连接接口: ");
switch (aircraftInfoBaseInfo.djiAdapterType) {
    case 0: USER_LOG_INFO("其他"); break;
    case 1: USER_LOG_INFO("SkyPort V2"); break;
    case 2: USER_LOG_INFO("X_Port"); break;
    case 3: USER_LOG_INFO("未知"); break;
}
USER_LOG_INFO("连接接口位置: %d", aircraftInfoBaseInfo.mountPosition);
```

以 M30T 无人机和 E-Port 连接方式为例，结果输出类似如下：

```
[9.535][user]-[Info]-[TestInformationStart:54] 无人机的类型:
[9.536][user]-[Info]-[TestInformationStart:61] M30T
[9.536][user]-[Info]-[TestInformationStart:67] 负载连接接口:
[9.536][user]-[Info]-[TestInformationStart:72] 未知
[9.537][user]-[Info]-[TestInformationStart:74] 连接接口位置: 4
```

3．获取移动应用程序基本信息

移动应用程序的基本信息通过结构体 **T_DjiMobileAppInfo** 定义，代码如下：

```
typedef struct {
    E_DjiMobileAppLanguage appLanguage;        // 移动程序语言
    E_DjiMobileAppScreenType appScreenType;    //移动设备屏幕类型(大小)
} T_DjiMobileAppInfo;
```

该结构体包括移动程序语言和移动设备屏幕类型（特指屏幕大小）两个主要部分。移动程序语言通过枚举类型 E_DjiMobileAppLanguage 定义，代码如下：

```
typedef enum {
    DJI_MOBILE_APP_LANGUAGE_UNKNOWN = 255,      // 未知
    DJI_MOBILE_APP_LANGUAGE_ENGLISH = 0,        // 英语
    DJI_MOBILE_APP_LANGUAGE_CHINESE = 1,        // 汉语
    DJI_MOBILE_APP_LANGUAGE_JAPANESE = 2,       // 日语
    DJI_MOBILE_APP_LANGUAGE_FRENCH = 3,         // 法语
} E_DjiMobileAppLanguage;
```

移动设备屏幕类型通过枚举类型 E_DjiMobileAppScreenType 定义，代码如下：

```
typedef enum {
    DJI_MOBILE_APP_SCREEN_TYPE_UNKNOWN = 255,        // 未知
    DJI_MOBILE_APP_SCREEN_TYPE_BIG_SCREEN = 0,       // 大尺寸屏幕(≥6英寸)
    DJI_MOBILE_APP_SCREEN_TYPE_LITTLE_SCREEN = 1, // 小尺寸屏幕(<6英寸)}
    E_DjiMobileAppScreenType;
```

此时可以通过 DjiAircraftInfo_GetMobileAppInfo 函数获取移动设备的基本信息，函数签名如下：

```
T_DjiReturnCode DjiAircraftInfo_GetMobileAppInfo(T_DjiMobileAppInfo
*mobileAppInfo);
```

获取移动设备的基本信息，并在控制台输出，代码如下：

```
returnCode = DjiAircraftInfo_GetMobileAppInfo(&mobileAppInfo);
…

USER_LOG_INFO("移动应用程序语言：");
switch (mobileAppInfo.appLanguage) {
    case 0: USER_LOG_INFO("英语"); break;
    case 1: USER_LOG_INFO("汉语"); break;
    case 2: USER_LOG_INFO("日语"); break;
    case 3: USER_LOG_INFO("法语"); break;
    default:USER_LOG_INFO("未知");
}

switch (mobileAppInfo.appScreenType) {
    case 0: USER_LOG_INFO("大屏幕  "); break;
    case 1: USER_LOG_INFO("小屏幕  "); break;
    default:USER_LOG_INFO("未知");
}
```

以 M30T 无人机的 DJI RC Plus 遥控器和 Polit 2 应用程序为例，输出结果如下：

```
[9.537][user]-[Info]-[TestInformationStart:82) 移动应用程序语言：
[9.537][user]-[Info]-[TestInformationStart:84) 英语
```

```
[9.538][user]-[Info]-[TestInformationStart:92) 大屏幕
```

本小节所获取的无人机系统和移动设备的信息都是静态
的。下一节将介绍无人机动态消息的定义和获取方法。

5.2.3　消息订阅

消息订阅可以获取绝大多数无人机的动态信息，包括无
人机的姿态、速度、加速度、角速度、高度、GPS 位置、云
台的角度和状态、飞行模式和飞行状态、电机和电池等各类关
键信息。

这些信息并不会"一股脑儿地"全部提供了 PSDK 应用，
而是需要开发者有针对性地订阅。被订阅的信息将会按照一定
的频率传递至 PSDK 数据池中，可以有效节约链路资源和内
存资源，如图 5-6 所示。

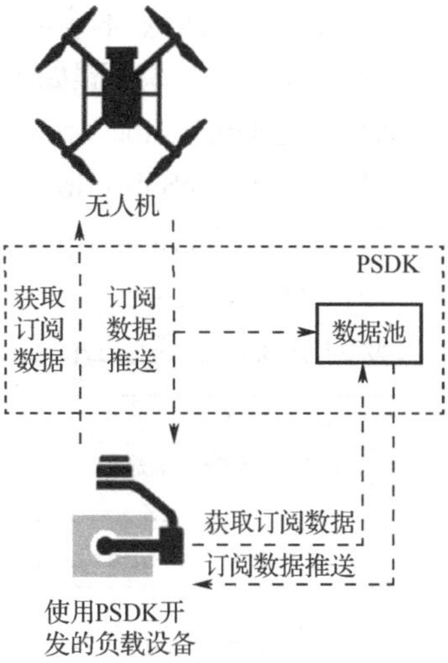

图 5-6　消息订阅的原理

1．消息订阅的基本概念

消息订阅 API 均在 dji_fc_subscription.h 头文件中定义，在使用这些功能前需要导入该头
文件，代码如下：

```
#include "dji_fc_subscription.h"
```

1）订阅主题和订阅频率

订阅主题是指订阅数据的内容，如无人机的姿态、高度、位置等信息，详情可参见附录
C。对于更加详细的描述，读者还可以参阅 dji_fc_subscription.h 头文件中定义的枚举类型
E_DjiFcSubscriptionTopic：除了订阅主题本身，还可以查询消息返回的数据类型。例如，在订
阅融合相对地面高度主题 DJI_FC_SUBSCRIPTION_TOPIC_HEIGHT_FUSION 时，消息的数
据类型为 T_DjiFcSubscriptionHeightFusion；在订阅无人机速度主题 DJI_FC_SUBSCRIPTION_
TOPIC_VELOCITY 时，消息的数据类型为 T_DjiFcSubscriptionVelocity。

订阅频率是指订阅主题每秒钟更新的频率，从 1Hz、5Hz 到最快 400Hz 不等。订阅频率
由 E_DjiDataSubscriptionTopicFreq 定义，代码如下：

```
typedef enum {
    DJI_DATA_SUBSCRIPTION_TOPIC_1_HZ = 1,          // 每秒 1 次
    DJI_DATA_SUBSCRIPTION_TOPIC_5_HZ = 5,          // 每秒 5 次
    DJI_DATA_SUBSCRIPTION_TOPIC_10_HZ = 10,        // 每秒 10 次
    DJI_DATA_SUBSCRIPTION_TOPIC_50_HZ = 50,        // 每秒 50 次
    DJI_DATA_SUBSCRIPTION_TOPIC_100_HZ = 100,      // 每秒 100 次
    DJI_DATA_SUBSCRIPTION_TOPIC_200_HZ = 200,      // 每秒 200 次
    DJI_DATA_SUBSCRIPTION_TOPIC_400_HZ = 400,      // 每秒 400 次
} E_DjiDataSubscriptionTopicFreq;
```

不同订阅主题、不同飞行平台所支持的订阅频率不相同。例如，对于 M350 RTK 和 M300

RTK 无人机来说，融合相对地面高度的订阅频率最高可达 100Hz，速度主题的订阅频率可达 200Hz。

2）消息订阅的基本步骤

消息订阅的基本步骤如下：

❑ 通过 DjiFcSubscription_Init 函数初始化消息订阅；

❑ 通过 DjiFcSubscription_SubscribeTopic 函数开始消息订阅；

❑ 通过 DjiFcSubscription_DeInit 函数反初始化消息订阅。

函数 DjiFcSubscription_Init 和 DjiFcSubscription_DeInit 都是无参数的，直接调用即可。最为重要的步骤在于通过 DjiFcSubscription_SubscribeTopic 函数开始消息订阅，函数签名如下：

```
T_DjiReturnCode DjiFcSubscription_SubscribeTopic(
    E_DjiFcSubscriptionTopic topic,                // 订阅主题
    E_DjiDataSubscriptionTopicFreq frequency,      // 订阅频率
    DjiReceiveDataOfTopicCallback callback);       // 订阅回调
```

订阅主题和订阅频率是必须要明确的，订阅回调是可选的：如果设置了回调函数，那么每当有订阅消息更新，该函数都会回调一次，开发者可以进行相应的处理，即"实时订阅，实时处理"；如果没有设置回调函数，那么相应的订阅信息都会在"数据池"中更新，开发者可以随时通过 DjiFcSubscription_GetLatestValueOfTopic 函数获取最新的数据，即"实时订阅，按需处理"。

（1）通过 DjiReceiveDataOfTopicCallback 回调实现"实时订阅，实时处理"。回调的形式如下：

```
typedef T_DjiReturnCode (*DjiReceiveDataOfTopicCallback)(
const uint8_t *data,                    // 数据
uint16_t dataSize,                      // 数据大小
const T_DjiDataTimestamp *timestamp);   // 时间戳
```

通过数据和数据长度可以将其转换为具体的消息数据类型，通过时间戳可以判断数据产生的具体时间。

（2）通过 DjiFcSubscription_GetLatestValueOfTopic 函数实现"实时订阅，按需处理"，函数签名如下：

```
T_DjiReturnCode DjiFcSubscription_GetLatestValueOfTopic(
E_DjiFcSubscriptionTopic topic,         // 订阅主题
uint8_t *data,                          // 数据
uint16_t dataSizeOfTopic,               // 数据大小
T_DjiDataTimestamp *timestamp);         // 时间戳
```

2．实现消息订阅

下面将介绍消息订阅的操作方法，相关代码可以在 02information\information.uvprojx 工程中找到。在 application.c 的 start 任务中，通过两个函数分别演示了上述两种消息订阅的处理方法，代码如下：

```
// 消息订阅测试：通过回调函数持续获取订阅速度信息
returnCode = TestSubscription_Start();
...

// 消息订阅测试：（循环）单次获取高度订阅信息
returnCode = TestSubscription_GetLastValue();
...
```

注意： 如果读者希望运行官方的样例代码，则除了将 dji_sdk_config.h 文件中的宏定义 CONFIG_MODULE_SAMPLE_FC_SUBSCRIPTION_ON 解开注释，还需要注意在 test_fc_subscription.c 文件中将 s_userFcSubscriptionDataShow 变量设置为 true，否则不会在控制台输出任何消息订阅信息。

1）通过回调函数持续获取无人机的高度信息，实现"实时订阅，实时处理"

在 TestSubscription_Start 函数中演示了如何通过回调方式处理无人机的高度信息。在 PSDK 中存在几种不同的无人机高度，如表 5-2 所示。根据实际需求不同，建议开发者使用融合高度、相对地面高度信息。

表 5-2 无人机高度相关订阅主题

订 阅 主 题	含 义	描 述
*_ALTITUDE_BAROMETER	气压计高度	气压计传感器测量所得的原始高度（海拔）
*_ALTITUDE_FUSED	融合高度	以气压计值高度为基础，融合 GPS、RTK、视觉传感器等信息的高度（海拔）
*_HEIGHT_RELATIVE	相对地面高度	无人机 IMU 及其下方的视觉、超声等传感器所得的相对地面高度
*_HEIGHT_FUSION	融合相对地面高度	以相对地面高度为基础，融合 GPS、RTK 等信息的高度

注意：使用时需要将*替换为 DJI_FC_SUBSCRIPTION_TOPIC。

另外，开发者还可以通过 GPS 信息、RTK 信息获取高度。在 DJI Assistant 2 中使用模拟器模拟负载设备的工作状态时，模拟器将无法获取 GPS 信息和 RTK 信息等传感器原始数据。开发者可订阅如融合位置、融合高度或相对高度等融合数据。

TestSubscription_Start 函数代码的基本结构如下：

```
// 返回代码
T_DjiReturnCode returnCode;
// 1. 初始化消息订阅
returnCode = DjiFcSubscription_Init();
...
// 2. 订阅无人机的高度消息，频率为1Hz
returnCode = DjiFcSubscription_SubscribeTopic(
        DJI_FC_SUBSCRIPTION_TOPIC_HEIGHT_FUSION,    // 订阅高度消息
        DJI_DATA_SUBSCRIPTION_TOPIC_1_HZ,           // 订阅频率
        TestSubscription_HeightCallback);           // 订阅回调函数
if (returnCode != DJI_ERROR_SYSTEM_MODULE_CODE_SUCCESS) {
    USER_LOG_ERROR("消息订阅失败!");
```

```
    goto out;
} else {
    USER_LOG_DEBUG("消息订阅成功!");
}
// 3．反初始化消息订阅
returnCode = DjiFcSubscription_DeInit();
...
```

这段代码以 1Hz 的频率订阅了无人机的高度信息，并将其消息订阅交由回调函数 TestSubscription_HeightCallback 处理，代码如下：

```
static T_DjiReturnCode TestSubscription_HeightCallback(
    const uint8_t *data,                        // 数据
    uint16_t dataSize,                          // 数据长度
    const T_DjiDataTimestamp *timestamp)        // 时间戳
{
    // 将数据转换为实际类型
    dji_f32_t height = *((dji_f32_t*) data);
    // 输出无人机高度信息
    USER_LOG_INFO("高度: %.2fm, 时间:%.2fs", height,
                                    timestamp->millisecond /1000.0);
    return DJI_ERROR_SYSTEM_MODULE_CODE_SUCCESS;
}
```

首先，将 data 数据指针转换为具体的无人机高度 height，然后输出当前的高度和时间戳信息，这里的时间戳结构体定义了从 PSDK 启动以来的时间，定义如下：

```
typedef struct {
    uint32_t millisecond; // 以毫秒为单位的时间戳
    uint32_t microsecond; // 以微秒为单位的时间戳
} T_DjiDataTimestamp;
```

上述代码中的 timestamp->millisecond /1000.0 语句可以使用 timestamp->microsecond/ 1000.0/1000.0 代替。

编译并运行程序，在模拟器中升高无人机的高度，结果输出类似如下：

```
[17.946][user]-[Info]-... 高度: 4.76m, 时间:17.95s
[18.950][user]-[Info]-... 高度: 9.88m, 时间:18.95s
[19.964][user]-[Info]-... 高度: 14.98m, 时间:19.96s
[20.974][user]-[Info]-... 高度: 19.95m, 时间:20.97s
[21.982][user]-[Info]-... 高度: 23.16m, 时间:21.98s
```

注意，消息订阅的时间戳信息和控制台输出的时间戳信息是相呼应的。

2）通过循环方式单次获取无人机速度信息，实现"实时订阅，按需处理"

无人机的速度信息也是飞行控制器中非常重要的指标，其 T_DjiFcSubscriptionVelocity 数据类型的定义如下：

```
typedef struct Velocity {
```

```
    T_DjiVector3f data;              // 速度信息
    uint8_t health: 1;               // 数据是否健康
    uint8_t reserve: 7;              // 数据反转
} T_DjiFcSubscriptionVelocity;
```

结构体 T_DjiVector3f 包含了 x、y 和 z 共 3 个速度值，单位为 m/s；health 表示数据是否健康可用，为 1 时表示可用，为 0 时表示不建议使用。

为了实现"实时订阅，按需处理"，在订阅无人机速度信息时不设置回调函数，代码如下：

```
// 返回代码
T_DjiReturnCode returnCode;
// 1．初始化消息订阅
returnCode = DjiFcSubscription_Init();
...
// 2．订阅无人机的速度消息，频率为 1Hz
returnCode = DjiFcSubscription_SubscribeTopic(
        DJI_FC_SUBSCRIPTION_TOPIC_VELOCITY,         // 订阅速度消息
        DJI_DATA_SUBSCRIPTION_TOPIC_1_HZ,           // 订阅频率
        NULL);                                      // 订阅回调函数
if (returnCode != DJI_ERROR_SYSTEM_MODULE_CODE_SUCCESS) {
    USER_LOG_ERROR("消息订阅失败!");
    goto out;
} else {
    USER_LOG_DEBUG("消息订阅成功!");
}
// 3．反初始化消息订阅
returnCode = DjiFcSubscription_DeInit();
...
```

这段代码以 1Hz 的频率订阅了无人机的速度信息，没有设置回调函数。此时，在反初始化消息订阅前，可以通过 DjiFcSubscription_GetLatestValueOfTopic 函数获取"数据池"中的无人机速度信息，代码如下：

```
// 无人机速度
T_DjiFcSubscriptionVelocity velocity;
// 消息时间戳
T_DjiDataTimestamp timestamp = {0};
// 每 1 秒单次获取一次无人机速度信息
while(1) {
    // 暂停 1 秒
    Osal_TaskSleepMs(1000);
    // 单次获取无人机的速度信息
    returnCode = DjiFcSubscription_GetLatestValueOfTopic(
            DJI_FC_SUBSCRIPTION_TOPIC_VELOCITY,     // 主题
            (uint8_t *) &velocity,                  // 数据
            sizeof(T_DjiFcSubscriptionVelocity),    // 数据长度
            &timestamp);                            // 时间戳
```

```
if (returnCode != DJI_ERROR_SYSTEM_MODULE_CODE_SUCCESS) {
    USER_LOG_ERROR("消息获取失败");
} else {
    USER_LOG_INFO(
    "速度:x: %.2f m/s y: %.2f m/s z: %.2f m/s healthFlag = %d",
    velocity.data.x,          // X方向速度
    velocity.data.y,          // y方向速度
    velocity.data.z,          // z方向速度
    velocity.health);         // 数据是否健康可用
}
}
```

在这个样例中，为了演示方便，通过死循环方式不断获取并输出"数据池"中的无人机速度信息，阻塞了线程，在实际使用时需要注意调用位置，如可以将这部分代码移至另外的线程中获取响应的信息。

编译并运行程序，在模拟器中移动无人机，结果输出类似如下：

```
[292.061][user]-[Info]-... 速度:x: 0.26 m/s y: -0.10 m/s z: 4.96 m/s healthFlag = 1
[293.061][user]-[Info]-... 速度:x: 4.31 m/s y: -0.08 m/s z: 5.00 m/s healthFlag = 1
[294.061][user]-[Info]-... 速度:x: 7.83 m/s y: -0.05 m/s z: 5.00 m/s healthFlag = 1
[295.061][user]-[Info]-... 速度:x: 7.42 m/s y: -3.36 m/s z: 5.00 m/s healthFlag = 1
[296.061][user]-[Info]-... 速度:x: 3.22 m/s y: -6.14 m/s z: 5.00 m/s healthFlag = 1
[297.061][user]-[Info]-... 速度:x:-1.50 m/s y: -5.65 m/s z: 5.00 m/s healthFlag = 1
```

消息订阅是常用的功能，是负载"了解"无人机状态的桥梁。例如，可以通过无人机电量情况调整负载功耗；通过无人机的姿态、高度和位置信息判断负载执行的命令是否成功；等等。订阅主题和订阅频率的选择应当符合实际需求，过多的主题和过高的频率可能会增大负载处理数据的压力，影响负载性能。

5.3 操作无人机

通过 PSDK 可以对无人机执行基本命令，如控制无人机的基本飞行、设置无人机的飞行参数等。本节将介绍如何在 PSDK 中控制无人机飞行的基本方法。无人机飞行控制的相关功能由 dji_flight_controller.h 头文件定义，在使用如下操作前需要导入该头文件，代码如下：

```
#include "dji_flight_controller.h"
```

5.3.1 飞行控制与参数设置

本小节将介绍无人机基础飞行控制的常用函数、操作方法和样例程序。

1. 基础飞行控制的常用函数

无人机基础飞行控制包括电机控制、起降控制和返航控制等，相关函数如表 5-3 所示。

表 5-3 无人机基础飞行控制相关函数

函　　数	描　　述
*_TurnOnMotors	电机解锁（disarm），即启动电机进入怠速运行状态
*_TurnOffMotors	电机上锁（arm），停止电机转动
*_StartTakeoff	执行起飞动作，悬停在距地面一定高度的位置上
*_StartLanding	执行降落动作。当降落保护功能生效，无人机无法确认地面状况时，将会悬停到距离地面一定高度的位置上，等待确认降落
*_CancelLanding	取消降落动作
*_StartConfirmLanding	确认降落。在等待确认降落期间，执行该函数后会降落在地面上
*_StartForceLanding	执行强制降落动作
*_ExecuteEmergencyBrakeAction	执行紧急刹车悬停动作
*_CancelEmergencyBrakeAction	取消紧急刹车悬停动作。在 M30/M30T 等无人机中，紧急刹车后，需要执行该函数后才可以执行其他无人机动作。在 M300 RTK 中无须使用该函数
*_EmergencyStopMotor	空中紧急停机。空中停机将导致无人机坠毁，请开发者和用户慎用
*_StartGoHome	执行返航动作。在执行该函数前，建议开发者提示用户检查返航高度等参数信息
*_CancelGoHome	执行取消返航操作

注意：使用时需要将*替换为 DjiFlightController。

不同型号的无人机在执行起飞、降落和返航动作时的高度可能会有差异，详情请参考相应无人机的用户手册。

2. 执行基础飞行控制

在对无人机的基础飞行控制功能和各类参数的操作前后，需要分别对飞行控制器进行初始化（Initialize）和反初始化（De-Initialize）。如果没有对飞行控制器进行初始化，那么将无法操作无人机，并提示错误。

注意：这里的初始化飞行控制器实际上是指初始化飞行控制器连接器（Flight Controller Linker）。在初始化飞行控制器连接器之后，PSDK 应用和无人机之间将会构建命令通路。

操作无人机的基本流程如图 5-7 所示。

图 5-7 操作无人机的基本流程

1）无人机起飞

按照操作无人机的基本流程，在初始化飞行控制器后操作无人机起飞，最后进行反初始化飞行控制器，代码如下：

```
// 初始化飞行控制器
USER_LOG_INFO("初始化飞行控制器");
T_DjiFlightControllerRidInfo ridInfo = {0};  // RID 信息
ridInfo.latitude = 38.542812;
ridInfo.longitude = 118.958902;
ridInfo.altitude = 5;
returnCode = DjiFlightController_Init(ridInfo);
...

// 暂停 1 秒
Osal_TaskSleepMs(1000);

// 起飞
USER_LOG_INFO("起飞");
returnCode = DjiFlightController_StartTakeoff();
...

// 暂停 10 秒
Osal_TaskSleepMs(10000);

// 反初始化飞行控制器
USER_LOG_INFO("反初始化飞行控制器  ");
returnCode = DjiFlightController_Deinit();
...
```

注意： 由于 PSDK 支持脱控飞行，因此按照美国法律需要提供 RID 信息。如果 PSDK 负载为用户提供了脱控飞行能力，那么需要提供合法的 RID 信息，以便于无人机的远程识别。

为了能够保证无人机的顺利起飞，在调用起飞函数之后，通过 Osal_TaskSleepMs 函数等待 10 秒，完成起飞后，再进行反初始化飞行控制器。在模拟器中执行上述代码，即可实现无人机的起飞，并悬停在距离地面 1.2m 左右的高度处，同时在控制台中输出类似以下信息：

```
[10.962][user]-[Info]-[TestControl_Start:42) 初始化飞行控制器
[10.963][flight]-[Info]-[DjiFlightController_RegisterLinkerObj_M30:110)  Init
m30 flight controller linker successfully.
[12.052][time_sync]-[Info]-[DjiTimeSync_PushAppTimeHandle:109) Current time:
2023.07.23 16:28:15.
[13.996][user]-[Info]-[TestControl_Start:83) 起飞
[54.013][user]-[Info]-[TestControl_Start:133) 反初始化飞行控制器
```

飞行控制器的初始化和反初始化函数必须成对使用。如果没有对飞行控制器进行反初始化操作，那么当重启负载或者切换负载再次对飞行控制器进行初始化时，会出现"duplicate hms code"错误。也就是说，飞行控制器的初始化操作只能执行一次，并且在无须操作无人机时应当及时进行反初始化飞行控制器。为此，开发者在开发中需要注意以下两个问题。

（1）在初始化飞行控制器时，如果出现"duplicate hms code"错误，则可能是由多次执行初始化飞行控制器所致，并不一定会影响之后的操作。此时，可以尝试重新初始化飞行控制器（反初始化后再次进行初始化），或者直接尝试无人机操作函数，代码如下：

```
returnCode = DjiFlightController_Init(ridInfo);
if (returnCode != DJI_ERROR_SYSTEM_MODULE_CODE_SUCCESS) {
    USER_LOG_ERROR("Init Flight Control failed, error code:0x%08llX", returnCode);
    // 如果出现 duplicate hms code 错误，可做相应的处理
    if (0x1E00000002 != returnCode) {
        return returnCode;
    }
}
```

（2）在操作无人机进行基础飞行控制时，如果因出现问题需要终止程序，则务必通过 goto 关键字等方式跳转到飞行控制器的反初始化代码，以避免后续出现相应的问题。

2）无人机降落

M350 RTK、M300 RTK、M30/M30T、M3E/M3T 均支持降落保护功能，即当无人机检测到地面状况良好时直接降落，地面状况不适合降落时会悬停等待用户操作，当无法检测地面状况时会出现如图 5-8 所示的提示，由用户确认是否降落。

图 5-8 降落确认提示

不同无人机的降落确认高度是不同的。例如，M350 RTK、M300 RTK、M30/M30T 的确认高度是 0.7m，M3E/M3T 的确认高度是 0.5m：

```
// 降落
USER_LOG_INFO("降落");
returnCode = DjiFlightController_StartLanding();
…

// 暂停 10 秒
Osal_TaskSleepMs(10000);

// 确认降落
USER_LOG_INFO("确认降落");
returnCode = DjiFlightController_StartConfirmLanding();
…
```

慎用 DjiFlightController_StartConfirmLanding 确认降落函数，如非必要，建议由用户确认后再执行该函数。

3. 飞行参数

头文件 dji_flight_controller.h 定义了一系列 Get/Set 函数，用于设置或者获取避障能力、RTK 定位能力、返航点位置和高度、遥控器丢失动作等飞行参数，如表 5-4 所示。

表 5-4 无人机飞行参数的设置与获取

函　　数	描　　述
*_SetRCLostAction	设置遥控器丢失动作
*_GetRCLostAction	获取遥控器丢失动作
*_SetGoHomeAltitude	设置返航高度
*_GetGoHomeAltitude	获取返航高度
*_SetHomeLocationUsingGPSCoordinates	通过 GPS 坐标设置返航点
*_SetHomeLocationUsingCurrentAircraftLocation	将当前无人机位置设置为返航点
*_SetHorizontalVisualObstacleAvoidanceEnableStatus	设置水平视觉避障启用状态
*_GetHorizontalVisualObstacleAvoidanceEnableStatus	获取水平视觉避障启用状态
*_SetHorizontalRadarObstacleAvoidanceEnableStatus	设置水平雷达避障启用状态
*_GetHorizontalRadarObstacleAvoidanceEnableStatus	获取水平雷达避障启用状态
*_SetUpwardsVisualObstacleAvoidanceEnableStatus	设置上方视觉避障启用状态
*_GetUpwardsVisualObstacleAvoidanceEnableStatus	获取上方视觉避障启用状态
*_SetUpwardsRadarObstacleAvoidanceEnableStatus	设置上方雷达避障启用状态
*_GetUpwardsRadarObstacleAvoidanceEnableStatus	获取上方雷达避障启用状态
*_SetDownwardsVisualObstacleAvoidanceEnableStatus	设置下方视觉避障启用状态
*_GetDownwardsVisualObstacleAvoidanceEnableStatus	获取下方视觉避障启用状态
*_SetRtkPositionEnableStatus	设置 RTK 定位启用状态
*_GetRtkPositionEnableStatus	获取 RTK 定位启用状态

注意：使用时需要将*替换为 DjiFlightController。

注意：红外光雷达避障属于雷达避障的一种。

飞行参数的设置与无人机基础飞行控制类似，也需要在进行初始化飞行控制器后执行相应的操作。例如，设置返航高度为120m，获取返航高度并输出至控制台，代码如下：

```
// 初始化飞行控制器
...

// 设置返航高度
returnCode = DjiFlightController_SetGoHomeAltitude(120);
...
USER_LOG_INFO("返航高度设置成功: 120m");

// 暂停 1 秒
Osal_TaskSleepMs(1000);

// 返航高度
E_DjiFlightControllerGoHomeAltitude altitude;
// 获取返航高度
returnCode = DjiFlightController_GetGoHomeAltitude(&altitude);
```

```
…
USER_LOG_INFO("返航高度获取成功: %dm", altitude);
// 反初始化飞行控制器
…
```

编译并运行程序，结果输出如下：

```
[10.962][user]-[Info]-[TestControl_Start:57) 返航高度设置成功: 120m
[13.996][user]-[Info]-[TestControl_Start:69) 返航高度获取成功: 120m
```

飞行安全对飞行参数非常敏感，任何不当的设置均可导致非预期的结果。建议开发者在先请求用户同意后，再进行飞行参数设置操作。

5.3.2　Joystick 飞行控制

Joystick 飞行控制是独立于遥控器和 APP 的飞行控制方式，相当于 PSDK 设备内部的"虚拟飞行摇杆"。相对于飞行控制和参数设置等基础操作，通过 Joystick 飞行控制可以进行更加全面、更加复杂的飞行控制，通过对姿态角和油门的精准控制，可以实现绝大多数飞行路径需求。

与无人机的基础飞行控制和参数设置类似，Joystick 飞行控制需要先进行初始化飞行控制器后再进行操作，基本流程如图 5-9 所示。

下面分别介绍飞行控制权、Joystick 飞行控制权限的获取与释放、设置 Joystick 飞行控制模式、执行 Joystick 飞行控制动作等函数的基本用法。

1. 飞行控制权

飞行控制权可以被遥控器、MSDK、PSDK 或特殊内部模块持有，相对独立。当 PSDK 获取了 Joystick 飞行控制权后，遥控器、MSDK 将无法对无人机进行有效控制。枚举类型 E_DjiFlightControllerJoystickCtrlAuthority 定义了以下几种飞行控制权。

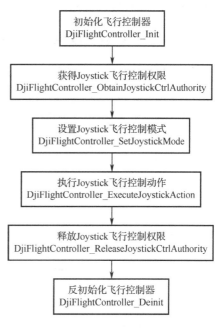

图 5-9　Joystick 飞行控制基本流程

- DJI_FLIGHT_CONTROLLER_JOYSTICK_CTRL_AUTHORITY_RC：遥控器持有飞行控制权。
- DJI_FLIGHT_CONTROLLER_JOYSTICK_CTRL_AUTHORITY_MSDK：MSDK 应用程序持有飞行控制权。
- DJI_FLIGHT_CONTROLLER_JOYSTICK_CTRL_AUTHORITY_INTERNAL：特殊内部模块（Special Internal Modules）持有飞行控制权。
- DJI_FLIGHT_CONTROLLER_JOYSTICK_CTRL_AUTHORITY_OSDK：PSDK/OSDK 持有飞行控制权。

通过 DjiFlightController_RegJoystickCtrlAuthorityEventCallback 函数即可订阅飞行控制权事件，用于监测飞行控制权变化。飞行控制权事件由 DjiFlightControllerJoystickCtrlAuthorityEventInfo 结构体定义，代码如下：

```
typedef struct {
    // 飞行控制权
    E_DjiFlightControllerJoystickCtrlAuthority
        curJoystickCtrlAuthority;
    // 飞行控制权切换事件
    E_DjiFlightControllerJoystickCtrlAuthoritySwitchEvent
        joystickCtrlAuthoritySwitchEvent;
} T_DjiFlightControllerJoystickCtrlAuthorityEventInfo;
```

当飞行控制权被切换后（如 PSDK 丢失了飞行控制权），开发者需要执行停止飞行操作、提示用户、执行返航等操作。

2．Joystick 飞行控制权限的获取与释放

Joystick 飞行控制权限的获取与释放需要成对使用，代码类似如下：

```
// 获取 Joystick 飞行控制权
USER_LOG_INFO("获取 Joystick 飞行控制权 ");
returnCode = DjiFlightController_ObtainJoystickCtrlAuthority();
…

// 执行 Joystick 操作
…

// 释放 Joystick 飞行控制权
USER_LOG_INFO("释放 Joystick 控制权 ");
returnCode = DjiFlightController_ReleaseJoystickCtrlAuthority();
…
```

需要注意的是，当无人机处于 P 定位模式（M300 RTK）或 N 普通挡（M350 RTK、M30/M30T、M3E、M3T）时，PSDK 才可以正常获取飞行控制权。

当 PSDK 获取飞行控制权以后，用户将无法使用遥控器摇杆控制无人机的飞行。此时，可以通过切换飞行模式(T-S-P)来抢夺 PSDK 的飞行控制权。飞行控制权被用户抢夺后,PSDK 需要再次申请 Joystick 飞行控制权才可以执行 Joystick 命令。

3．设置 Joystick 飞行控制模式

Joystick 飞行控制模式包括坐标系、稳定模式（无人机悬停模式）、水平控制模式、垂直控制模式和航向控制模式，各类模式的设置都是通过枚举类型定义的。下面分别介绍这些模式的含义。

（1）坐标系：由 E_DjiFlightControllerHorizontalCoordinate 枚举类型定义，包括大地坐标系和机体坐标系，如图 5-10 所示。

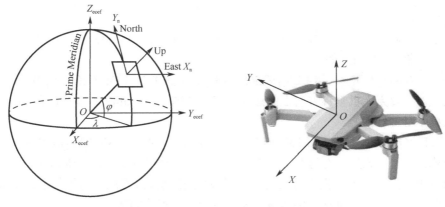

大地坐标系（North-East-Up，NEU）　　　机体坐标系（Front-Right-Up，FRU）

图 5-10　大地坐标系和机体坐标系

❑ DJI_FLIGHT_CONTROLLER_HORIZONTAL_GROUND_COORDINATE：大地坐标
系。在 PSDK 飞行控制中，使用北东天坐标系（North-East-Up，NEU），即以正北方
向为 X 轴、以正东方向为 Y 轴，Z 轴垂直于水平面向上。

❑ DJI_FLIGHT_CONTROLLER_HORIZONTAL_BODY_COORDINATE：机体坐标系。
在 PSDK 飞行控制中，使用前右上坐标系（Front-Right-Up，FRU），即以无人机的重
心为原点，以无人机的前向为 X 轴，前向的右侧为 Y 轴，Z 轴垂直于无人机重心所在
平面向上。

在选择不同的坐标系时，无人机运动的参考系是不同的。一般来说，当需要准确地将无
人机移动到某个地理位置时，大地坐标系更加常用。机体坐标系则与无人机姿态解算的联系
更加紧密，方便执行更加精准连续的控制操作。

（2）水平控制模式：由 E_DjiFlightControllerHorizontalControlMode 枚举类型定义，包括
位置控制、速度控制等。

❑ DJI_FLIGHT_CONTROLLER_HORIZONTAL_ANGLE_CONTROL_MODE：姿态角控
制模式。通过设置姿态角（横滚角、俯仰角）的方式控制无人机的水平运动，范围为
-35°～35°。显然，在静风时，姿态角越大，运动速度越快。

❑ DJI_FLIGHT_CONTROLLER_HORIZONTAL_VELOCITY_CONTROL_MODE：速度
控制模式。通过设置水平速度的方式控制无人机的运动，范围为-30～30m/s。

❑ DJI_FLIGHT_CONTROLLER_HORIZONTAL_POSITION_CONTROL_MODE：位置控
制模式。通过设置相对运动位置的方式控制无人机的运动，无范围限制。过大的相对
运动位置是无效的，因为每次 Joystick 指令都是短暂执行的。在该模式下，开发者需
要执行 Joystick 指令，并且需要不断修正相对运动位置来保证无人机运动的正确执行。

❑ DJI_FLIGHT_CONTROLLER_HORIZONTAL_ANGULAR_RATE_CONTROL_MODE：
角速度控制模式。通过设置无人机姿态角（横滚角、俯仰角）的角速度方式控制无人
机的水平运动，范围为-150°/s～150°/s。

以上的姿态角、姿态角速度和速度范围是 API 的限制范围，具体的范围还限制无人机本
身的性能。比如，无人机最大速度支持 15m/s，即使设定速度为 30m/s，实际飞行速度也不会

超过 15m/s。

（3）垂直控制模式：由 E_DjiFlightControllerVerticalControlMode 枚举类型定义，包括速度控制、位置控制和油门控制。

- DJI_FLIGHT_CONTROLLER_VERTICAL_VELOCITY_CONTROL_MODE：速度控制模式。设置无人机垂直方向上的运动速度，范围为-5~5m/s（具体的范围还受制于无人机本身的性能）。

- DJI_FLIGHT_CONTROLLER_VERTICAL_POSITION_CONTROL_MODE：位置控制模式。设置无人机相对返航点（起飞位置）的垂直位置偏移，范围为 0~120m（具体的范围还限制于无人机本身的性能）。与水平控制模式不同，这里的位置偏移并不是相对于无人机当前位置的偏移量，是相对于返航点的偏移量。

- DJI_FLIGHT_CONTROLLER_VERTICAL_THRUST_CONTROL_MODE：油门控制模式。设置无人机的油门大小，范围为 0~100%。

虽然无人机只能在 N 挡或 P 定位模式下使用 Joystick 模式，但是如果当前没有定位信息，则无人机可能无法准确控制位置和速度。此时推荐使用油门控制模式（垂直控制模式）和姿态角控制模式（水平控制模式）。油门控制模式本身并不是对应于飞机的固有状态，如 50%油门并一定会使无人机悬停，而是与无人机周围环境（风速、气压）以及无人机负载情况有关。当开发者选择油门控制无人机垂直运动时，需要引用诸如 PID 等方式的闭环控制手段，以保证无人机的准确悬停和正确运动。

（4）航向控制模式：由 E_DjiFlightControllerYawControlMode 枚举类型定义，包括角度控制模式和角速度控制模式。

- DJI_FLIGHT_CONTROLLER_YAW_ANGLE_CONTROL_MODE：角度控制模式。在该模式下可以设置无人机的航向角，范围为-180°~180°。

- DJI_FLIGHT_CONTROLLER_YAW_ANGLE_RATE_CONTROL_MODE：角速度控制模式。在该模式下可以设置无人机的航向角速度，范围为-150°/s~150°/s（具体的范围还受制于无人机本身的性能）。

（5）稳定模式：由 E_DjiFlightControllerStableControlMode 枚举类型定义，包括以下两个枚举值。

- DJI_FLIGHT_CONTROLLER_STABLE_CONTROL_MODE_ENABLE：开启稳定模式。
- DJI_FLIGHT_CONTROLLER_STABLE_CONTROL_MODE_DISABLE：关闭稳定模式。

当开启稳定模式时，无人机可以根据 GNSS 定位信息悬停在当前位置；当关闭稳定模式时，无人机会随风飘动，相当于 M300 RTK 的姿态模式。

通过 DjiFlightController_SetJoystickMode 函数即可同时设置这些 Joystick 控制模式。例如，设置水平控制模式和垂直控制模式为位置控制，航向控制模式为角度控制，坐标系为大地坐标系并开启稳定模式，代码如下：

```
// 定义 Joystick 模式
T_DjiFlightControllerJoystickMode joystickMode = {
    // 水平控制模式：位置控制
    DJI_FLIGHT_CONTROLLER_HORIZONTAL_POSITION_CONTROL_MODE,
    // 垂直控制模式：位置控制
```

```
    DJI_FLIGHT_CONTROLLER_VERTICAL_POSITION_CONTROL_MODE,
    // 航向控制模式：角度控制
    DJI_FLIGHT_CONTROLLER_YAW_ANGLE_CONTROL_MODE,
     // 坐标系：大地坐标系
    DJI_FLIGHT_CONTROLLER_HORIZONTAL_GROUND_COORDINATE,
     // 稳定模式：开启
    DJI_FLIGHT_CONTROLLER_STABLE_CONTROL_MODE_ENABLE,
};
// 设置 Joystick 模式
DjiFlightController_SetJoystickMode(joystickMode);
```

4. 执行 Joystick 动作等函数

通过 DjiFlightController_ExecuteJoystickAction 函数即可执行 Joystick 动作，参数为 T_DjiFlightControllerJoystickCommand 结构体，定义如下：

```
typedef struct {
    dji_f32_t x;     // x 方向水平控制值（角度、角速度、速度、相对位置等）
    dji_f32_t y;     // y 方向水平控制值（角度、角速度、速度、相对位置等）
    dji_f32_t z;     // z 方向垂直控制值（速度、相对位置、油门等）
    dji_f32_t yaw;   // 航向角控制值（角度、角速度等）
} T_DjiFlightControllerJoystickCommand;
```

比如，在 Joystick 控制模式下，定义 Joystick 指令同时向北、向东运动 20m，在垂直方向上运动到相对返航点高度 20m，并保持航向 45°，代码如下：

```
T_DjiFlightControllerJoystickCommand joystickCommand = {20, 20, 20, 45};
```

随后，需要通过 while 等循环持续发送 Joystick 动作。当 Joystick 动作不再发送时，飞行器将立即停止运动，并悬停在当前位置。这是为了避免 PSDK 负载故障而发生安全事故。建议开发者使用 50Hz 的频率发送指令。过高的频率没有任何必要，占用过多系统资源。如果频率较低（如 2Hz），则可能会出现无人机移动顿挫。

例如，将上述 joystickCommand 以 50Hz 的频率执行 1000 个周期，代码如下：

```
for (int i = 0; i <= 1000; i++) {
    // 执行 Joystick 指令
    DjiFlightController_ExecuteJoystickAction(joystickCommand);
    // 休眠 20ms
    Osal_TaskSleepMs(20);
}
```

执行上述代码后，无人机会保持 45°航向向东北水平运动，并逐渐升高 20m，持续 20s 左右，如图 5-11 所示。

Joystick 飞行控制是非常底层的控制方式。开发者可以通过 Joystick 的方式设计非常复杂且实用的飞行逻辑，当解锁电机后，通过 Joystick 可以模拟无人机的起飞、降落等基本任务，也可以模拟更为复杂的航点任务，甚至在拍摄领域还可以设计灵活多变的拍摄角度。不过，代价是 Joystick 控制方式非常复杂，可能需要较多的代码保证飞行程序的稳健性和易用性。下一节将介绍官方 PSDK 样例应用程序中的飞行控制样例，简单分析代码结构，帮助开发者在样例的基础上扩展飞行控制功能。

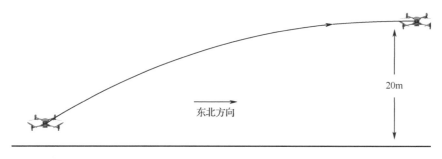

东北方向

20m

图 5-11　Joystick 运动控制

5.3.3　样例程序简介

PSDK 中提供了飞行控制的样例程序，由 test.flight.control.h 和 test_flight_control.c 实现，包括起飞与降落、位置控制和降落、返航强制降落、速度控制和降落、阻飞、飞行参数的设置与获取等。这些样例所涉及的函数以及基本功能如表 5-5 所示。

表 5-5　飞行控制样例程序

样　　例	函　　数	描　　述
起飞与降落	*TakeOffLandingSample	无人机的起飞与降落
位置控制和降落	*PositionControlSample	通过位置控制的方式操作无人机的空间移动
返航强制降落	*GoHomeForceLandingSample	设置新的返航点和返航高度，实现无人机返航和强制降落
速度控制和降落	*VelocityControlSample	通过速度控制的方式操作无人机的空间移动
阻飞	*ArrestFlyingSample	阻止无人机起飞
飞行参数的设置与获取	*SetGetParamSample	设置和获取无人机的避障能力、失控动作、返航高度等参数

注意：使用时需要将*替换为 DjiTest_FlightControl。

除了飞行参数的设置与获取样例，其余样例均建议在模拟器中进行调试运行。阻飞样例仅使无人机电机转动，不会使无人机位移。起飞与降落、位置控制和降落、返航强制降落、速度控制和降落样例的运动路径大致如图 5-12 所示。

下面将介绍如何在 PSDK 中运行这些样例，并介绍其中关键实现代码。

1．运行样例

在 test.flight.control.h 头文件中，定义了 E_DjiTestFlightCtrlSampleSelect 样例选择枚举类型，代码如下：

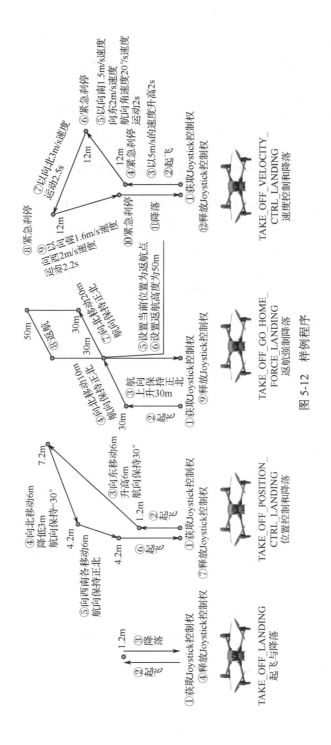

图 5-12　样例程序

```
typedef enum {
    // 起飞与降落
    E_DJI_TEST_FLIGHT_CTRL_SAMPLE_SELECT_TAKE_OFF_LANDING,
    // 位置控制和降落
    E_DJI_TEST_FLIGHT_CTRL_SAMPLE_SELECT_TAKE_OFF_POSITION_CTRL_LANDING,
    // 返航强制降落
    E_DJI_TEST_FLIGHT_CTRL_SAMPLE_SELECT_TAKE_OFF_GO_HOME_FORCE_LANDING,
    // 速度控制和降落
    E_DJI_TEST_FLIGHT_CTRL_SAMPLE_SELECT_TAKE_OFF_VELOCITY_CTRL_LANDING,
    // 阻飞
    E_DJI_TEST_FLIGHT_CTRL_SAMPLE_SELECT_ARREST_FLYING,
    // 飞行参数的设置与获取
    E_DJI_TEST_FLIGHT_CTRL_SAMPLE_SELECT_SET_GET_PARAM,
} E_DjiTestFlightCtrlSampleSelect;
```

可以将这些枚举值作为参数调用 DjiTest_FlightControlRunSample 函数即可执行相应的样例。例如，在 main.c 中执行起飞与降落样例，代码如下：

```
returnCode = DjiTest_FlightControlRunSample(
            E_DJI_TEST_FLIGHT_CTRL_SAMPLE_SELECT_TAKE_OFF_LANDING);
if (returnCode != DJI_ERROR_SYSTEM_MODULE_CODE_SUCCESS) {
    USER_LOG_ERROR("error code:0x%08X", returnCode);
}
```

在虚拟机中执行该程序时，即可完成相应的样例程序。

DjiTest_FlightControlRunSample 函数的结构比较简单，代码量较大，下面总结了一下该函数的基本结构，如图 5-13 所示。

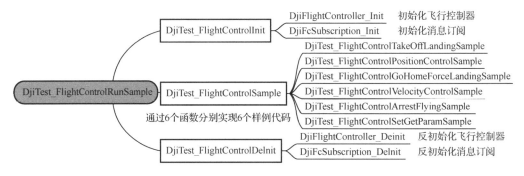

图 5-13　DjiTest_FlightControlRunSample 函数结构

读者可以尝试阅读这部分代码。下面介绍一些关键函数的实现。

2. 跟踪起飞与降落

在样例程序中，设计了跟踪起飞与降落函数，将基本飞行控制中的起飞与降落以及相关消息订阅和判断进行了封装，使程序更加稳健和安全：

❑ bool DjiTest_FlightControlMonitoredTakeoff(void)：跟踪起飞。

❑ bool DjiTest_FlightControlMonitoredLanding(void)：跟踪降落。

让我们先了解一下跟踪起飞函数的基本结构，代码如下：

```
bool DjiTest_FlightControlMonitoredTakeoff(void)
{
    ...
    // 开始起飞
    djiStat = DjiFlightController_StartTakeoff();
    ...

    // 检查电机是否转动
    if (!DjiTest_FlightControlMotorStartedCheck()) {
        return false;
    }

    // 判断无人机是否已经在空中
    if (!DjiTest_FlightControlTakeOffInAirCheck()) {
        return false;
    }
    // 判断无人机是否完成自动起飞
    if (!takeoffFinishedCheck()) {
        return false;
    }

    return true;
}
```

在跟踪起飞函数中，除了调用 DjiFlightController_StartTakeoff 函数实现起飞，还不断检查电机启动和无人机的起飞情况。这些检查都是通过订阅飞行状态（FlightStatus）和显示模式（DisplayMode）进行判断的。比如，对于检查电机启动状态函数 DjiTest_FlightControlMotor-StartedCheck 来说，定义如下：

```
bool DjiTest_FlightControlMotorStartedCheck(void)
{
    int motorsNotStarted = 0;
    int timeoutCycles = 20;

    while (DjiTest_FlightControlGetValueOfFlightStatus() != DJI_FC_SUBSCRIPTION_
FLIGHT_STATUS_ON_GROUND &&
        DjiTest_FlightControlGetValueOfDisplayMode() != DJI_FC_SUBSCRIPTION_
DISPLAY_MODE_ENGINE_START &&
        motorsNotStarted < timeoutCycles) {
        motorsNotStarted++;
        s_osalHandler->TaskSleepMs(100);
    }
    return motorsNotStarted != timeoutCycles ? true : false;
}
```

该函数通过 while 循环判断在一定时间内飞行是否处于地面，并且显示模式是否为电机启动。类似地，通过这种方式还可以判断无人机是否正常起飞并且悬停在起飞点上空，从而对整个起飞过程进行监控和跟踪。

3. 位置控制与速度控制

位置控制和降落、返航强制降落、速度控制和降落等样例涉及无人机的空间移动，并且封装了位置控制移动和速度控制移动两类函数。

1）位置控制移动

位置控制移动的关键函数如下：

```
static bool DjiTest_FlightControlMoveByPositionOffset(
        T_DjiTestFlightControlVector3f offsetDesired,      // 相对位移位置
        float yawDesiredInDeg,                             // 航向
        float posThresholdInM,                             // 移动距离阈值
        float yawThresholdInDeg);                          // 航向阈值
{
    // 运行时间
    int elapsedTimeInMs = 0;
    // 最大运行时间（超时时间）：20 秒
    int timeoutInMilSec = 20000;

    // 执行 Joystick 指令周期
    int controlFreqInHz = 50;  // Hz
    // 每次循环的休眠时间(周期时间)
    int cycleTimeInMs = 1000 / controlFreqInHz;

    // 处于目标范围后又离开该范围的等候时间（10 个周期）
    int outOfControlBoundsTimeLimit = 10 * cycleTimeInMs;
    // 处于目标位置范围内的等候周期（100 个周期）
    int withinControlBoundsTimeReqmt = 100 * cycleTimeInMs;
    // 处于目标范围内时间
    int withinBoundsCounter = 0;
    // 处于目标范围后又离开该范围的时间
    int outOfBounds = 0;
    int brakeCounter = 0;
    int speedFactor = 2;

    // 原始位置
    T_DjiFcSubscriptionPositionFused originGPSPosition =
            DjiTest_FlightControlGetValueOfPositionFused();
    // 获取相对位置高度；joystickCommand 中 z 轴方向的位置是相对于起飞点高度的绝对高度
    // originHeightBaseHomePoint 为当前相对返航点的相对高度
    dji_f32_t originHeightBaseHomePoint =
            DjiTest_FlightControlGetValueOfRelativeHeight();
    if (originHeightBaseHomePoint == -1) {
```

```
        USER_LOG_ERROR("Relative height is invalid!");
        return false;
}


...


// 判断是否超时，执行 Joystick 指令
while (elapsedTimeInMs < timeoutInMilSec) {
    // 获取当前位置
    T_DjiFcSubscriptionPositionFused currentGPSPosition =
                DjiTest_FlightControlGetValueOfPositionFused();
    // 获取当前的四元数
    T_DjiFcSubscriptionQuaternion currentQuaternion =
                DjiTest_FlightControlGetValueOfQuaternion();
    // 获取相对位置高度
    dji_f32_t currentHeight =
                DjiTest_FlightControlGetValueOfRelativeHeight();
    if (originHeightBaseHomePoint == -1) {
        USER_LOG_ERROR("Relative height is invalid!");
        return false;
    }
    // 四元数转欧拉角（姿态角）
    // 这里获取当前的航向角
    float yawInRad =
DjiTest_FlightControlQuaternionToEulerAngle(currentQuaternion).z;

    T_DjiTestFlightControlVector3f localOffset =
DjiTest_FlightControlLocalOffsetFromGpsAndFusedHeightOffset(
                    currentGPSPosition,          // 当前位置
                    originGPSPosition,           // 起始位置
                    currentHeight,               // 当前高度
                    originHeightBaseHomePoint);  // 起始高度
    //! get the vector between aircraft and target point.
    // 还有多少需要移动的差距
    T_DjiTestFlightControlVector3f offsetRemaining =
            DjiTest_FlightControlVector3FSub(offsetDesired, localOffset);

    T_DjiTestFlightControlVector3f positionCommand = offsetRemaining;
    // 限制水平相对位置
    DjiTest_FlightControlHorizCommandLimit(speedFactor,
&positionCommand.x, &positionCommand.y);
    // 执行命令
    T_DjiFlightControllerJoystickCommand joystickCommand =
                {positionCommand.x, positionCommand.y,
                offsetDesired.z + originHeightBaseHomePoint,
                yawDesiredInDeg};
```

```
    DjiFlightController_ExecuteJoystickAction(joystickCommand);
    // 求得向量范数，也就是空间距离
    if (DjiTest_FlightControlVectorNorm(offsetRemaining)
                    < posThresholdInM &&
        fabs(yawInRad / s_degToRad - yawDesiredInDeg)
                    < yawThresholdInDeg) {
        // 在目标位置的界限之内
        withinBoundsCounter += cycleTimeInMs;
    } else {
        // 在目标位置的界限之外，并且之前已经进入目标界限之内
        if (withinBoundsCounter != 0) {
            outOfBounds += cycleTimeInMs;
        }
    }
    // 如果在目标位置的界限之外超过了 10 个周期（0.2 秒），那么重置两个计数器
    if (outOfBounds > outOfControlBoundsTimeLimit) {
        withinBoundsCounter = 0;
        outOfBounds = 0;
    }
    // 在目标位置界限之内超过了 100 个周期（2 秒），那么认为已经到达了位置
    if (withinBoundsCounter >= withinControlBoundsTimeReqmt) {
        break;
    }
    // 休眠 1 个周期时间（20ms）
    s_osalHandler->TaskSleepMs(cycleTimeInMs);
    elapsedTimcInMs += cycleTimeInMs;
}

// 等候 1 个 withinControlBoundsTimeReqmt 周期（2 秒），确认位置到达
while (brakeCounter < withinControlBoundsTimeReqmt) {
    s_osalHandler->TaskSleepMs(cycleTimeInMs);
    brakeCounter += cycleTimeInMs;
}

// 超时退出
if (elapsedTimeInMs >= timeoutInMilSec) {
    USER_LOG_ERROR("Task timeout!");
    return false;
}

return true;
}
```

在上述代码中，定义了超时时间为 20s，并通过 while 循环不断执行 Joystick 指令使飞机朝向目标位置移动，依次实现了以下几个功能。

（1）判断当前的位置和当前的高度，并计算与目标位置的高度差异，形成 positionCommand

变量。为了能够实现稳定平滑的飞行速度，如果水平移动方向需要移动的距离过大，那么可通过 DjiTest_FlightControlHorizCommandLimit 将其固定在移动范围内。当 speedFactor 参数为 2 时，最大的差距距离绝对值将不大于 2。

（2）通过 DjiFlightController_ExecuteJoystickAction 函数执行 Joystick 指令。

（3）判断无人机是否处于位移的目标范围内。由于无人机会经常受到环境（较大的侧风等）的影响，难以准确地移动到特定的位置，但会控制在这个位置的一定范围内。posThresholdInM 参数和 yawThresholdInDeg 参数分别定义了能够偏移目标位置的阈值。如果无人机偏离了目标位置，没有超过这个阈值，就认定无人机已经达到了目标位置，为程序设计一定的容差。

（4）当无人机处于位移的目标范围内一定时间后，才可认定无人机到达目标位置。在程序中定义了处于目标位置范围内的等候周期 withinControlBoundsTimeReqmt（100 个 Joystick 命令周期，2s）和处于目标范围后又离开该范围的等候时间 outOfControlBoundsTimeLimit（10 个 Joystick 命令周期，0.2s）。只有当无人机处于目标位置处于 2s 以后，才认为无人机到达了目标位置，以避免无人机飞得太快越过目标位置。在无人机处于目标位置后，如果又离开了目标位置超过 0.2s，那么将重置等候时间，调整无人机位置。

以上这些做法虽可能较为烦琐，但通过闭环控制手段大大提高了无人机位移的稳定性能，使无人机平滑、顺畅、准确地移动到目标位置。例如，将无人机保持 30° 航向同时向东移动 6m，向上移动 6m，到达位置后，位置容差为 0.8m，航向容差为 1°，代码如下：

```
DjiTest_FlightControlMoveByPositionOffset(
    (T_DjiTestFlightControlVector3f) {0, 6, 6}, 30, 0.8, 1)
```

在位置控制和降落、返航强制降落样例中运用了该函数移动无人机，读者可以查看相应的代码。

2）速度控制移动

速度控制移动函数 DjiTest_FlightControlVelocityAndYawRateCtrl 相对简单，代码如下：

```
void DjiTest_FlightControlVelocityAndYawRateCtrl(
    const T_DjiTestFlightControlVector3f offsetDesired,   // 位移速度
    float yawRate,                                        // 航向角速度
    uint32_t timeMs)                                      // 位移时间
{
    // 初始时间
    uint32_t originTime = 0;
    // 当前时间
    uint32_t currentTime = 0;
    // 累计运行时间
    uint32_t elapsedTimeInMs = 0;
    …
    // 定义 Joystick 命令
    T_DjiFlightControllerJoystickCommand joystickCommand =
        {offsetDesired.x, offsetDesired.y, offsetDesired.z,
            yawRate};
```

```
    // 当累计运行时间小于位移时间时执行 Joystick 命令
    while (elapsedTimeInMs <= timeMs) {
        DjiFlightController_ExecuteJoystickAction(joystickCommand);
        s_osalHandler->TaskSleepMs(2);
        // 计算累计运行时间
        s_osalHandler->GetTimeMs(&currentTime);
        elapsedTimeInMs = currentTime - originTime;
    }
}
```

例如，将无人机以 5m/s 的速度升高 2s，代码如下：

```
DjiTest_FlightControlVelocityAndYawRateCtrl(
        (T_DjiTestFlightControlVector3f) {0, 0, 5.0}, 0, 2000);
```

速度控制移动函数 DjiTest_FlightControlVelocityAndYawRateCtrl 很难准确地使无人机移动到固定位置。在上面的例子中，无人机以 5m/s 的速度升高 2s 后，虽在理论上将无人机升高 10m，但是事实上，由于无人机需要加速和减速的时间，实际的上升高度可能超过 10m 或小于 10m。因此，速度控制移动函数 DjiTest_FlightControlVelocityAndYawRateCtrl 通常在位置要求准确性较小、对速度要求较高的场景下使用，如影视拍摄、喷洒农药等；位置控制移动函数 DjiTest_FlightControlMoveByPositionOffset 通常在航测、巡检等对位置准确性要求较高的场景下使用。

5.4 本章小结

本章介绍了如何运行 PSDK 样例并设计 PSDK 应用模板，实现无人机的信息获取和消息订阅，实时监测并跟踪无人机的各项参数和状态，后通过基本飞行控制函数以及 Joystick 的方式对无人机的位置和速度进行控制，使无人机具有基本飞行能力。

通过本章的学习，读者可以全面掌握无人机的飞行控制和状态监测，实现更加复杂的飞行轨迹。下一章将介绍如何控制无人机的基本负载，即无人机的"眼睛"：云台和相机。

5.5 习题

1. 运行 PSDK 飞行样例，阅读样例代码。
2. 在控制台输出无人机的实时飞行速度。
3. 通过基本飞行控制函数实现无人机的起飞与降落。
4. 通过 Joystick 飞行控制使无人机飞出三角形、五角星形的飞行轨迹。

第 6 章 云台相机与视频流

相机是无人机的重要负载，几乎每台无人机上都能见到相机的身影。从广义上看，FPV 相机、云台相机和视觉避障相机都可以当作无人机的相机，只不过用途不相同。FPV 相机通常固定在机身上，与无人机姿态保持一致，可以作为飞行辅助功能 PFD 的图传数据源，用于感知无人机姿态和观察周围环境。因此，FPV 相机一般不需要较高的分辨率，需要更强的实时性能和夜视能力。M350 RTK、M300 RTK 和 M30/M30T 都具有强大的 FPV 相机。

对于较小的 M3E/M3T 无人机，云台相机可以充当 FPV 相机使用。云台相机有云台增稳功能，规格更高，多用于数据采集。M30/M30T 和 M3E/M3T 无人机自带了集成度很高的云台相机，可以用于航空测量、电力巡检、搜索巡查等。当然，虽然 M350 RTK 和 M300 RTK 飞行平台没有自带的云台相机，但是可以安装多个 H20、H20T 以及 H20N 等云台相机用于行业应用。视觉避障相机通常成对出现在无人机的一侧，以双目视觉算法的方式判断障碍物的具体位置，实现避障和定位的功能。

一个无人机上可以有多少相机呢？以 M30T 无人机为例，在前方设置了 1 个 FPV 相机，其上、下、左、右、前、后分别布局了 1 对（共 12 个）视觉避障相机，在云台相机上集成了 1 个广角相机、1 个光学变焦相机和 1 个热成像相机，共有 16 个不同的相机。可见相机设备对于无人机是十分重要的。

本章将首先介绍图传视频流的获取和处理方法，以直观的方式了解相机的用途；然后分别介绍云台和相机的控制方法，核心知识点如下。

- ❑ 图传视频流；
- ❑ 感知灰度图视频流；
- ❑ 相机参数设置和相机控制；
- ❑ 媒体文件管理；
- ❑ 云台控制。

6.1 视频流的显示和处理

视频流（Video Stream）是无人机图传（图像传输）的主要方式。与互联网、广播电视等图传方案不同，无人机图传的实时性需求很高，传输带宽可能经常随环境和干扰情况发生变化，需要选择一种可动态调整码率的视频流方案。H.264 视频编解码算法因具有极强的兼容性、灵活性而被广泛应用。在无人机图传中，H.264 算法也被赋予重任。

随着人工智能的发展和演进，视频流的实时分析已经是比较成熟的技术了。大疆早期还推出过专门用于视频应用的 Guidance SDK，目前开发者可以直接利用 PSDK 实现视频处理，灵活性和扩展性更强。

本节将介绍 H.264 的基本概念，以及通过 PSDK 获取、显示和处理 H.264 视频流与感知灰度图视频流的基本方法。事实上，对于安装在 DGC 2.0 接口上的负载，通过 PSDK 还可以实现数据流的推送，相关 API 可以在官方文档和 dji_payload_camera.h 中查询学习，后文不再详细介绍。

6.1.1 H.264 编解码

H.264（H.264/AVC）是一种数字视频压缩技术，也是 MPEG-4 标准的一部分。为了节约 OcuSync 带宽和视频文件的存储空间，需要通过 H.264 对原始视频数据（RAW）进行编码（Code）。编码后的 H.264 码流可以很高效地被存储在硬盘中，或者在互联网上传播。当需要播放或处理视频数据时，通过 H.264 算法对码流进行解码（Decode）。H.264 技术的应用非常广泛，常见的 MKV、FLV、MP4、MOV、AVI、TS 等视频封装格式均支持 H.264 的视频编解码方案，特点如下。

- ❏ 编码质量高：H.264 采用帧内压缩和帧间压缩相结合的方式压缩视频，具有很高的编码效率，压缩能力强。与 MPEG-2、MPEG-4 ASP 等编码技术相比，在同等带宽下，H.264 能够更加准确、清晰地表达运动和图像细节，编码质量更高。另外，H.264 既可以做到无损编码，也可以做到高质量的有损编码，适应不同的码率要求。
- ❏ 容错能力强：视频流在网络传递过程中，经常会出现因网络不稳定而导致丢包的情况。H.264 提供了相应的容错工具，以便于在丢包的情况下仍然能够显示较为完整的视频流。
- ❏ 兼容能力强：H.264 不仅能够在 Internet、GPRS、WCDMA 以及 Lightbridge、OcuSync 图传链路等多种网络环境中应用，在绝大多数的设备和客户端也都能够实现 H.264 的编解码。

注意：除 H.264 外，视频编解码算法还有后起之秀的 H.265（HEVC），以及 Google 的 VP8、VP9、AV1 等编解码技术。相比之下，这些编解码技术虽然可能比 H.264 具有更好的性能，或者具有更高的压缩效率，但流行程度和兼容性均不敌 H.264。另外，压缩效率更高的算法就意味着编解码的计算量也越高，需要更强性能的硬件支持。

下面将详细介绍 H.264 编解码的基本过程。

1. 帧和帧率

视频由按照一定顺序排列的图像组成。每 1 幅图像称为 1 帧。这些图像是按照一定频率显示出来的。视频中每秒帧的数量被称为帧率，单位为 fps（frame per second）。一般来说，视频的帧率要达到 30fps 左右才算基本流畅。

注意：帧率和码率是不同的概念。码率（Bitrate）是指在单位时间内播放视频时的数据位，单位为 Mbps 或 kbps。对于同一个视频来说，压缩率越高，码率越小。

试想一下，如果视频不经过 H.264 等技术压缩，那么这些图像将会占据大量的空间。以 30fpv 的 1080p 视频为例，当以 RGB 色彩空间编码时，1 秒的数据量将有 1920×1080×3×30 个字节，大约为 186.6MB。相信绝大多数用户都难以承受如此之大的数据量。相同规格的视频，在 YUV420 色彩空间用 H.264 算法编码后，可以将编码大小降低到 1MB 甚至更低。

注意：H.264 通常在 YUV420 色彩空间表达图像信息。YUV 包括亮度分量（Y）、蓝色投影分量（U）和红色投影分量（V），UV 分量也被统称为色度分量。由于人眼对亮度信息的敏感程度大于色度，因此可以将色度信息（UV）以更小分辨率的方式存储和传输，减少色度分量的采样，压缩图像和视频的数据量。在 YUV420 色彩空间中，4 个亮度分量共用 1 个色度分量。

H.264 采用帧内压缩和帧间压缩相结合的方式压缩视频。下面分别介绍这两种压缩手段以及 I 帧、P 帧和 B 帧的概念。

2．帧内压缩

在 H.264 中，采用帧内压缩的帧被称为 I 帧（Intra-frame），即帧内编码帧。由于帧内压缩只考虑当前帧，不考虑与前后帧的关系，因此也被称为空间压缩（Spatial Compression）。I 帧包含一个完整的画面，通常采用 JPEG 编码形式，可以独立解码。对于前后其他帧来说，I 帧作为关键帧用于提供完整的画面信息。正因为如此，I 帧本身的压缩率比较有限。

3．帧间压缩

在许多情况下，视频中的许多地方没有变化或者变化不大，或者物体出现了平移、旋转等方式的运动，使相邻帧之间存在一定关联。帧间（Inter-frame）压缩就是充分利用相邻帧之间的相似性，记录帧和帧之间差异的压缩方式。因此，帧间压缩也被称为时间压缩（Temporal Compression）。在 H.264 标准中，采用帧间压缩的帧包括 P 帧和 B 帧。

P 帧即为前向预测编码帧（Predictive-frame）。在记录数据方面，P 帧只考虑与之前的 I 帧或 P 帧之间的差别，被称为差别帧。

B 帧即为双向预测内插编码帧（Bi-directional interpolated prediction frame）。B 帧不仅考虑与之前一帧（I 帧或 P 帧）的差别，还会分析与后方 P 帧的关系，被称为双向差别帧。相对来说，B 帧的压缩率高，编解码压力更大。

I 帧、P 帧和 B 帧是 H.264 和 H.265 独有的设计。在实际的 H.264 视频流中，这些不同类型的帧以某种规律相间排布，如图 6-1 所示。

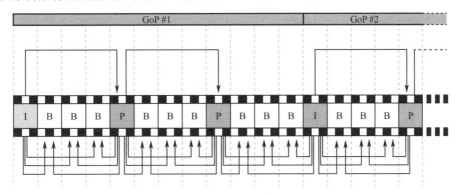

图 6-1　H.264 帧排布

不同类型的帧的解码顺序和播放顺序不一致。比如，由于 B 帧需要依赖前后双向的 I 帧或 P 帧，所以 B 帧后的 I 帧或 P 帧要先于 B 帧解码。在 H.264 中，分别用 DTS 和 PTS 指示解码时间和播放时间。

- ❑ DTS（Decoding Timestamp）：解码时间戳，用于标识解码帧的时间。
- ❑ PTS（Presentation Timestamp）：显示时间戳，用于标识显示帧的时间。

可以发现，由于 I 帧具有完整的图像信息，因此在一段视频中起到了引领的作用。由 I 帧引领的这一段视频被称为 1 个画面组（Group of Picture，GoP）。

4．画面组

画面组也称为视频序列，是指两个 I 帧之间的帧序列。GoP 包括 M 和 N 两个参数。其中，M 是指 I 帧和 P 帧之间的距离，N 表示两个 I 帧的距离。比如，当 M 为 4 且 N 为 12 时，一个 GoP 的结构为 IBBBPBBBPBBB。

注意：在某些情况下，一个 GoP 中也可能存在多个 I 帧，此时这个定义就不成立了。这种情况很少，本书忽略了这种情况。

GoP 之间是相对独立的。一个 GoP 信息的丢包并不会影响其他 GoP。GoP 的 I 帧画面的完整性起到了很大的作用。GoP 的首个 I 帧也被称为即时解码刷新（Instantaneous Decoding Refresh，IDR），可以将画面重置刷新。在 GoP 内部，I 帧的损坏将会导致 GoP 所有的画面错误；P 帧是参考帧，可能造成错误的扩散；B 帧是非参考帧，不会造成错误的扩散。

在 OcuSync 图传中传递视频流时，如果用户切换了图传类型，或者改变了图像采集设备，那么就需要重启 GoP，获得一个 IDR 后才进行 B 帧和 P 帧传输。例如，当用户从 FPV 摄像头的视频流切换到热红外成像仪的视频流时，会立即需要一个 IDR 刷新视频图像信息。

5．原始码流

H.264 的算法分为两个部分，分别是视频编码层（Video Coding Layer，VCL）和网络抽象层（Network Abstraction Layer，NAL）。VCL 的主要作用是对视频进行压缩编码，也就是上文所介绍的主要内容。NAL 是将编码后的数据打包为 SODB（String Of Data Bits），以便在各种网络或图传链路上以各种协议传输，最小单元为网络抽象层单元（Network Abstraction Layer Unit，NALU）。H.264 原始码流（裸流）就是由一系列的 NALU 组成。下面将介绍 H.264 编码 NALU 的基本过程。

1）视频编码层（VCL）

在编码视频时，需要将一帧的数据分解成不同的单元。具体来说，一帧图像将被分成若干片（Slice），每一片分解成若干个宏块（Macro Block，MB），宏块被分解成子块。

注意：序列、帧、片、宏块和子块也称为句法元素的 5 个基本单元。

一帧图像由 1 个或者多个片（Slice）组成。每一片都会被 NAL 打包为 NALU。也就是说，NALU 并不包含 1 个完整的帧数据，而是一片数据。

宏块是基本的编码单元，是描述图像特征的基本组成。宏块由 1 个 16×16 的亮度像素（Y分量）和 2 个 8×8 的色度像素（UV 分量）组成。宏块的大小和图像与具体内容相关。如果图像出现了亮度和色彩相对均质的区域，就可以将这块区域设定为一个宏块，如图 6-2 所示。

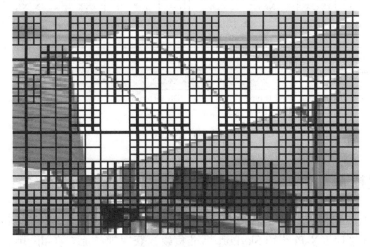

图 6-2　宏块的划分

反之，如果图像内容细节丰富，那么就只能选择相对较小的区域作为宏块。如果分块以及宏块类型的选择不合理，图像就会出现明显的"块现象"，即块和块之间的差异明显，出现类似"马赛克"的情况。与帧的分类类似，宏块分为 I 宏块（帧内预测宏块）、P 宏块（帧间预测宏块）和 B 宏块（帧间双向预测宏块）。其中，I 帧只能由 I 宏块组成；P 帧可以由 I 宏块和 P 宏块组成，B 帧可以由 I 宏块、P 宏块和 B 宏块组成。

注意：MediaInfo 等软件可以用于分析视频参数，Elecard StreamEye 等软件可以用于逐帧分析视频的宏块划分情况。

2）网络抽象层（NAL）

NAL 是将每一个帧（包括 I 帧、P 帧和 B 帧）打包成 RBSP（Raw Byte Sequence Payload），写入 NALU 中。网络包的最大传输单元容量是 1500 个字节，H.264 的帧很有可能高出网络包的大小，因此通常将 1 个片打包在 1 个 NALU 中，多个 UALU 才可以组成 1 个完整的帧。

NALU 分为 NALU 头和 NALU 体。NALU 头是 0x00 00 00 01 或 0x00 00 00 01 标识。NALU 体包括 PPS、SPS 以及包含 RBSP 数据的 VCL 等多种类型。

- 序列参数集（Sequence Parameter Set，SPS）：包含视频流的全局参数，如视频的画质（Profile）、压缩等级（Level）和视频的分辨率等信息。
- 图像参数集（Picture Parameter Set，PPS）：包含针对图像序列的参数，如片的属性等信息。
- 补充增强信息（Supplemental Enhancement Information，SEI）：SEI 是可选的。

通常，在传输视频流之前需要先传输 PPS、SPS、SEI 等包含相关参数信息的 NALU，再传输具体的 VCL NALU，如图 6-3 所示。

上文对 H.264 做了简单的理论分析。在调取无人机图传数据时，需要通过 FFmpeg 等视频处理库对数据进行处理。下文将分别介绍获取和处理无人机图传数据的基本方法。

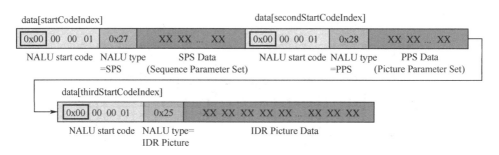

图 6-3　NALU

6.1.2　获取视频流

在 PSDK 中，虽然可以通过 E-Port 接口获取（拉取）相机类负载的视频流，但是目前无法通过 DGC 2.0 接口（X-Port 和 SkyPort 标准负载）获取视频流。在 dji_liveview.h 接口中定义了拉取视频流的常用函数：

- ❑ T_DjiReturnCode DjiLiveview_Init(void)：初始化获取视频流。
- ❑ T_DjiReturnCode DjiLiveview_StartH264Stream(E_DjiLiveViewCameraPosition position, E_DjiLiveViewCameraSource source, DjiLiveview_H264Callback callback)：开始获取 H.264 视频流。
- ❑ T_DjiReturnCode DjiLiveview_StopH264Stream(E_DjiLiveViewCameraPosition position)：结束获取 H.264 视频流。
- ❑ T_DjiReturnCode DjiLiveview_Deinit(void)：反初始化获取视频流。

为了实现视频流的获取，需要依次调用 4 个函数，如图 6-4 所示。调用 DjiLiveview_StartH264Stream 函数并设置回调函数后，DjiLiveview_H264Callback 即可不断获取视频流数据。

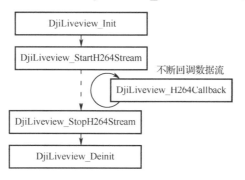

图 6-4　获取视频流的流程

在开始和结束获取 H.264 视频流时，需要指定视频流的源（Source），即相机的安装位置和相机类型。

注意：这里的相机类型是指同一个相机上的不同镜头和传感器。比如，对于 H30T 无人机来说，只有 1 个相机安装位置，在这个相机上集成了 3 种不同的相机类型（广角、变焦和热成像）。

通过 E_DjiLiveViewCameraPosition 枚举类型可以指定相机的安装位置，定义如下：

```
typedef enum {
 // 主云台相机。对于 M350 RTK 和 M300 RTK，对应机身左前方挂载的相机位置
 DJI_LIVEVIEW_CAMERA_POSITION_NO_1 = DJI_MOUNT_POSITION_PAYLOAD_PORT_NO1,
 // M350 RTK 和 M300 RTK 机身右前方挂载的相机位置
 DJI_LIVEVIEW_CAMERA_POSITION_NO_2 = DJI_MOUNT_POSITION_PAYLOAD_PORT_NO2,
 // M350 RTK 和 M300 RTK 机身上方挂载的相机位置
 DJI_LIVEVIEW_CAMERA_POSITION_NO_3 = DJI_MOUNT_POSITION_PAYLOAD_PORT_NO3,
 // FPV 相机位置
 DJI_LIVEVIEW_CAMERA_POSITION_FPV = 7
} E_DjiLiveViewCameraPosition;
```

在开始获取 H.264 视频流时还需要通过 E_DjiLiveViewCameraSource 枚举类型指定相机类型，定义如下：

```
typedef enum {
 DJI_LIVEVIEW_CAMERA_SOURCE_DEFAULT = 0,        // 默认相机
 DJI_LIVEVIEW_CAMERA_SOURCE_H20_WIDE = 1,       // H20 广角相机
 DJI_LIVEVIEW_CAMERA_SOURCE_H20_ZOOM = 2,       // H20 变焦相机
 DJI_LIVEVIEW_CAMERA_SOURCE_H20T_WIDE = 1,      // H20T 广角相机
 DJI_LIVEVIEW_CAMERA_SOURCE_H20T_ZOOM = 2,      // H20T 变焦相机
 DJI_LIVEVIEW_CAMERA_SOURCE_H20T_IR = 3,        // H20T 热红外相机
 DJI_LIVEVIEW_CAMERA_SOURCE_H20N_WIDE = 1,      // H20N 广角相机
 DJI_LIVEVIEW_CAMERA_SOURCE_H20N_ZOOM = 2,      // H20N 变焦相机
 DJI_LIVEVIEW_CAMERA_SOURCE_H20N_IR = 3,        // H20N 热红外相机
 DJI_LIVEVIEW_CAMERA_SOURCE_M30_ZOOM = 1,       // M30 无人机变焦相机
 DJI_LIVEVIEW_CAMERA_SOURCE_M30_WIDE = 2,       // M30 无人机广角相机
 DJI_LIVEVIEW_CAMERA_SOURCE_M30T_ZOOM = 1,      // M30T 无人机变焦相机
 DJI_LIVEVIEW_CAMERA_SOURCE_M30T_WIDE = 2,      // M30T 无人机广角相机
 DJI_LIVEVIEW_CAMERA_SOURCE_M30T_IR = 3,        // M30T 无人机热红外相机
 DJI_LIVEVIEW_CAMERA_SOURCE_M3E_VIS = 1,        // M3E 无人机可见光相机
 DJI_LIVEVIEW_CAMERA_SOURCE_M3T_VIS = 1,        // M3T 无人机可见光相机
 DJI_LIVEVIEW_CAMERA_SOURCE_M3T_IR = 2,         // M3T 无人机热红外相机
} E_DjiLiveViewCameraSource;
```

比如，在 M30T 无人机上获取广角相机的视频流，代码如下：

```
// 初始化图传视频流
DjiLiveview_Init();
// 开始拉取视频流
DjiLiveview_StartH264Stream(
    DJI_LIVEVIEW_CAMERA_POSITION_NO_1,    // 主云台相机
    DJI_LIVEVIEW_CAMERA_SOURCE_DEFAULT,   // 默认相机（广角相机）
    callback);                            // 回调
```

视频流数据将会不断传递到回调中。如果视频流数据不需要处理，那么可以直接通过文件存储 API 将相关数据以 h264 文件的形式存储在设备中，具体可参考 samples/sample_c/

module_sample/liveview/test_liveview.c 中的 DjiTest_FpvCameraStreamCallback 函数和 DjiTest_PayloadCameraStreamCallback 函数实现。

6.1.3　显示视频流

由于平台和性能限制，目前在官方提供的样例中，只能够实现在 Linux 环境中解码和显示视频流，并且需要准备 FFmpeg、OpenCV 和 GTK 的依赖环境。其中，FFmpeg 用于解码数据；OpenCV 和 GTK（GIMP Toolkit）用于显示视频流窗口呈现给开发者。OpenCV 和 GTK 的版本需要满足两个基本条件：

❑ OpenCV 的版本应大于或等于 4.0；

❑ 需要图形用户界面编程工具 GTK（GIMP Toolkit）2.0 的支持。

本小节将介绍数据流的显示样例，以及 FFmpeg 处理视频流数据的基本方法。

1．显示实时图传视频流

下文以 raspios 为例，介绍 OpenCV 环境的搭建，并显示 M30T 的图传数据。

1）安装 OpenCV

为了能够显示图传窗口，首先需要安装 libgtk2.0 和 pkg-config，命令如下：

```
sudo apt install libgtk2.0* pkg-config
```

然后下载 OpenCV 源代码，命令如下：

```
wget https://github.com/opencv/opencv/archive/refs/tags/4.8.0.tar.gz
```

解压并进入 opencv-4.8.0 源代码目录中，命令如下：

```
tar zxvf opencv-4.8.0.tar.gz
cd opencv-4.8.0
```

创建并进入构建编译目录 build，命令如下：

```
mkdir build
cd build
```

通过 CMake 创建 makefile，命令如下：

```
cmake -D CMAKE_BUILD_TYPE=RELEASE -D CMAKE_INSTALL_PREFIX=/usr/local WITH_GTK=ON ..
```

上述 CMAKE_BUILD_TYPE 和 CMAKE_INSTALL_PREFIX 参数分别指定了构建类型和安装位置，通过 WITH_GTK=ON 参数启用 GTK 支持。

最后，通过 make 命令构建并安装 OpenCV，命令如下：

```
make && sudo make install
```

安装完成后，可以检查 OpenCV 是否安装成功，命令如下：

```
opencv_version
```

如果安装过程一切正常，那么该命令会输出 OpenCV 的版本，如下所示：

```
4.8.0
```

2）实时查看视频流

目前，在 PSDK 样例程序中查看实时视频流，具有以下几个限制。

❑ 只能在 Linux 平台环境中解码。

❑ 负载设备必须连接显示器，或者使用 VNC 方式连接负载设备，不能使用 SSH 方式执行相应命令，否则会出现以下提示。

```
terminate called after throwing an instance of 'cv::Exception'
  what():  OpenCV(4.8.0)
/home/dongyu/Desktop/opencv-4.8.0/modules/highgui/src/window_gtk.cpp:638:
error: (-2:Unspecified error) Can't
initialize GTK backend in function 'cvInitSystem'
```

在 Linux 环境中安装 OpenCV 之后，需要重新编译并运行 PSDK 应用程序，执行 C++样例程序，在弹出的样例菜单中选择[c]，提示如下所示的选项：

```
Please choose the stream demo you want to run

--> [0] Normal RGB image display
--> [1] Binary image display
--> [2] Faces detection demo
--> [3] Tensorflow Object detection demo
```

此时，需要选择视频流样例，各个选项的功能如下。

❑ [0] 显示普通 RGB 视频流；

❑ [1] 显示二进制视频流；

❑ [2] 人脸检测样例；

❑ [3] Tensorflow 目标检测样例（需要 Tensorflow 库的支持）。

随后，弹出选择视频流相机来源选项：

```
Please enter the type of camera stream you want to view

--> [0] Fpv Camera
--> [1] Main Camera
--> [2] Vice Camera
--> [3] Top Camera

1
```

各个选项的功能如下：

❑ [0] FPV 相机（不支持 M3E/M3T，无 FPV 相机）；

❑ [1] 主相机（对于 M350 RTK 和 M300 RTK，需要在下支架安装相机）；

❑ [2] 副相机（支持 M350 RTK、M300 RTK，需在其下支架安装机身右侧的第二个相机时可用）；

❑ [3] 上支架相机（支持 M350 RTK、M300 RTK，需在其上支架安装相机时可用）。

以 M30T 无人机为例，在上述选项中依次选择【0】和【1】，显示主相机 RGB 视频流。此时，会弹出如图 6-5 所示的 MAIN_CAM 窗口，并显示实时视频流。

图 6-5　MAIN_CAM 窗口（显示实时视频流）

下文将介绍解析视频流的具体实现方法。

2．视频流的解码方法

在 FFmpeg 库中，集成了较为完整的 H.264 视频流编解码的基本方法。下文将首先介绍 FFmpeg 的基本概念，然后分析 PSDK 官方样例中对视频流的解码过程。

1）FFmpeg

FFmpeg 不仅包含了 ffmpeg、ffplay 和 ffprobe 可执行程序，还包括 AVCodec、AVDevice 等开发库，如表 6-1 所示。

表 6-1　FFmpeg 常用库

库　名　称	说　　明
AVUtil	核心工具，包括加解密、色彩空间转换等基础算法
AVCodec	音视频编解码，包含 H.264 等各类编解码工具的封装
AVFormat	音视频容器格式的封装和解析，如 MP4、AVI 等文件格式，HTTP、TCP、UDP 网络协议，以及 RTSP、RTMP 等流媒体传输协议
AVFilter	滤镜处理、变换视频、增加特效和组件等
AVDevice	输入输出设备管理，用于采集数据或渲染数据到具体的设备
swscal	图像（帧）格式转换，用于图像的缩放和变换，以及色彩空间转换等

在解析 H.264 视频流时，主要使用 AVCodec 库以及 swscal 库。下面介绍几种常见的数据结构。

（1）AVCodec 结构体。AVCodec 表示编解码器，是各种不同类型的编解码器的封装。例如，创建一个 H.264 编解码器变量，代码如下：

```
pCodec = avcodec_find_decoder(AV_CODEC_ID_H264);
```

如果需要硬件解码，那么可以尝试使用以下代码：

```
pCodec = avcodec_find_decoder_by_name("h264_mediacodec")
```

如果 pCodec 为空，那么说明当前设备不支持硬件解码。

注意：H.264 的编解码算法是比较消耗性能的。在具体的开发中，视频编码和解码可以由软件完成（通过 CPU 处理），也可以由硬件完成（通过 GPU 处理），分别称其为软编软解和硬编硬解。

（2）AVCodecContext 结构体。AVCodecContext 表示编解码上下文，用于定义编解码视频的参数，如视频分辨率、色彩空间、比特率等。例如，创建 AVCodecContext 变量，代码如下：

```
pCodecCtx = avcodec_alloc_context3(nullptr);
```

（3）AVCodecParserContext 结构体。AVCodecParserContext 表示编解码解析上下文，用于承载解析视频流数据时需要的上下文数据。例如，创建 AVCodecParserContext 变量，代码如下：

```
pCodecParserCtx = av_parser_init(AV_CODEC_ID_H264);
```

（4）AVFrame 数据结构用于临时存储 1 帧（1 个图像）的数据。例如，创建一个 AVFrame 变量，代码如下：

```
pFrameYUV = av_frame_alloc();
```

（5）AVPacket 结构体。AVPacket 数据结构用于临时存储数据包的（解码前）数据。在解析 H.264 数据流时，对应于 1 个或者多个 NALU 数据。

```
AVPacket pkt;
av_init_packet(&pkt);
```

AVPacket 本身并不包含数据，而是包含了引用数据的指针。

（6）SwsContext 结构体。此为图像转换上下文对象，封装了图像转换时的参数信息，如源图像和目标图像宽度、高度、色彩空间（像素格式）、转换算法等。

2）FFmpeg 解析 H.264 视频流

在 PSDK 示例代码 samples\sample_c++\module_sample\liveview 目录下，找到 dji_camera_stream_decoder.cpp 文件，在该文件中定义了 DJICameraStreamDecoder 类，实现了完整的视频流解析代码。其中，decodeBuffer 函数最为重要，主体代码如下：

```
void DJICameraStreamDecoder::decodeBuffer(const uint8_t *buf, int bufLen)
```

```
{
    const uint8_t *pData = buf;        // 数据流
    int remainingLen = bufLen;         // 剩余长度
    int processedLen = 0;              // 已处理长度


    // 定义 AVPacket 对象
    AVPacket pkt;
    // 为 AVPacket 对象分配内存空间
    av_init_packet(&pkt);

    while (remainingLen > 0) {
        // 解析数据流至 AVPacket 对象
        processedLen = av_parser_parse2(
            pCodecParserCtx, pCodecCtx,
            &pkt.data, &pkt.size,
            pData, remainingLen,
            AV_NOPTS_VALUE, AV_NOPTS_VALUE, AV_NOPTS_VALUE);
        remainingLen -= processedLen;
        pData += processedLen;
        // 处理 AVPacket 对象
        if (pkt.size > 0) {
            int gotPicture = 0;
            avcodec_decode_video2(pCodecCtx, pFrameYUV, &gotPicture, &pkt);
            if (!gotPicture) {
                // 没有待解码的图像
                continue;
            } else {
                // 解码图像
                int w = pFrameYUV->width;
                int h = pFrameYUV->height;
                // 配置图像变换上下文对象
                if (nullptr == pSwsCtx) {
                    pSwsCtx - sws_getContext(w, h, pCodecCtx->pix_fmt,
                                      w, h, AV_PIX_FMT_RGB24,
                                      4, nullptr, nullptr, nullptr);}
                // 分配图像转换后 pFrameRGB 内存空间
                if (nullptr == rgbBuf) {
                    bufSize = avpicture_get_size(AV_PIX_FMT_RGB24, w, h);
                    rgbBuf = (uint8_t *) av_malloc(bufSize);
                    avpicture_fill((AVPicture *) pFrameRGB, rgbBuf, AV_PIX_
FMT_RGB24, w, h);}
                // 转换帧的格式：YUV 色彩空间转换为 RGB 色彩空间
                if (nullptr != pSwsCtx && nullptr != rgbBuf) {
                    sws_scale(pSwsCtx,
                              (uint8_t const *const *) pFrameYUV->data,
                        pFrameYUV->linesize, 0,
```

```
                            pFrameYUV->height,
                            pFrameRGB->data, pFrameRGB->linesize);
               pFrameRGB->height = h;
               pFrameRGB->width = w;
               ...
           }
       }
     }
   }
   // 为 AVPacket 对象解除内存空间
   av_free_packet(&pkt);
}
```

在上述代码中，首先通过 av_parser_parse2 函数将裸流数据解析为 AVPacket 数据，然后通过 avcodec_decode_video2 函数将 AVPacket 数据解析为完整的 1 帧，最后通过 sws_scale 函数将图像从 YUV 色彩空间转换为 RGB 色彩空间。开发者可以通过对 pFrameRGB 帧数据进行处理，实现具体的功能效果，比如通过 OpenCV 的 cv::imshow 函数将视频流显示在屏幕上。

在阅读和使用上述代码时，需要注意以下几个方面。

（1）由于 decodeBuffer 函数的参数为不定长度的裸流数据，存在非常多的 NALU，因此 av_parser_parse2 函数并不是一次性将这些 NALU 转换为 AVPacket 数据。这里定义了 3 个变量。

❏ *pData：裸流数据的指针，当处理完部分数据后，会将指针后移到没有处理的数据位置。

❏ remainingLen：仍需要处理的数据长度。

❏ processedLen：已经处理的数据长度。

在处理数据时，通过 while 循环多次执行 av_parser_parse2 函数，生成多个 AVPacket。

（2）刚刚获取视频流数据时，由于可能不能获取视频的 SPS、PPS 信息，因此可能出现以下提示：

```
[h264 @ 0x559889944c40] non-existing PPS 0 referenced
[h264 @ 0x55988993a9c0] non-existing PPS 0 referenced
[h264 @ 0x55988993a9c0] decode_slice_header error
[h264 @ 0x55988993a9c0] no frame!
```

不要担心,过一段时间后,数据流中就有新的包含 SPS 和 PPS 的 NALU 传入,使 AVCodec 能够正确解析视频。

（3）通过 avcodec_decode_video2 函数解析数据时，并不会一次性形成 1 帧图像，而是需要多个 AVPacket 才能形成完整的图像；当 pFrameYUV 中存在完整的图像时，才会进行下一步的处理。

（4）不同无人机相机的码流数据特征不同。虽然这些码流均采用 H.264 编解码算法，但是画面比例、分辨率是不同的。比如，M30/M30T 无人机的 FPV 相机的分辨率为 1920×1080，画面比例为 16：9；M300 RTK 无人机的 FPV 相机分辨率为 608×448，画面比例为 4：3。

（5）PSDK 示例代码采用软解的方式实现视频流解析。依据官方给出的数据，如果使用 Manifold 2-G 平台对各类相机视频流进行解析，解码延迟为 200～300ms。如果视频流用于图传显示，或者对实时性要求较强的分析处理，则可以尝试使用更强大的 CPU，或者使用硬解的方式解析视频流。

6.1.4　感知灰度图

与上文介绍的相机视频流不同，视觉感知系统相机输出的是感知灰度图，即通过机器视觉原理计算后的结果。通过 PSDK 可实时获取行业无人机感知灰度图视频流，不仅可以用于无人机的避障，还可以帮助开发者了解与周围物体的距离、形态信息。结合机器视觉和人工智能算法，感知灰度图可以用于实现更加复杂的智能应用，比如 SLAM 建图、多机智能协同等。

1. 视觉感知原理

大疆无人机的视觉感知系统采用双目立体视觉（Binocular Stereo Vision）（见图 6-6），相机是成对出现的，以不同的角度观测相机前方周围的环境，相当于人的两只眼睛判别前方物体的形态和距离。

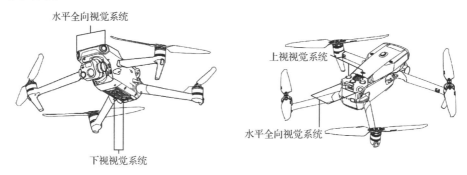

图 6-6　M3E/M3T 的视觉感知系统

注意：视觉感知除了双目视觉，还有 3D 结构光、3D ToF、运动视差等单目视觉算法。

下文将简单介绍双目视觉感知的基本原理，以及感知灰度图生成的基本步骤。

1）相机标定

从硬件上看，视觉感知相机和普通相机没有什么差别，任何成对使用的 CMOS 相机或 CCD 相机都可以组成视觉感知系统。因此，视觉感知系统的成本很低，这也是相对于激光雷达的优势所在。不过，视觉感知是一件非常"精细"的工作，需要对相机进行细致的标定工作。

一方面，为了感知更大的视角（FOV），视觉感知相机通常使用广角镜头。广角镜头在成像时会使成像产生一定的桶形畸变（Barrel Distortion）。桶形畸变是一种非线性畸变，通常需要使用类似于棋盘格的标定板进行校正，如图 6-7 所示。

另一方面，虽然视觉感知相机一般具有相同的参数（如相同的焦距和传感器尺寸），但是由于

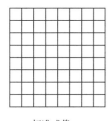
标准成像

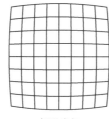
桶形畸变

图 6-7　桶形畸变

生产时的制造公差，这些参数也需要重新标定。

注意：不同无人机在不同方向视觉系统的测距范围和视角（FOV）有所差别，具体可以参考无人机的用户手册。

视觉标定的主要目的是获得相机的内外参数，并对桶形畸变进行修正，保证视觉感知的准确性。大疆无人机在出厂时就已经做好了视觉标定。如果开发者在使用过程中发现感知相机的异常，那么可以使用 DJI Assistant 2 软件重新对感知相机进行校正。

2）图像匹配

在感知相机的实际工作中，首先要对左右相机获得的不同图像（左视图和右视图）进行分析，匹配两个图像中相同的物体和场景，这个过程就是图像匹配。实际上，如果相机前方的物体不是很近的情况下，两个视觉感知相机所成的图像应该不会有太大差别。这也就意味着在大多数情况下，视觉感知相机能够找出非常多的特征点（特征点表示在两个图像中相同物体的相同位置）。为了能够更快、更准确地寻找特征点，通常采用基于滑动窗口的图像匹配和基于能量优化的图像匹配等方法。

3）生成视差图（Disparity Map）

视差就是特征点像素在左右两个图像之间的水平位移，即左视图的列坐标和右视图的列坐标的差，如图 6-8 所示，单位为像素。视差图就是以左视图或者右视图为基准，将所有特征点的视差以像素点的方式表示出来，形成一个完整的图像。由于图像匹配时特征点并不一定能够覆盖完整的图像，为了使视差图更加平滑，还需要经过插值和滤波处理。

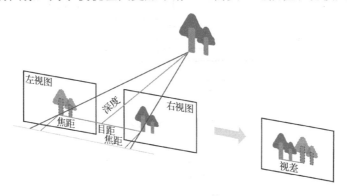

图 6-8　视差的计算

4）生成深度图（Depth Map）

深度表示目标物距离相机的垂直距离，单位一般采用距离单位。深度图就是将深度以像素点的方式表示出来，形成完整的图像，能够很准确地反映与前方物体的距离、位置和形态。视差和深度成反比关系，当物体的距离越远，视差越小，深度也越大。将视差图经过非线性变换就可以很轻松地得到深度图。

5）感知灰度图

灰度感知图是大疆无人机视觉感知系统的最终成果，是采用 8 位整型数值表示的图像，无单位。感知灰度图是整型数值，有利于数据传输，也有利于 Tensorflow 等人工智能框架的输入分析。

下文将介绍感知灰度图视频流的获取。

2. 获取感知深度图视频流

与普通相机的视频流类似，感知深度图视频流只能通过 E-Port 接口获取（拉取），无法通过 DGC 2.0 接口（X-Port 和 SkyPort 标准负载）获取。感知灰度图需要使用 USB 或者网络协议连接无人机，不能在纯串口通信下使用。

在 dji_perception.h 接口中定义了拉取视频流的常用函数：

□ T_DjiReturnCode DjiPerception_Init(void)：初始化灰度图视频流。

□ T_DjiReturnCode DjiPerception_SubscribePerceptionImage(E_DjiPerceptionDirection direction, DjiPerceptionImageCallback callback)：开始获取灰度图视频流。

□ T_DjiReturnCode DjiPerception_UnsubscribePerceptionImage(E_DjiPerceptionDirection direction)：结束获取灰度图视频流。

□ T_DjiReturnCode DjiPerception_Deinit(void)：反初始化灰度图视频流。

为了实现感知灰度图视频流的获取，需要依次调用前 4 个函数，如图 6-9 所示。

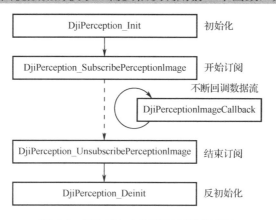

图 6-9　获取感知灰度图视频流的流程

在开始和结束获取灰度图视频流时，需要指定视觉感知系统相机的方位，由 E_DjiPerceptionDirection 枚举类型定义，代码如下：

```
typedef enum {
    DJI_PERCEPTION_RECTIFY_DOWN = 0,     // 下视视觉系统
    DJI_PERCEPTION_RECTIFY_FRONT = 1,    // 前视视觉系统
    DJI_PERCEPTION_RECTIFY_REAR = 2,     // 后视视觉系统
    DJI_PERCEPTION_RECTIFY_UP = 3,       // 上视视觉系统
    DJI_PERCEPTION_RECTIFY_LEFT = 4,     // 左视视觉系统
    DJI_PERCEPTION_RECTIFY_RIGHT = 5     // 右视视觉系统
} E_DjiPerceptionDirection;
```

在开始获取灰度图视频流时，还需要指定回调 DjiPerceptionImageCallback，用于不断接收并处理流数据，定义如下：

```
typedef void(*DjiPerceptionImageCallback)(T_DjiPerceptionImageInfo imageInfo,
uint8_t *imageRawBuffer, uint32_t bufferLen);
```

参数 imageRawBuffer 表示灰度数据，bufferLen 表示数据长度，imageInfo 包含了帧（图像）的基本信息，包括灰度图的高度、宽度、数据类型以及帧索引、时间戳等属性。

在获取灰度图视频流时，需要注意以下几个方面。

（1）感知灰度图的帧率均为 30fps，分辨率一般为 640×480（目前只有 M3E/M3T 水平方向感知系统的分辨率为 480×480）。

（2）感知灰度图数据流没有进行 H.264 编码，开发者不需要对视频流进行解码，并且每次回调传回的 imageRawBuffer 和 bufferLen 值正好是 1 帧数据。

（3）通过 DjiPerception_GetStereoCameraParameters 函数可以获得视觉感知系统相机的内外参数据，包括内参矩阵、旋转矩阵与平移矩阵等。这些基础参数信息对 SLAM 建图等功能的实现有帮助。

（4）在 PSDK 中可以同时订阅多个感知灰度图视频流，需要注意分线程处理，并且最好不要超过两路视频流，否则可能会受限于带宽，降低帧率。

在 Linux 环境下，运行 PSDK 的 C++样例，选择[d] Stereo vision view sample – display the stereo image 即可运行获取感知灰度图样例。在 PSDK 样例代码中，可以在 samples\sample_c++\module_sample\perception\test_perception_entry.cpp 中找到相关功能的实现，其中 DjiTest_StereoImagesDisplayTask 函数非常重要，负责将回调到的灰度图数据通过 OpenCV 显示在窗口中，核心代码如下：

```
// 定义灰度图矩阵 cv_img_stereo
cv::Mat cv_img_stereo = cv::Mat(
   pack->info.rawInfo.height,       // 宽度
   pack->info.rawInfo.width,        // 高度
   CV_8U);                          // 8 位单通道图像

// 将视频流的数据装入 cv_img_stereo
int copySize = pack->info.rawInfo.height
             * pack->info.rawInfo.width;
if (pack->imageRawBuffer) {
   memcpy(cv_img_stereo.data,
                   pack->imageRawBuffer,
                   copySize);
   ...
}
...
// 显示灰度图
cv::imshow(nameStr, cv_img_stereo);
```

在上述代码中，首先按照灰度图的高度和宽度定义了矩阵 cv_img_stereo，然后通过 memcpy 函数将数据流中的图像数据复制到 cv_img_stereo 矩阵中，最后通过 cv::imshow 函数将其显示出来。

6.2 云台和相机的控制与开发

云台和相机是无人机最传统也是最为重要的负载之一，是采集信息、观察环境的有效手段。云台用于固定、支撑和稳定相机，可以控制摄像机或相机的旋转、俯仰和偏航等动作，以便拍摄不同角度和位置的图像或视频。相机用于拍摄图像或视频，通常由镜头、图像传感器、处理器等部分组成。相机可以捕捉现实世界中的图像或场景，并将其转化为数字信号，以便在计算机或其他设备上进行编辑、处理或分享。云台和相机配合使用，可以更好地拍摄和记录图像或视频。

通过 PSDK 不仅可以管理云台和相机负载，即控制使用已经连接到无人机的云台和相机负载，还可以用于开发相机类负载，以下是常见功能以及相应的 API 所在的头文件。

❑ 相机管理，即控制无人机的相机，头文件为 dji_camera_manager.h。

❑ 云台管理，即控制无人机的云台，头文件为 dji_gimbal_manager.h。

❑ 实现相机功能，即实现封装相机负载的基本功能，头文件为 dji_payload_camera.h。

❑ 实现云台功能，即实现封装云台负载的基本功能，头文件为 dji_gimbal.h。

❑ X-Port 功能控制，即控制 X-Port 云台，头文件为 dji_xport.h。

本节将介绍云台和相机的控制函数，以及开发相机类负载的基本方法。

6.2.1 相机基础知识

相机利用光学成像原理拍摄图像或视频，由镜头、图像传感器、快门、取景器以及外围电路组成。无人机的相机具有以下几个特点。

❑ 高集成度：为了实现无人机相机的轻量化，无人机相机一般具有较高的集成度，结构复杂精巧，而且通常不会使用太大的镜头和传感器。有时，为了减小无人机相机的体积，有时会采纳应用手机相机的设计方式，如广角相机、变焦相机等组合搭配。Mavic 3 Pro 相机组合了哈苏相机、中长焦相机和长焦相机；M3TD 相机组合了广角相机、长焦相机和红外相机。

❑ 防抖增稳：无人机相机通常能够根据实时处理算法对摄像机拍摄的视频进行实时处理，通过陀螺仪和加速传感器以及相应的算法分析视频中的图像变化，识别并消除微小的振动和晃动，从而修正裁切画面，使画面保持稳定，这种技术称为 EIS 电子增稳（Electronic Image Stabilization）。通过在镜头模组中增加浮动透镜，配合陀螺仪纠正"光轴偏移"，这种技术称为光学增稳（Optical Image Stabilization，OIS）。无论是 EIS 还是 OIS，都只能修正小范围的抖动，大抖动仍然需要无人机云台消除。

❑ 电子取景：为了配合无人机图传将相机画面能够实时地传递给用户，无人机相机一般采用"无反"方式进行电子取景，没有单独的取景机构。

本小节将着重介绍相机的图像传感器和镜头以及相机模式等基本概念。

1. 图像传感器

图像传感器也称为感光元件，是将光信号转换为电信号的电子元件，也是相机最核心的一部分。常见的图像传感器包括 CMOS 和 CCD 两类。CMOS 的全称为互补金属氧化物半导体（Complementary Metal Oxide Semiconductor, CMOS），而 CCD 的全称为电荷耦合器（Chagre Couled Device，CCD），两者的制作材料和原理是类似的，但是其结构和制造工艺存在众多差异。例如，CMOS 一般采用循环曝光，CCD 一般采用全局曝光。随着 CMOS 的技术和工艺逐渐发展成熟，CMOS 传感器的画质越来越强，并且具有低成本、低功耗、高能效等特点，在手机、无人机等领域上广泛使用。大疆行业无人机多数采用 CMOS 传感器，如图 6-10 所示。

图 6-10　CMOS 传感器

相机感光度（ISO）表示图像传感器对光线的敏感程度。在其他条件不变的情况下，ISO 越大，照片越亮。通常，ISO 可分为低感光度（ISO 在 100 与 400 之间）和高感光度（ISO 在 500 以上），常用的取值包括 50、100、200、400、1000 等。

注意：ISO 表示国际标准化组织，由于 ISO200 是最为常用的相机感光度标准，因此 ISO 也约定俗成地称为相机感光度的代称。

对于一块图像传感器来说，量子效率（光子到电子的转换效率）是固定值，因此图像传感器的感光能力具有不变性。改变 ISO 值并不能真正地改变传感器的曝光能力，而是通过增益的方式使相片"变得更亮"。ISO 可以分为基准 ISO（Base ISO）、原生 ISO（Native ISO）和扩展 ISO（Extended ISO），其中基准 ISO 是相机支持的最小 ISO；原生 ISO 可以通过模拟增益的方式增强感光能力；扩展 ISO 通过模拟增益叠加数字增益的方式增强感光能力。当进光量过少时信噪比偏低，增加 ISO 就会使感光元件的测量误差显得非常明显，即出现图像"噪点"，如图 6-11 所示。因此，在光线等条件允许的情况下，应当尽可能提高进光量，而不是选择高 ISO 拍摄照片，这样可以尽可能提高图像的动态范围，拍摄出高质量的照片。

高曝光量，低ISO时，"噪点"不明显

低曝光量，低ISO时，"噪点"明显

图 6-11　"噪点"和曝光的关系

注意：动态范围（Dynamic Range）是一个用于描述可变化信号最大值和最小值之间比值的术语。在摄影领域，动态范围通常用于描述相机捕捉图像的影调细节的能力。动态范围越大，相机能够记录的暗部和亮部细节就越丰富，所能表现的层次和色彩空间也越广。

2. 镜头

镜头是由一系列光学玻璃组成的透镜组，聚焦光线进入相机，将前方的景象清晰地铺满图像传感器。实际上，可以将相机镜头理解为一个凸透镜，但是为了能够将波长的光线准确一致地成像，更加精准方便地进行对焦和变焦操作，因此镜头设计非常复杂。下面将介绍有关镜头的基本概念。

1）对焦和变焦

对焦是指改变镜头焦距，从而让被拍摄的主体呈现清晰的影像。由于无人机拍摄的场景多为距离很远的事物，因此许多无人机（如大疆精灵 3）直接将对焦点设置为无穷远。对焦模式分为手动对焦（Manual Focus，MF）和自动对焦（Auto Focus，AF）。在自动对焦模式下，定制对焦策略即可自动完成对焦。在手动对焦模式下，需要开发者（用户）自定义对焦点。对焦点的直角坐标系，以左下角为原点，右上角为（1.0，1.0）点，如图 6-12 所示。

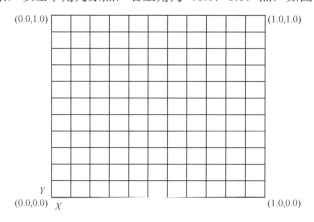

图 6-12　对焦位置

变焦是指通过电机改变调整焦平面与镜头的相对位置，从而改变视野范围，用视场角（Field of View，FOV）表示。变焦一般是通过电机改变镜头内部镜片之间的距离实现的。由于焦距决定了视野，因此变焦后还需要进行对焦保证成像清晰。

变焦分为光学变焦、数码变焦、连续变焦和指点变焦。

❑ 光学变焦：通过物理方式调整镜头焦距实现变焦，不损失画质。这种变焦方式能够保证图像质量，但变焦范围相对较小。

❑ 数码变焦：通过软件算法对图像进行放大和裁切，损失一定的图像质量。数码变焦操作简单，但只适合在特定范围内进行放大。

❑ 连续变焦：能够将光学变焦和数码变焦相结合，实现连续平滑的变焦效果。当变焦倍数较低时优先使用光学变焦；待光学变焦达到了上限，则综合使用光学变焦和数码变焦。

❑ 指点变焦：选择特定的目标实现快速变焦，以便能够快速聚焦到所需的细节或区域。

2）相机曝光

快门、光圈和 ISO 是曝光控制的三要素，相片的明暗程度、成像质量、景深基本由快门时间、光圈大小和 ISO 所决定，如图 6-13 所示。

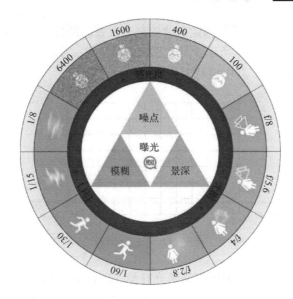

图 6-13 曝光控制的三要素

由于 ISO 是图像传感器的固有属性，因此曝光实际上是快门时间和光圈大小的组合。相机的曝光量过大使亮的部分泛白，不能展现其细节和层次称为曝光过度（过曝）。反之，相机的曝光量过小使暗的部分变为黑色，不能展现其细节和层次称为曝光不足（欠曝）。下面将介绍快门和光圈的概念。

（1）快门和快门时间：快门（Shutter）是控制光线照射感光元件时间的装置。快门时间为感光元件记录光电信号的时间，通常用以秒为单位。在其他条件不变的情况下，快门时间越长，相片的曝光量越大。相机快门包括机械快门、电子快门以及组合快门等类型。电子快门设计更加紧凑，而机械快门可以在一定程度上减少画面扭曲，避免拖影现象。

（2）光圈：光圈（Aperture）即相机镜头进光孔的大小。在其他条件不变的情况下，光圈越大，镜头的进光量也越大，通常用 f 值表示光圈大小，如 f/1、f/1.4、f/2 等。另外，光圈大小也影响了景深，更大的光圈意味着更浅的景深。不过，浅景深需要更加精细的对焦控制，才能使主体元素清晰成像。

测光模式用于调整相机的曝光量，包括手动模式和自动模式。如果使用自动模式调整曝光量，相机会根据用户选定的测光位置自动对环境进行测光，并自动设置拍摄相片时的光圈、快门和 ISO 等参数，尽可能避免过曝和欠曝的情况。因此，狭义的测光模式就是自动测光时测光位置的选择，主要包括平均测光、中央重点测光和点测光 3 种类型。

❑ 平均测光：这种模式将整个画面作为测光区域，综合画面的亮度和细节，以得到一个平均的曝光值。平均测光模式适合拍摄画面亮度比较均匀的场景，如航测照片等。

❑ 中央重点测光：这种模式将画面的中央区域作为主要测光区域，同时兼顾其他区域的亮度。中央重点测光模式适合拍摄主体位于画面中央的场景，如人像照片。它能够确保中央区域的曝光准确度，同时适当考虑其他区域的亮度。

❑ 点测光：这种模式将画面中的一个点作为测光区域，通常用于拍摄主体与背景有较大亮度差异的场景。点测光模式能够实现高精度的曝光控制，特别适合拍摄人像、静物等需要精确曝光的场景。它能够将曝光量准确地控制在所需的点上，以获得理想的曝光效果。使用点测光时需要指定具体的测光位置。图像传感器被分为 96 个点区域，共 8 行 12 列，如图 6-14 所示。行索引范围是[0, 7]，其中值在图像上从上到下递增；列索引范围是[0, 11]，其中值从左到右增加。

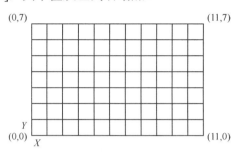

图 6-14　点测光区域

在自动测光模式下，还可以通过调整曝光补偿（Exposure Values，EV）来调整照片的明亮程度。EV 通常仅可设置为-2、-1、0、1、2 等几个数值。当 EV 值为负值时，相机会减少曝光量；当 EV 值为正值时，相机会增加曝光量。

3）白平衡

由于相机在拍摄物体时，物体可能被不同颜色的光线所照射，使被拍摄物体的颜色不是其原本的颜色。物体反射各种不同条件的光线所形成的颜色称为条件色。物体在白色光线照射下的表观颜色称为固有色。白平衡设置就是为了还原物体准确的固有色，或者对其进行色彩的艺术加工。白平衡一般通过色温进行设置。色温可以反映一个相片的"冷暖"。日光的色温在 5600K 左右。相片色温低于 5500K 时偏"冷"，高于 5500K 时偏"暖"。通过白平衡设置，可以将光源的色温按照实际环境设定为蜡烛光（1900K）、荧光灯（3000K）、闪光灯（3800K）、天空（12000～18000K）等，从而尽可能还原物体的固有色。另外，相机可设置为自动白平衡（Auto White Balance，AWB）模式，通过构建多种环境色彩模型，尽可能还原物体原本的色彩。

相片一般以 JPEG、PNG 等格式存储在相机存储设备中。但是，多数相机均提供了 RAW格式的相片存储方式。RAW 格式记录了在某个曝光设置下，相片内各个像元的感光原始数据。RAW 格式内各个像元的值与白平衡设置无关，因此可在后期对 RAW 格式的数据进行各种白平衡尝试，以达到最佳效果。

3．相机模式

大疆无人机的相机模式包括拍照模式、录像模式和视频回放模式（Playback），分别对应于相机的拍照、录像和视频回放功能。相机负载只能处于某一种相机模式中，无法同时拍照和录像。

注意：开发者在进行具体的相机操作时，一定要检查是否处在对应的模式下，否则无法执行相应的功能。

1）拍照模式

拍照模式又分为单拍、连拍、AEB 连拍、定时拍摄和全景拍摄等模式，具体的功能如下。

❏ 单拍：每次拍摄一张照片。

- 连拍：每次拍摄连续的多张照片，用于捕捉快速移动的物体或拍摄需要清晰捕捉的瞬间，支持单次拍摄 2 张、3 张、5 张、7 张、10 张或 14 张照片。
- AEB 连拍：AEB（Auto Exposure Bracketing）连拍即自动包围曝光连拍，用于针对拍摄光线复杂或明暗差异较大的场景，通过自动拍摄多张不同曝光值的照片。
- 定时拍摄：定时拍摄一张照片，目前支持 2s、3s、5s、7s 或 10s 的间隔拍摄，最大支持制定拍摄 254 张照片。
- 全景拍摄：全景拍摄是指通过拍摄多张照片并将它们拼接在一起，以创建出一个连续的、宽广的视野画面。

2）录像模式

录像模式分为普通、夜景和慢动作模式，具体的功能如下。

- 普通模式：适用于大多数光线条件下的录像。
- 夜景模式：适用于在低光环境下的录像，通过提高感光度和延长曝光时间，以获取更清晰的夜景视频。
- 慢动作模式：慢动作模式适用于拍摄快速运动的画面，如赛车、奔跑、动物捕食等。

3）视频回放模式

在视频回放模式下，无人机的实时图传功能将会关闭，以便于将带宽留给视频回放，用于照片和视频的传输、预览和管理。因此不能在无人机起飞时使用视频回放模式，否则存在安全风险。

视频回放模式分为静态预览模式和动态预览模式。

（1）静态预览模式：浏览照片文件、视频截图或者列表时使用静态预览模式。在静态预览模式下，可以传输照片或者视频的缩略图、预览图和原始文件。

① 缩略图：照片或者视频截图的缩略显示，宽度为 100 像素。

② 预览图：照片或者视频截图的预览显示，宽度为 600 像素。

③ 原始文件：照片或者视频原始文件。

（2）动态预览模式：在动态预览模式下，可以对视频进行播放，并可以对播放进行控制，包括播放、暂停、停止、跳转等。

6.2.2 相机控制

相机控制的有关操作 API 均在 dji_camera_manager.h 中定义。由于相机控制的有关选项多为可选项，或者是相应功能的开关，因此其函数较多，功能也比较零散，包括 40 多个结构体和枚举类型，以及 100 多个函数。因篇幅限制，表 6-2 列举了一些常见的函数供读者参考。

表 6-2　相机控制常见函数

函　　数	描　　述
*_Init	初始化相机管理器
*_DeInit	反初始化相机管理器
*_SetMode	设置相机模式
*_GetMode	获取相机模式

续表

函　　数	描　　述
*_SetShootPhotoMode	设置拍照模式
*_GetShootPhotoMode	获取拍照模式
*_StartShootPhoto	开始拍照
*_StopShootPhoto	结束停止拍照
*_GetCapturingState	获取拍摄状态
*_SetISO	设置 ISO
*_GetISO	获取 ISO
*_SetAperture	设置光圈大小
*_GetAperture	获取光圈大小
*_SetShutterSpeed	设置快门速度
*_GetShutterSpeed	获取快门速度

注意：使用时需要将*替换为 DjiCameraManager。

在调用相机控制函数前，需要首先调用初始化相机负载函数 DjiCameraManager_Init，并且在控制操作完毕后调用反初始化相机负载函数 DjiCameraManager_DeInit。相机控制的基本操作流程如图 6-15 所示。

图 6-15　相机控制的基本操作流程

在 PSDK 官方样例中，test_camera_manager.c 提供了相机控制的各类用法，代码长度达到了 2600 多行，但绝大多数代码都是对相机属性的控制测试函数，下面对该样例的基本结构简要介绍如下。

（1）样例的入口为 DjiTest_CameraManagerRunSample 函数，对相机进行初始化并获取相机类型、版本、固件主要信息，关键代码如下：

```
// 初始化相机管理器
USER_LOG_INFO("--> Step 1: Init camera manager module");
```

```
returnCode = DjiCameraManager_Init();
...
// 获取相机类型和版本
USER_LOG_INFO("--> Step 2: Get camera type and version");
returnCode = DjiCameraManager_GetCameraType(mountPosition, &cameraType);
...
USER_LOG_INFO("Mounted position %d camera's type is %s",
                        mountPosition,
                        s_cameraTypeStrList[
    DjiTest_CameraManagerGetCameraTypeIndex(cameraType)]
                                    .cameraTypeStr);

// 获取相机固件的版本
returnCode = DjiCameraManager_GetFirmwareVersion(
                        mountPosition, &firmwareVersion);
...
USER_LOG_INFO("camera's firmware is V%02d.%02d.%02d.%02d\r\n",
                        firmwareVersion.firmware_version[0],
                        firmwareVersion.firmware_version[1],
                        firmwareVersion.firmware_version[2],
                        firmwareVersion.firmware_version[3]);
```

（2）随后，针对用户选择的操作进行具体的相机控制，其中每一种相机控制都有其测试函数，如设置曝光模式测试函数 DjiTest_CameraManagerSetExposureMode、设置快门速度测试函数 DjiTest_CameraManagerSetShutterSpeed 等。这些测试函数的基本结构是类似的，以 DjiTest_CameraManagerSetShutterSpeed 函数为例，介绍测试函数的基本结构，代码如下：

```
// 设置快门速度测试函数
T_DjiReturnCode DjiTest_CameraManagerSetShutterSpeed(
            E_DjiMountPosition position,
            E_DjiCameraManagerShutterSpeed shutterSpeed)
{
    T_DjiReturnCode returnCode;
    // 临时变量，用于存储当前的快门速度
    E_DjiCameraManagerShutterSpeed shutterSpeedTemp;
    // 获取当前的快门速度
    returnCode = DjiCameraManager_GetShutterSpeed(position, &shutterSpeedTemp);
    ...
    // 判断当前的快门速度和需要设置的快门速度是否相等
    if (shutterSpeedTemp == shutterSpeed) {
                // 如果快门速度不需要改变，则退出当前函数
        return DJI_ERROR_SYSTEM_MODULE_CODE_SUCCESS;
    }

    // 设置快门速度
    returnCode = DjiCameraManager_SetShutterSpeed(position, shutterSpeed);
```

```
    ...
    return returnCode;
}
```

在上述代码中，首先获取指定云台位置上的相机当前的快门速度，并与需要设置的快门速度进行比较。如果两者相同，则直接返回成功状态码；否则，它会尝试设置新的快门速度并返回相应的操作结果状态码。

编译并运行程序，读者可以自行选择相机操作菜单，从而改变相机的属性参数，并可以在 Pilot 2 等用户软件中观察到相应的变化。

6.2.3 云台控制

云台控制的有关操作 API 均在 dji_gimbal_manager.h 中定义。相对于相机来说，云台控制就简单多了，主要包括云台的重置、模式设置、旋转等功能，其常用的函数如表 6-3 所示。

表 6-3 云台控制常见函数

函　　数	描　　述
*_Init	初始化云台管理器
*_Deinit	反初始化云台管理器
*_SetMode	设置云台模式
*_Reset	重置
*_Rotate	旋转
*_SetPitchRangeExtensionEnabled	设置是否启用俯仰扩展范围
*_SetControllerMaxSpeedPercentage	设置云台运动最大速度百分比
*_SetControllerSmoothFactor	设置云台运动平滑因子
*_RestoreFactorySettings	恢复出厂设置

注意：使用时需要将*替换为 DjiGimbalManager。

与相机控制类似，在调用具体的云台控制函数前，需要首先调用初始化云台负载函数 DjiGimbalManager_Init，并且在控制操作完毕后调用反初始化云台负载函数 DjiGimbalManager_DeInit。云台控制的基本操作流程如图 6-16 所示。

云台模式也称为云台工作模式，包括自由模式、跟随模式和 FPV 模式，由 E_DjiGimbalMode 枚举类型定义。

❑ 自由模式（DJI_GIMBAL_MODE_FREE）：云台的俯仰和偏航方向均可以自由控制，云台可自由定义朝向。

❑ 跟随模式（DJI_GIMBAL_MODE_FPV）：云台的俯仰可自由控制，偏航方向跟无人机方向保持一致。

❑ FPV 模式（DJI_GIMBAL_MODE_YAW_FOLLOW）：云台横滚方向的运动跟无人机横

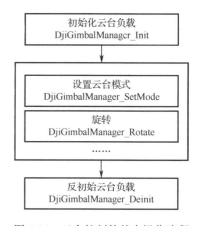

图 6-16　云台控制的基本操作流程

　　滚方向的运动反向，适用于第一人称视角（FPV）飞行。

　　需要注意的是，旋转云台时需要使用 T_DjiGimbalManagerRotation 结构体，用于定义旋转的角度和旋转时间，如下所示：

```
typedef struct {
    E_DjiGimbalRotationMode rotationMode;  // 云台旋转模式
    dji_f32_t pitch;                       // 俯仰角
    dji_f32_t roll;                        // 横滚角
    dji_f32_t yaw;                         // 偏航角
    dji_f64_t time;                        // 预计执行时间
} T_DjiGimbalManagerRotation;
```

　　其中，云台旋转模式包括相对角度模式、绝对角度模式和速度模式。

- 相对角度模式（DJI_GIMBAL_ROTATION_MODE_RELATIVE_ANGLE）：该模式下，旋转角度以当前姿态为基准旋转的角度，单位为度。
- 绝对角度模式（DJI_GIMBAL_ROTATION_MODE_ABSOLUTE_ANGLE）：该模式下，旋转角度以大地坐标系为基准旋转的角度，单位为度。
- 速度模式（DJI_GIMBAL_ROTATION_MODE_SPEED）：在该模式下，旋转角度的数值为旋转速度，单位为度/秒。

　　在 PSDK 官方样例中，test_gimbal_manager.c 提供了云台控制的用法。相对于 test_camera_manager.c，云台控制代码就相对简单很多。在该源代码文件中，函数 DjiTest_GimbalManagerRunSample 没有提供用户选项，只是对几种云台控制函数进行了测试，代码的基本结构如下：

```
// 初始化云台管理器
USER_LOG_INFO("--> Step 1: Init gimbal manager module");
returnCode = DjiGimbalManager_Init();
...
// 设置云台模式
USER_LOG_INFO("--> Step 2: Set gimbal mode");
returnCode = DjiGimbalManager_SetMode(mountPosition, gimbalMode);
...
// 重置云台角度
USER_LOG_INFO("--> Step 3: Reset gimbal angles.\r\n");
returnCode = DjiGimbalManager_Reset(mountPosition, DJI_GIMBAL_RESET_MODE_
PITCH_AND_YAW);
...
// 通过循环的方式改变云台的朝向角度
USER_LOG_INFO("--> Step 4: Rotate gimbal to target angle by action list\r\n");
...
// 反初始化云台管理器
USER_LOG_INFO("--> Step 5: Deinit gimbal manager module");
returnCode = DjiGimbalManager_Deinit();
...
```

　　编译并运行程序，执行以上样例即可观察云台模式的设置，以及云台角度不断变化。

6.2.4 开发相机类负载

本小节将介绍开发相机类负载的基本函数和流程，主要分为相机基础功能的实现和云台基础功能的实现。

1. 实现相机基础功能

实现相机基础功能需要通过 PSDK 提供的封装类对常见的相机操作进行封装，其常见的函数、结构体和枚举类型均在 dji_payload_camera.h 中定义，常见的函数如表 6-4 所示。

表 6-4　相机基础功能常见函数

函　数	描　述
*_Init	初始化相机负载
*_RegCommonHandler	注册相机通用功能
*_RegExposureMeteringHandler	注册曝光模式功能
*_RegFocusHandler	注册对焦功能
*_RegDigitalZoomHandler	注册数字变焦功能
*_RegTapZoomHandler	注册指点变焦功能
*_RegMediaDownloadPlaybackHandler	注册媒体回放功能
*_GetCameraTypeOfPayload	获取相机类型
*_GetCameraOpticalZoomSpecOfPayload	获取光学变焦倍数
*_GetCameraHybridZoomFocalLengthOfPayload	获取混合变焦倍数
*_SetVideoStreamType	设置图传视频流类型
*_GetVideoStreamRemoteAddress	获取图传视频流远程地址
*_SendVideoStream	发送图传视频流
*_GetVideoStreamState	获取图传视频流状态
*_PushAddedMediaFileInfo	推送新增媒体文件信息

注意：使用时需要将*替换为DjiPayloadCamera。

实现开发相机类负载的主要流程包括初始化相机负载和注册相机功能 2 个步骤（见图6-17）。

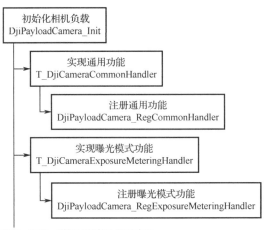

图 6-17　实现开发相机类负载的主要流程

1）初始化相机负载

初始化相机负载非常简单，只需要调用 DjiPayloadCamera_Init 函数即可，代码如下：

```
T_PsdkReturnCode returnCode;
returnCode = DjiPayloadCamera_Init();
if (returnCode != DJI_ERROR_SYSTEM_MODULE_CODE_SUCCESS) {
    USER_LOG_ERROR("payload camera init error:0x%08llX", returnCode);
}
```

由于相机负载不存在结束相机负载的需求，所以 PSDK 并没有设计相应的 Deinit 函数，相机负载程序的运行将会贯穿整个生命周期。

2）注册相机功能

相机功能的注册需要按照功能类型分类实现，包括通用功能、曝光模式功能、对焦功能、变焦功能、媒体回放等。其中，通用功能最为重要，也必须实现，由结构体 T_DjiCameraCommonHandler 定义，代码如下：

```
typedef struct {
    // 相机系统状态
    T_DjiReturnCode (*GetSystemState)(T_DjiCameraSystemState *systemState);
    // 设置相机模式
    T_DjiReturnCode (*SetMode)(E_DjiCameraMode mode);
    // 获取相机模式
    T_DjiReturnCode (*GetMode)(E_DjiCameraMode *mode);
    // 开始录像
    T_DjiReturnCode (*StartRecordVideo)(void);
    // 停止录像
    T_DjiReturnCode (*StopRecordVideo)(void);
    // 开始拍照
    T_DjiReturnCode (*StartShootPhoto)(void);
    // 停止拍照
    T_DjiReturnCode (*StopShootPhoto)(void);
    // 设置拍照模式
    T_DjiReturnCode (*SetShootPhotoMode)(E_DjiCameraShootPhotoMode mode);
    // 获取拍照模式
    T_DjiReturnCode (*GetShootPhotoMode)(E_DjiCameraShootPhotoMode *mode);
    // 设置连拍数量
    T_DjiReturnCode (*SetPhotoBurstCount)(E_DjiCameraBurstCount burstCount);
    // 获取连拍数量
    T_DjiReturnCode (*GetPhotoBurstCount)(E_DjiCameraBurstCount *burstCount);
    // 设置定时拍照时间间隔
    T_DjiReturnCode
(*SetPhotoTimeIntervalSettings)(T_DjiCameraPhotoTimeIntervalSettings settings);
    // 获取定时拍照时间间隔
    T_DjiReturnCode
(*GetPhotoTimeIntervalSettings)(T_DjiCameraPhotoTimeIntervalSettings *settings);
    // SD 卡状态
```

```
    T_DjiReturnCode (*GetSDCardState)(T_DjiCameraSDCardState *sdCardState);
    // 格式化 SD 卡
    T_DjiReturnCode (*FormatSDCard)(void);
} T_DjiCameraCommonHandler;
```

由于这些功能实现是互斥的，所以需要通过互斥锁对共享资源进行保护。例如，实现拍照功能的代码如下：

```
static T_DjiReturnCode StartShootPhoto(void)
{
    T_DjiReturnCode returnCode;
    // 获取 OSAL 处理工具
    T_DjiOsalHandler *osalHandler = DjiPlatform_GetOsalHandler();
    // 互斥锁上锁
    returnCode = osalHandler->MutexLock(s_commonMutex);
    if (returnCode != DJI_ERROR_SYSTEM_MODULE_CODE_SUCCESS) {
        ...
    }
    // 实现拍照功能
    // 设置相机状态：正在保存数据
    s_cameraState.isStoring = true;
    // 根据相机模式执行不同的相机功能，并设置相应的相机状态
    if (s_cameraShootPhotoMode ==
                DJI_CAMERA_SHOOT_PHOTO_MODE_SINGLE) {
        s_cameraState.shootingState =
                DJI_CAMERA_SHOOTING_SINGLE_PHOTO;
        // 实现具体的单拍功能
    } else if (s_cameraShootPhotoMode ==
                DJI_CAMERA_SHOOT_PHOTO_MODE_BURST) {
        s_cameraState.shootingState =
                DJI_CAMERA_SHOOTING_BURST_PHOTO;
        // 实现具体的连拍功能
    } else if (s_cameraShootPhotoMode ==
                DJI_CAMERA_SHOOT_PHOTO_MODE_INTERVAL) {
        // 实现具体的定时拍摄功能
        s_cameraState.shootingState =
                DJI_CAMERA_SHOOTING_INTERVAL_PHOTO;
        // 设置相机状态：开始拍摄
        s_cameraState.isShootingIntervalStart = true;
        // 设置相机状态：设置当前的拍摄数量为 3
        s_cameraState
            .currentPhotoShootingIntervalTimeInSeconds = 3;
    }
    // 互斥锁解锁
    returnCode = osalHandler->MutexUnlock(s_commonMutex);
    if (returnCode != DJI_ERROR_SYSTEM_MODULE_CODE_SUCCESS) {
        ...
```

```
    }
    return DJI_ERROR_SYSTEM_MODULE_CODE_SUCCESS;
}
```

T_DjiOsalHandler 是操作系统抽象层（OSAL）管理工具，定义了线程（Thread）、信号量（Semaphore）、互斥锁（Mutex）、时间和随机数的有关工具，用于实现跨平台的移植。在上面的代码中，实现具体的开始拍摄功能的前后，分别用 T_DjiOsalHandler 对象的 MutexLock 和 MutexUnlock 函数对互斥锁进行了加锁和解锁，以便于出现资源访问冲突错误。

开发者只需要实现 T_DjiCameraCommonHandler 结构体中的各个函数，封装拍照、录像、SD 卡管理等基本功能，最后通过 DjiPayloadCamera_RegCommonHandler 进行注册，代码如下：

```
returnCode = DjiPayloadCamera_RegCommonHandler(&s_commonHandler);
if (returnCode != DJI_ERROR_SYSTEM_MODULE_CODE_SUCCESS) {
    USER_LOG_ERROR("camera register common handler error:0x%08llX", returnCode);
}
```

类似地，对于曝光模式功能、对焦功能、媒体回放功能实现，可分别实现 T_DjiCameraExposureMeteringHandler、T_DjiCameraFocusHandler、T_DjiCameraMediaDownload PlaybackHandler 结构体并封装功能函数，再通过表 6-4 中相应的注册函数注册相应的结构体对象即可。

2. 实现云台基础功能

实现云台基础功能需要通过 PSDK 提供的封装类对常见的云台操作进行封装，其常见的函数、结构体和枚举类型均在 dji_gimbal.h 中定义，其用法与相机基础功能的实现类似，包括以下几个步骤（见图 6-18）。

- ❑ 通过 DjiGimbal_Init 初始化云台负载。
- ❑ 实现 T_DjiGimbalCommonHandler 结构体对象，实现通用功能。
- ❑ 通过 DjiGimbal_RegCommonHandler 函数注册通用功能。
- ❑ 通过 DjiGimbal_DeInit 反初始化云台负载。

结构体 T_DjiGimbalCommonHandler 定义了云台的基本功能函数，如获取云台状态、获取姿态信息、旋转、校准、重置等函数，其主要函数定义如下所示：

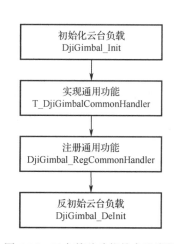

图 6-18 云台基础功能的实现流程

```
typedef struct {
    // 获取云台状态
    T_DjiReturnCode (*GetSystemState)
        (T_DjiGimbalSystemState *systemState);
    // 获取姿态信息
    T_DjiReturnCode (*GetAttitudeInformation)
        (T_DjiGimbalAttitudeInformation *attitudeInformation);
```

```
    // 获取校准状态
    T_DjiReturnCode (*GetCalibrationState)
        (T_DjiGimbalCalibrationState *calibrationState);
    // 旋转
    T_DjiReturnCode (*Rotate)
        (E_DjiGimbalRotationMode rotationMode,
            T_DjiGimbalRotationProperty rotationProperty,
            T_DjiAttitude3d rotationValue);
    // 开始校准
    T_DjiReturnCode (*StartCalibrate)(void);
    // 设置云台模式
    T_DjiReturnCode (*SetMode)(E_DjiGimbalMode mode);
    // 重置
    T_DjiReturnCode (*Reset)(E_DjiGimbalResetMode mode);
    ...

} T_DjiGimbalCommonHandler;
```

创建了 T_DjiGimbalCommonHandler 实例后，即可通过 DjiGimbal_RegCommonHandler 函数注册云台基本功能，此时即可在 Polit 2 或 MSDK 应用程序中使用云台负载了。

6.3 本章小结

本章介绍了视频流的显示和处理，以及云台和相机的控制与开发方法。随着无人机行业应用的不断深入，视频流的处理以及云台和相机的控制已成为各种行业领域的重要基础。可以发现，PSDK 对这些功能做出的高度封装，开发起来非常简单便捷。

视频流包括相机视频流和灰度图，前者可以实现地物识别、勘测检查等工作，后者则更加侧重于实时环境分析。使用 PSDK 不仅可以开发云台和相机，还可以对已有的云台和相机进行控制，两者结合起来可以实现非常复杂和实用的功能。例如，通过自动追踪、人脸识别等 AI 技术，强化拍摄过程的智能化和自动化，或者实现更高级的场景识别和控制。

6.4 习题

1. 实现视频流的获取和显示。
2. 实现无人机云台和相机的控制功能。

第 7 章　执行飞行任务

在无人机的行业应用中，经常需要无人机执行特定的飞行任务。通过 PSDK 可以通过运动规划，沿着预定的轨迹执行特定的飞行任务，提高作业效率和安全性。PSDK 提供了两种飞行任务 API，分别是航点任务和兴趣点环绕任务。在航测领域，可以通过设定航向和旁向重叠率自动生成飞行轨迹，执行航点任务采集航摄像片。在巡检或建模领域，通过兴趣点环绕任务可以对目标地物进行全面细致的观察。

本章将分别介绍航点任务和兴趣点环绕任务的基本用法，核心知识点如下：

❑ 航点任务；

❑ WPWL；

❑ 兴趣点环绕任务。

7.1　航点任务

航点任务就是通过航点（Waypoint）的方式设计无人机的飞行轨迹。开发者或飞手可以在地面上规划出无人机飞行的多个航点，然后将这些航点上传到无人机中。之后，无人机飞控会依次沿着这些航点飞行，直到任务结束。每当无人机到达或者将要到达某个航点时，将会执行特定的动作，如悬停、拍照、录像等，从而自动化地完成开发者或飞手预期的功能。

7.1.1　设计航点任务

航点任务是无人机自动飞行中最具灵活性的飞行任务，可以覆盖多种行业应用场景。因此，自从大疆 SDK 推出以来，航点任务就深刻被绑定在 MSDK 和 PSDK 中，并成为开发者重点学习和最为常用的功能之一。航点任务经历了 3 个版本的迭代。早期的行业机型和消费机型（如 M210 RTK、Mavic Pro 等）使用航点任务 1.0 版本，最高支持 100 个航点，并且飞行轨迹和动作设计比较固定。M300 RTK 是一个支持航点任务 2.0 的机型，不仅将航点数量提升到了 65535 个，并且可以设计更加灵活的飞行轨迹。无论是航点任务 1.0 还是航点任务 2.0，都需要开发者通过 API 自行定义航点、航点动作以及飞行速度等基本属性。航点任务 3.0 则将航点任务的设计和执行分离，通过 KMZ 文件设计任务，通过 PSDK API 执行任务，通用型和兼容性更好。航点任务的版本对比如表 7-1 所示。

表 7-1　航点任务的版本对比

特　　点	航点任务 1.0	航点任务 2.0	航点任务 3.0
支持机型	M200、M210、M210 RTK 等	M300 RTK M350 RTK	M3E/M3T、M30/M30T、M3D、M3TD 等
最大航点数	100 个	65535 个	65535 个
兴趣点数	1 个	多个	多个
描述	初代版本，已弃用	更多灵活的航线和航点配置	航点任务的设计和执行分离

目前，PSDK V3 支持航点任务 2.0 和 3.0 两个版本，两者在性能上没有明显的差异，只是执行的方式和 API 不同而已。航点任务 2.0 的函数有关类型分别在 dji_waypoint_v2.h 和 dji_waypoint_v2_type.h 中定义；航点任务 3.0 的 API 在 dji_waypoint_v3.h 中定义。

注意：由于航点任务 2.0 和 3.0 所支持的机型不同，开发者需要注意硬件适配问题。

由于航点任务 3.0 的灵活性、便捷性和适配性更强，因此推荐开发者优先使用航点任务 3.0。本小节也将重点介绍航点任务 3.0 的设计。

1. 航点任务基本概念

航点任务 3.0 共细分为航点飞行、建图航拍、倾斜摄影和航带飞行，如图 7-1 所示。这 4 类航点任务是通过任务执行的目的来分类的，但其本质是相通的，最终都是一系列的航点组成。

图 7-1　航点任务类型

以上几种航点任务类型都是生成航点的方式，在后文的航点标记语言 WSML 中也被称为模板类型，用于不同的任务场景。

（1）航点飞行：用户自定义绘制航点。

（2）建图航拍：传统航测任务的航线设计，以蛇形走线（"弓"字形）的方式对目标区域拍摄航空像片。

（3）倾斜摄影：对航测区域进行多角度倾斜拍摄，便于形成更加精细的 DSM 以及实景三维数据产品。

（4）航带飞行：针对河流、道路、输电线等条状、带状的区域优化的航测任务设计方式。

在大疆司空 2 中，航点飞行称为航点航线，建图航拍和倾斜摄影称为面状航线，航带飞行称为带状航线，如图 7-2 所示。

无论是哪种航点任务类型，都需要对航点任务的全局参数和航点参数进行设置。这里的全局参数和航点参数并不是大疆官方提出的概念，但本书为了整体介绍航点任务的整体框架引入了这两个概念，为的是让开发者更快学习并掌握航点任务中重要的参数选项。

1）全局参数

影响航点任务整体的参数即全局参数，包括高度模式、安全起飞高度、飞向首航点模式等，下面介绍几个重要的全局参数。

（1）高度模式：高度模式包括海拔高度（也称为绝对高度）、相对地面高度和相对起飞点高度，如图 7-3 所示。

在海拔高度模式（Above Sea Level，ASL）下，航点的高度值是以 EGM96 模型为基准的高度。

在相对地面高度模式（Above Ground Level，AGL）下，航点的高度值是以地面高度为基准的高度。

在相对起飞点高度模式（Altitude，ALT）下，航点的高度值是以相对起飞点的高度为基准的高度值。

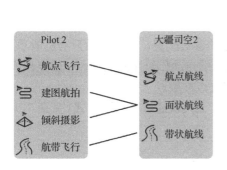

图 7-2　航点任务类型对应关系

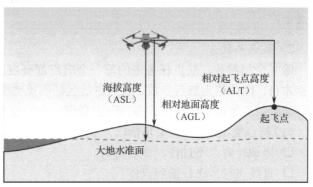

图 7-3　高度模式

注意：EGM96 是一种重力场模型（Earth Gravity Model），其在 WGS1984 椭球体上附加了重力偏差数据，以便于尽可能地拟合大体水准面，更好地表达地球的真实形状。目前，地球重力模型已经有了 EGM84、EGM96、EGM2008 和 EGM2020 等版本。在 EGM96 模式下的高度称为海拔高度，WGS1984 椭球体上的高度称为椭球高度。

实际上，由于全球导航卫星系统（GNSS）所测量的高度一般都是椭球高度，因此相对起飞点高度模式更加常用，也更加直观。

（2）安全起飞高度：无人机执行任务前后最低的滞空高度。无人机起飞后首先升空至安全起飞高度后再执行其他动作，执行航点任务时，不会低于此安全起飞高度。

（3）飞向首航点模式：包括安全模式和倾斜飞行模式，如图 7-4 所示。安全模式下，无人机起飞后升高到起飞安全高度或首航点高度（以最高的高度为准）后飞往首航点。倾斜飞行模式下，无人机起飞后升高到起飞安全高度后以最短路线飞行至首航点，即倾斜爬升至起始点。显然，倾斜飞行模式更加节省电量，但并不一定安全。

（4）完成动作：任务结束后的动作，包括返航、原地降落、飞往首航点和无动作等。

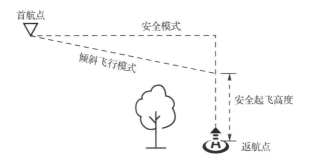

图 7-4　安全起飞高度和飞向首航点模式

（5）失控后是否继续执行航线：与遥控器断开连接（失控）后继续执行航线或执行失控动作。

（6）失控动作：包括返航、降落和悬停。

注意：建议开发者慎重选择完成动作及失控动作等配置选项，直接影响任务效率以及飞行安全。

2）航点参数

除了全局参数，航点任务中的每一个航点都有自己的参数配置，这些参数只会影响单个航点本身，因此称为航点参数。航点参数包括航点类型、航点动作组和航点动作、航点高度、飞行速度、飞行器偏航角模式等，下面介绍几个重要的航点参数。

（1）航点类型：航点类型包括以下5种类型，用于定义无人机通过航点的方式（见图7-5）。

- ❑ 协调转弯，不过点，提前转弯。
- ❑ 直线飞行，飞行器到点停。
- ❑ 曲线飞行，飞行器到点停。
- ❑ 曲线飞行，飞行器过点不停。
- ❑ 平滑过点，提前转弯。

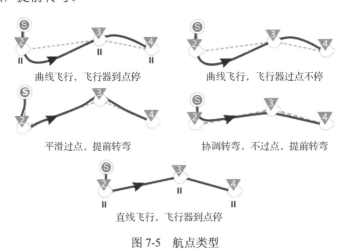

图 7-5　航点类型

（2）**航点动作组和航点动作**：航点动作组是最为重要的航点参数，定义了无人机到达航点后执行的一系列动作。航点动作组中的动作是有顺序的，无人机到达航点后会依次执行这些动作。航点动作包括 2 类，分别是飞行动作和负载动作。飞行动作是指无人机飞行平台执行的动作，如下所示。

❑ 悬停：无人机悬停在航点处。

❑ 飞行器航偏角：改变无人机的航偏角，朝向特定的方向。

负载动作是指负载（一般为云台相机负载）执行的动作，

在航点任务 3.0 中，每个航点任务中最多执行 65535 个动作。其中，每一个动作是由动作 ID、触发器以及执行器组成。触发器用于定义执行动作的时机，常见的触发条件如下。

❑ 定时触发：固定时间结束后执行动作。

❑ 距离触发：固定具体移动后执行动作。

❑ 动作串行触发：依次执行动作。

❑ 动作并行触发：同时执行动作。

❑ 航点触发：到达航点时执行动作。

一般来说，航点触发使用的频率最大，最为常用。执行器用于定义动作的内容，常见的执行器如下。

❑ 拍照：负载进入拍照模式，并拍摄一张照片。

❑ 开始录像：负载进入录像模式，并开始录像。

❑ 停止录像：停止当前录像。

❑ 云台俯仰角：改变负载的俯仰角到特定的角度。

❑ 云台偏航角：改变负载的偏航角到特定的角度。

❑ 相机变焦：改变变焦相机的角度到特定的倍数。

❑ 开始等时间间隔拍照：开始每隔一段时间拍摄一张照片。

❑ 开始等距离间隔拍照：开始每过一段距离拍摄一张照片。

❑ 结束间隔拍照：结束等时间或等距离间隔拍照。

❑ 创建文件夹：在负载的存储介质中创建目录。

（3）航点高度：针对所有航点设置的航点高度，即全局航点高度。如果航点没有设置自身的航点高度，那么将以全局航点高度为准。

注意：航点的椭球高度是起飞点高度和相对起飞点高度之和。

（4）飞行速度：航点的飞行速度是指从当前航点飞向下一个航点的速度。

（5）飞行器偏航角模式：指无人机的航向控制模式，包括沿航线方向、手动控制、锁定当前航偏角等模式，如图 7-6 所示。

（6）云台俯仰角：在具体配置时，可以针对航点设置具体的云台俯仰角度，也可以手动控制。飞行器从一个航点飞向下一个航点的过程中，云台俯仰角均匀过渡至下一个航点的俯仰角。

沿航线方向　　锁定当前偏航角　　手动控制

图 7-6　飞行器偏航角模式

对于航点类型、航点高度、飞行速度、飞行器偏航角模式等航点参数来说，也有相应的全局参数配置选项，用于对所有的航点进行统一配置。不过，航点参数大于全局参数，对于设置了航点参数的航点来说，以航点参数为准。

在其他航点任务类型中，都会直接或者间接（由软件自动配置）地包括以上这些参数。当然，不同的任务类型还有一些独特的参数用于自动生成复杂的航线。例如，在建图航拍中，通过绘制航拍区域，设置航线方向、航向和旁向重叠率、拍摄模式、边距等额外的参数，由软件自动生成航点、航线。

2. 航点标记语言

航点标记语言（WayPoint Markup Language，WSML）是大疆发布的航点任务设计语言规范，具有以下几个特点。

- ❑ WSML 是开源的：WSML 的定义公开，开发者可以在大疆上云 API 的官方文档中找到关于 WSML 的详细定义和用法。用户和开发者可以根据定义自行创建 WSML 文件并扩展相应的语法。
- ❑ WSML 是基于 KML 的：KML（Keyhole Markup Language）是一种基于 XML 的开源标记语言。KML 是 OGC 标准，被广泛用于标记地理信息，是一种常用的 GIS 数据交换格式。因此，WSML 语言所定义的航点、航线信息不仅具有较强的易读性，而且可以很方便地被各种编程语言所解析。
- ❑ WSML 是多平台通用的：WSML 在大疆产品体系中广泛应用，无论是 Polit 2 还是大疆司空 2（Flight Hub 2）软件，或是 PSDK、MSDK 和上云 API，通过 WSML 定义的航点任务是通用的，可以在多个设备、多个产品、多个体系中无缝衔接。

注意：在 DJI Polit 软件中采用 KML 文件格式定义航点，非 WSML 格式。旧版 KML 航线任务可以通过 DJI Polit 2 软件转换为新的 WSML 格式的航点任务文件。

WSML 是标记语言，通过 WSML 定义的航点任务最终是以 KMZ 文件格式打包的。KMZ 文件格式的本质上是 KML（WSML）文件的 ZIP 压缩格式，方便数据交换。因此，对于 waypoint_mission.kmz 航点任务文件来说，可以直接通过解压压缩软件，得到一个包含 wpmz 目录的文件结果，如下所示：

```
waypoints_name.kmz
└── wpmz
    ├── res                  // 资源文件目录
    ├── template.kml         // 模板文件
    └── waylines.wpml        // 执行文件
```

可见，在 wpmz 目录中，包括以下几部分。

- ❑ res：用于存放辅助资源。例如，在航测任务中，可能包括数字表面模型（Digital Surface Model，DSM）文件，用于描述任务工作区的地形情况。
- ❑ template.kml：用于定义业务属性，方便用户快速编辑调整任务。这里的"模板"是指建图航拍模板，定义了工作区（测绘区域）以及航线重叠率等基本信息，以及无人机和负载的基本信息，并不具体定义航点位置和动作等执行细节。
- ❑ waylines.wpml：用于定义航点执行细节，包含了每一个航点的类型、位置以及所需要执行的动作信息。

下面将详细介绍 template.kml 和 waylines.wpml 文件结构，然后介绍如何在大疆司空 2 和 DJI Polit 2 软件中创建航点任务文件。

1）模板文件 template.kml

模板文件 template.kml 包含了任务的基本信息，包括任务创建人员、任务配置选项，任务模板的模板类型、模板 ID、坐标系统参数、作业区域，以及负载参数等，示例代码如下：

```
<?xml version="1.0" encoding="UTF-8"?>
<kml xmlns="http://www.opengis.net/kml/2.2"
    xmlns:wpml="http://www.dji.com/wpmz/1.0.4">
  <Document>
    <!-- 创建人员 -->
    <wpml:author>15110090085</wpml:author>
    <!-- 创建日期 -->
    <wpml:createTime>1702181829774</wpml:createTime>
    <!-- 更新日期 -->
    <wpml:updateTime>1702182235827</wpml:updateTime>
    <!-- 任务配置选项 -->
    <wpml:missionConfig>...</wpml:missionConfig>
    <!-- 任务模板 -->
    <Folder>
      <!-- 模板类型 -->
      <wpml:templateType>mapping2d</wpml:templateType>
      <!-- 模板 ID -->
      <wpml:templateId>0</wpml:templateId>
      <!-- 坐标系统参数 -->
      <wpml:waylineCoordinateSysParam>...
      </wpml:waylineCoordinateSysParam>
      <!-- 全局飞行速度 -->
      <wpml:autoFlightSpeed>15</wpml:autoFlightSpeed>
      <!-- 作业区域 -->
      <Placemark>...</Placemark>
      <!-- 负载参数 -->
      <wpml:payloadParam>...</wpml:payloadParam>
    </Folder>
  </Document>
</kml>
```

其中主要标签的含义如下。

（1）创建日期和更新日期采用 Unix 时间戳（Unix Timestamp）。Unix 时间戳是指协调世界时间（UTC）从 1970 年 1 月 1 日 0 时至今以来的秒数。例如，2024 年 1 月 1 日 0 时的 Unix 时间戳是 1704067200。

（2）模板类型包括航点飞行（waypoint）、建图航拍（mapping2d）、倾斜摄影（mapping3d）和航带飞行（mappingStrip），对应了 4 种不同的航点任务类型。

模板 ID 则是用于指定任务模板的唯一值，通常从 0 开始计数。

注意： 在\<Folder\>标签中，根据模板类型的不同，所包含的标签类型也并不相同。

（3）全局飞行速度则是在没有指定航点飞行速度的前提下默认的飞行速度，单位为米/秒。

（4）作业区域采用典型的 KML 语法，用于指定任务区域。

（5）坐标系统参数和负载参数分别用于指定任务执行的坐标系统和负载。

任务配置选项\<wpml:missionConfig\>标签部分定义了执行任务的默认参数，典型的配置如下所示：

```
<wpml:missionConfig>
  <!-- 飞向首航点模式 -->
  <wpml:flyToWaylineMode>safely</wpml:flyToWaylineMode>
  <!-- 任务结束动作 -->
  <wpml:finishAction>goHome</wpml:finishAction>
  <!-- 失控后是否继续执行航线 -->
  <wpml:exitOnRCLost>goContinue</wpml:exitOnRCLost>
  <!-- 失控动作 -->
  <wpml:executeRCLostAction>goBack</wpml:executeRCLostAction>
  <!-- 起飞安全高度 -->
  <wpml:takeOffSecurityHeight>20</wpml:takeOffSecurityHeight>
  <!-- 参考起飞点高度 -->
  <wpml:takeOffRefPoint>43.8532,125.2971,232.0413</wpml:takeOffRefPoint>
  <!--参考起飞参考点 AGL 高度 -->
  <wpml:takeOffRefPointAGLHeight>0</wpml:takeOffRefPointAGLHeight>
  <!-- 全局航线过渡速度 -->
  <wpml:globalTransitionalSpeed>15</wpml:globalTransitionalSpeed>
  <!-- 全局返航高度 -->
  <wpml:globalRTHHeight>100</wpml:globalRTHHeight>
  <!-- 飞行器信息 -->
  <wpml:droneInfo>...
  </wpml:droneInfo>
  <!-- 负载信息 -->
  <wpml:payloadInfo>...
  </wpml:payloadInfo>
</wpml:missionConfig>
```

其中主要标签的含义如下。

（1）飞向首航点模式：无人机起飞后到达首航点的方式，包括安全模式（safely）和倾斜飞行模式（pointToPoint）。

（2）任务结束动作：任务结束后执行的动作，包括返航（goHome）、原地降落（autoLand）、飞往首航点（gotoFirstWaypoint）和无动作（noAction）。

（3）失控后是否继续执行航线：与遥控器断开连接（失控）后继续执行航线（goContinue）或执行失控动作（executeLostAction）。

（4）失控动作：包括返航（goBack）、降落（landing）和悬停（hover）。

（5）参考起飞点高度和参考起飞点 AGL 高度：规划航点任务的参考起飞点，以实际任务执行时的起飞点为准。参考起飞点高度是以 WGS1984 坐标系为基准的椭球高度，参考起飞点

AGL 高度则表示海拔高度。

（6）全局航线过渡速度：飞往首航点或任务断点的飞行速度。

（7）全局返航高度：返航高度。

（8）飞行器信息：飞行器类型通过类型编码表示，包括无人机主类型编码<wpml: droneEnumValue>和子类型编码<wpml:droneSubEnumValue>，如表 7-2 所示。

表 7-2　无人机类型编码

无 人 机	主类型编码	子类型编码
M350 RTK	89	—
M300 RTK	60	—
M30/M30T	67	0 表示 M30；1 表示 M30T
M3E/M3T/M3M	77	0 表示 M3E；1 表示 M3T；2 表示 M3M
M3D/M3TD	91	0 表示 M3D；1 表示 M3TD

例如，采用 M30T 无人机时，飞行器信息代码如下：

```
<wpml:droneInfo>
  <wpml:droneEnumValue>67</wpml:droneEnumValue>
  <wpml:droneSubEnumValue>1</wpml:droneSubEnumValue>
</wpml:droneInfo>
```

（9）负载信息：与无人机信息类似，负载类型和挂载位置也是通过编码的方式设置的，常见的负载编码包括 42（H20）、43（H20T）、52（M30 相机）、53（M30T 相机）、61（H20N）、66（M3E 相机）、67（M3T 相机）、68（M3M 相机）、80（M3D 相机）、81（M3TD 相机）、65534（PSDK 负载相机）等。

负载的挂载位置编号包括 0（主相机或左前方）、1（右前方）和 2（上方）。

例如，采用 M30T 主相机时，负载信息代码如下：

```
<wpml:payloadInfo>
  <wpml:payloadEnumValue>53</wpml:payloadEnumValue>
  <wpml:payloadPositionIndex>0</wpml:payloadPositionIndex>
</wpml:payloadInfo>
```

2）执行文件 waylines.wpml

执行文件 waylines.wpml 包含了任务配置选项以及航点、航线的详细定义，其文件结构代码如下：

```
<?xml version="1.0" encoding="UTF-8"?>
<kml xmlns="http://www.opengis.net/kml/2.2"
    xmlns:wpml="http://www.dji.com/wpmz/1.0.4">
  <Document>
    <!-- 任务配置选项 -->
  <wpml:missionConfig>
    ...
```

```
  </wpml:missionConfig>
  <Folder>
    <!-- 模板 ID -->
    <wpml:templateId>0</wpml:templateId>
    <!-- 执行高度模式 -->
    <wpml:executeHeightMode>WGS84</wpml:executeHeightMode>
    <!-- 航线 ID -->
    <wpml:waylineId>0</wpml:waylineId>
    <!-- 航线长度 -->
    <wpml:distance>2407.70263671875</wpml:distance>
    <!-- 滞空时间 -->
    <wpml:duration>219.143844604492</wpml:duration>
    <!-- 全局飞行速度 -->
    <wpml:autoFlightSpeed>15</wpml:autoFlightSpeed>
    <!-- 航点 -->
    <Placemark> ...
    </Placemark>
    ...
  </Folder>
</Document>
</kml>
```

一般情况下，航线文件 waylines.wpml 中的任务配置选项<wpml:missionConfig>、模板 ID 等均与模板文件 template.kml 保持一致。执行高度模式包括 WGS84 椭球高度模式（WGS84）、相对起飞点高度模式（relativeToStartPoint）和实时仿地高度模式（realTimeFollowSurface）。

在<Folder>标签中，包含了多个航点<Placemark>标签，定义了航点位置、航点序号、执行高度、飞行速度、执行动作等信息，典型的结构代码如下：

```
<Placemark>
  <!-- 航点位置 -->
  <Point> ... </Point>
  <!-- 航点序号 -->
  <wpml:index>0</wpml:index>
  <!-- 执行高度 -->
  <wpml:executeHeight>381.625</wpml:executeHeight>
  <!-- 飞行速度(m/s) -->
  <wpml:waypointSpeed>15</wpml:waypointSpeed>
  <!-- 航向参数 -->
  <wpml:waypointHeadingParam>
    <wpml:waypointHeadingMode>followWayline</wpml:waypointHeadingMode>
    ...
  </wpml:waypointHeadingParam>
  <!-- 转弯参数 -->
  <wpml:waypointHeadi<wpml:waypointTurnParam>
    <!-- 转弯模式 -->
    <wpml:waypointTurnMode>
```

```
      toPointAndStopWithDiscontinuityCurvature
    </wpml:waypointTurnMode>
    <wpml:waypointTurnDampingDist>0</wpml:waypointTurnDampingDist>
  </wpml:waypointTurnParam>
  <!-- 是否直线飞行 -->
  <wpml:useStraightLine>1</wpml:useStraightLine>
  <!-- 执行动作组 -->
  <wpml:actionGroup>
    <wpml:actionGroupId>0</wpml:actionGroupId>
    <wpml:actionGroupStartIndex>0</wpml:actionGroupStartIndex>
    <wpml:actionGroupEndIndex>12</wpml:actionGroupEndIndex>
    <wpml:actionGroupMode>sequence</wpml:actionGroupMode>
    <wpml:actionTrigger>
      <wpml:actionTriggerType>multipleTiming</wpml:actionTriggerType>
      <wpml:actionTriggerParam>2</wpml:actionTriggerParam>
    </wpml:actionTrigger>
    <!-- 执行动作 -->
    <wpml:action> ... </wpml:action>
    ...
  </wpml:actionGroup>
  <!-- 云台偏航参数 -->
  <wpml:waypointGimbalHeadingParam>
    <wpml:waypointGimbalPitchAngle>0</wpml:waypointGimbalPitchAngle>
    <wpml:waypointGimbalYawAngle>0</wpml:waypointGimbalYawAngle>
  </wpml:waypointGimbalHeadingParam>
</Placemark>
```

其中主要标签的含义如下。

（1）航点位置：航点的坐标位置，采用 KML 语法定义。

（2）航点序号：航点的顺序，0 表示首航点。

（3）执行高度：航点的高度值，由执行高度模式定义。

（4）飞行速度：飞向航点的飞行速度。

（5）航向参数：包括航向模式<wpml:waypointHeadingMode>等选项。航向模式包括面向航点（followWayline）、手动控制（manually）、锁定航偏角（fixed）、平滑过渡（smoothTransition）和朝向兴趣点（towardPOI）。当航向模式选择平滑过渡时，需要使用<wpml:waypointHeadingAngle>配置过渡的目标偏航角。当航向模式选择朝向兴趣点时，需要使用<wpml:waypointPoiPoint>配置兴趣点位置。

（6）转弯参数和转弯模式：航点转弯模式包括以下 4 种类型。

❑ coordinateTurn：协调转弯，不过点，提前转弯。

❑ toPointAndStopWithDiscontinuityCurvature：直线飞行，飞行器到点停。

❑ toPointAndStopWithContinuityCurvature：曲线飞行，飞行器到点停。

❑ toPointAndPassWithContinuityCurvature：曲线飞行，飞行器过点不停。

如果需要使用"平滑过点，提前转弯"模式，则需要将航点模式设置为 toPointAndPass

WithContinuityCurvature 并且设置\<wpml:useStraightLine\>为 1。在"平滑过点，提前转弯"模式以及"协调转弯，不过点，提前转弯"模式下，需要设置航点转弯截距\<wpml:waypoint TurnMode\>。

（7）执行动作组和执行动作：执行动作组\<wpml:actionGroup\>包括一个或者多个执行动作\<wpml:action\>。这些动作将会满足触发器\<wpml:actionTrigger\>时执行。

（8）云台偏航参数：指定云台的俯仰和偏航角度。

7.1.2 创建航点任务

在 Polit 2 和大疆司空 2 中均可以创建航点任务，但这两款软件、运行平台和创建模式有所不同，如表 7-3 所示。

表 7-3　Polit 2 和大疆司空 2 软件对比

对　比	Polit 2	大疆司空 2
运行环境	运行在行业无人机遥控器中（Android 平台）	运行在 Web 端（任意桌面设备、移动设备）
创建航点的方式	地图选点（绘制） 在线任务录制	地图选点（绘制） 模拟飞行
基础地图	2 维基础地图	2.5 维基础地图
协作能力	不支持	支持多设备和团队协作
费用	免费	标准版免费 高级功能收费

下文将分别介绍在 Polit 2 和大疆司空 2 中创建航点任务的基本方法。

1．在 Polit 2 中创建航点任务

如图 7-7 所示，在 Polit 2 主界面中单击【航线】，进入航线库界面。

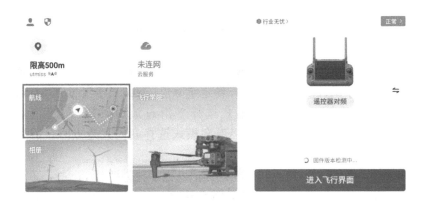

图 7-7　Polit 2 主界面

航线库界面中包含【创建航线】【航线导入(KMZ/KML)】等按钮，以及已经保存的航线任务，如图 7-8 所示。

图 7-8　航线库界面

注意：通过单击【航线导入(KMZ/KML)】按钮，可以将旧版的 KML 航线任务文件转化为新版的 KMZ 航点任务文件。

在该界面的导航栏中，单击【收藏】选项卡还可以将界面切换到收藏的航点任务界面。单击【创建航线】按钮，在弹出的界面中可选择航线类型。

单击"新建航点飞行 1"中的【地图选点】按钮，可自定义航点任务。

此时，即可在地图上从首航点（S）开始依次绘制各个航点的位置，并在右侧的窗口中设置和调整相关参数。单击左上角的返回（<）按钮可保存且退出航点任务。

在航线库界面中，单击右上角的【选择】按钮，并选择具体的航点任务，即可复制或删除该航点任务，或者将该航点任务导出为 KMZ 文件。

2. 在大疆司空 2 中创建航点任务

大疆司空 2 是一站式无人机任务管理云平台，实现了团队信息的高效聚合、处理与同步，方便多人、多机共同协作完成飞行任务。相对于 Polit 2，大疆司空具有以下几方面的优势。

❑ 方便多机协作：大疆司空 2 是典型的无人机软件，即服务（SaaS）应用程序，与具体的设备无关。操作人员可以在任何操作系统、任何环境下通过互联网设计并执行飞行任务。大疆司空 2 支持多终端数据标注与实时同步，实时共享标记目标、规划路线等，以及团队成员位置、任务和地图信息。对于同一个飞行任务，可以指派多个设备同时完成飞行和既定任务。

❑ 方便设计航线：提供了全球 2.5 维基础地图，开发者可以很方便地设计复杂的航线，沿着地形起伏设计飞行路线，尽可能避开各类障碍物，让航线飞行更安全，拍摄成果更准确。

❑ 方便自动化管理：通过大疆司空 2 可以进行无人值守作业飞行任务，实现远程管理，并且自动回传无人机的作业成果并将其归档。

大疆司空 2 包括标准版、专业版和三年版大容量套餐等版本，其中标准版是免费的。在浏览器中输入 https://fh.dji.com/地址即可进入大疆司空 2 的登录界面。当用户第一次登录大疆司空 2 时，将会弹出如图 7-9 所示的界面。

用户在该界面中可以单击创建一个新组织或单击加入已有项目，在私域内创建并管理飞行任务。本小节为了测试航点任务创建了一个测试组织：单击【创建组织】按钮，进入选择所属行业界面，如图 7-10 所示。

随后，在弹出的对话框中输入组织名称并单击【确认】按钮，进入大疆司空 2 的主界面，如图 7-11 所示。

图 7-9　创建组织或者加入已有项目界面

图 7-10　选择所属行业界面

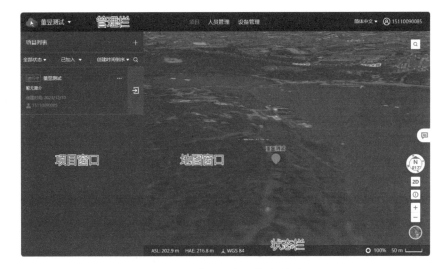

图 7-11　大疆司空 2 的主界面

大疆司空 2 的主界面包含以下几部分内容。

❑ 管理栏：在主界面的上方显示，包括项目、人员管理和设备管理等功能。

❑ 项目窗口：在主界面的左侧窗口中显示，显示了当前用户的所有项目。

❑ 地图窗口：在主界面的中央位置显示，显示项目的位置信息。

❑ 状态栏：在主界面的地图窗口下方显示，显示当前地图的比例尺、放大比例、坐标系等信息。

对于新用户而言，需要手动创建项目。项目创建完成后，单击项目右侧的 ⏎ 按钮即可进入项目界面。

在项目界面中，通过左侧侧边栏中的按钮可以切换项目管理功能，主要功能如下。

❑ 👥 团队：管理团队内的设备和成员。

❑ ⚑ 地图标注：在地图上进行标注。例如，可以标注关键点、障碍物等信息，以便规划航线时参考。

❑ 🖼 地图照片：管理地图照片，方便了解相应区域的实际信息。

❑ 🏬 地图模型：管理或查看已有的地图模型，方便设计航线。

❑ ⛰ 地图作业区域：自定义飞行区和地形障碍物。

❑ 🐍 航线库：设计规划航线。

❑ 🗓 计划库：设计自动执行的飞行任务。

❑ 🖼 媒体库：管理已经采集的照片或视频。

❑ 📦 模型库：管理通过航测建模方式得到的二维或三维模型。

为了设计航点任务，单击【🐍航线库】按钮，弹出的创建新航线界面，如图 7-12 所示。

图 7-12　创建新航线界面

在图 7-12 中，输入航线名称，选择飞行器与负载以及航线类型后即可进入航线编辑界面，如图 7-13 所示。在该界面中，左侧菜单中列出了航线的基本属性和航点列表；中间的地图显示了无人机飞行的地图模拟界面；右侧下方的窗口模拟了无人机飞行的 FPV 界面，包括无人机的姿态、航向、高度以及飞行视角模拟图像。

图 7-13　航线编辑界面

此时，即可编辑航线的基本信息，并通过模拟飞行的方式创建航点，常见的操作方法如下（见图 7-14）。

（1）通过键盘上的 W、S、A、D 键可以移动无人机，功能等同于遥控器的右手摇杆（美国手），通过 Q、E、Z、C 键可以分别控制无人机向左旋转、向右旋转、下降和上升，相当于遥控器的左手摇杆功能（美国手）。

（2）移动无人机到合适的位置后，按下 Space 键新增航点；如果需要切换航点和航点动作，可以通过方向键操作。

（3）通过数字键可以切换相机镜头。

（4）通过～键可以切换视角显示。

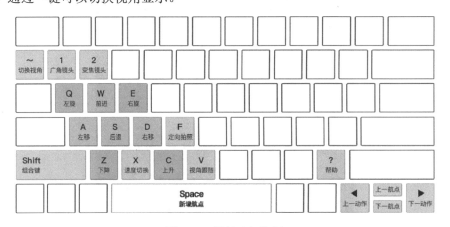

图 7-14　模拟飞行控制

创建并保存航线后，可在航线库界面中将航线导出为 KMZ 航点任务文件。

7.1.3　执行航点任务

有了 KMZ 航点任务文件后，航点任务的执行就非常简单了。航点任务 3.0 的 API 简化了航点任务执行的操作，相关的函数、枚举类型和结构体均在 dji_waypoint_v3.h 头文件中定义，主要函数如表 7-4 所示。

表 7-4　无人机执行航点任务的主要函数

函　　数	描　　述
*_Init(void)	初始化航点任务模块
*_UploadKmzFile	上传（加载）KMZ 航点任务文件
*_Action	执行航点任务控制操作
*_RegMissionStateCallback	注册任务状态回调函数
*_DeInit(void)	反初始化航点任务模块

注意：使用时需要将*替换为 DjiWaypointV3。

1．执行航点任务的基本方法

通过 DjiWaypointV3_Action 可以执行常见的航点任务控制操作，主要包括开始（START）、结束（STOP）、暂停（PAUSE）、继续（RESUME），由 E_DjiWaypointV3Action 枚举类型定义，代码如下：

```
typedef enum {
    DJI_WAYPOINT_V3_ACTION_START = 0,      // 开始任务
    DJI_WAYPOINT_V3_ACTION_STOP = 1,       // 结束任务
    DJI_WAYPOINT_V3_ACTION_PAUSE = 2,      // 暂停任务
    DJI_WAYPOINT_V3_ACTION_RESUME = 3,     // 继续任务
} E_DjiWaypointV3Action;
```

典型的航点任务控制流程如图 7-15 所示。

枚举类型 E_DjiWaypointV3State 定义了航点任务的状态，代码如下：

```
typedef enum {
DJI_WAYPOINT_V3_STATE_IDLE = 0,                        // 空闲
    DJI_WAYPOINT_V3_STATE_PREPARE = 16,               // 准备
    DJI_WAYPOINT_V3_STATE_TRANS_MISSION = 32,         // 上传任务
    DJI_WAYPOINT_V3_STATE_MISSION = 48,               // 执行任务
    DJI_WAYPOINT_V3_STATE_BREAK = 64,                 // 暂停
    DJI_WAYPOINT_V3_STATE_RESUME = 80,                // 继续
    DJI_WAYPOINT_V3_STATE_RETURN_FIRSTPOINT = 98,     // 返回起始位置
} E_DjiWaypointV3State;
```

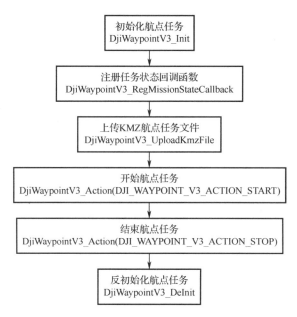

图 7-15　航点任务的控制流程

2. 航点任务样例程序

在 PSDK 样例程序中, test_waypoint_v2.c 和 test_waypoint_v3.c 提供了完整的航点任务 2.0、航点任务 3.0 的任务创建方法。下文将详细介绍航点任务 3.0 的任务创建方法。

1) 初始化航点任务 3.0

初始化航点任务 3.0 的代码如下:

```
returnCode = DjiWaypointV3_Init();
if (returnCode != DJI_ERROR_SYSTEM_MODULE_CODE_SUCCESS) {
    USER_LOG_ERROR("Waypoint v3 init failed.");
    return returnCode;
}
```

2) 注册回调函数

通过 DjiWaypointV3_RegMissionStateCallback 函数注册任务状态回调函数, 代码如下:

```
returnCode = DjiWaypointV3_RegMissionStateCallback(
                DjiTest_WaypointV3MissionStateCallback);
if (returnCode != DJI_ERROR_SYSTEM_MODULE_CODE_SUCCESS) {
    USER_LOG_ERROR("Register waypoint v3 state callback failed.");
    goto out;
}
```

在处理函数 DjiTest_WaypointV3MissionStateCallback 中, 可以将有关信息通过串口输出, 代码如下:

```
static T_DjiReturnCode DjiTest_WaypointV3MissionStateCallback(
```

```
T_DjiWaypointV3MissionState missionState)
{
    USER_LOG_INFO("Waypoint v3 mission state: %d, current waypoint index: %d,
wayLine id: %d", missionState.state,
                missionState.currentWaypointIndex, missionState.wayLineId);
    return DJI_ERROR_SYSTEM_MODULE_CODE_SUCCESS;
}
```

其中，missionState 表示任务执行的状态，其定义如下：

```
typedef struct {
    E_DjiWaypointV3MissionState state;       // 当前的任务状态
    uint32_t wayLineId;                      // 当前的航线 ID
    uint16_t currentWaypointIndex;           // 当前的航点 ID
} T_DjiWaypointV3MissionState;
```

3）加载 KMZ 航点任务文件并执行航点任务

在 STM32 开发平台和 FreeRTOS 环境下，通常没有外设存储。因此，我们一般不会从文件系统中读取文件，而是将文件转换为代码文件，与其他的逻辑代码文件一同编译烧录到 STM32 固件中。在 Linux 环境下，不需要执行这一步骤。

通过 file2c 工具（可以在 PSDK 官方样例代码中的 tools 目录中找到）可以将任意文件转换为头文件。在 Windows 环境下，进入指令行模式。通过 file2c -h 可以查看该指令的帮助说明，如下所示：

```
C:\>file2c -h
Usage: file2c [OPTION...] FILE [FILE...]
file2c creates a C sources and headers from files.

Examples:
file2c icon.png     # Create 'icon_png.h' from the contents of icon.png
```

例如，使用 file2c 指令将 test.png 等图标图片转换为 test.png.h 文件：

```
file2c test.png
```

转换后的头文件内容包括宏定义和内容数据数组，代码内容大致如下：

```
#include <stdint.h>

// 文件的基本信息
// 文件名
#define test_png_fileName        "test.png"
// 文件长度
#define test_png_fileSize        7059

// 文件内容数据
static const uint8_t test_png_fileBinaryArray[7059] = {
    0x89, 0x50, 0x4E, 0x47, 0x0D, 0x0A,
```

```
   0x1A, 0x0A, 0x00, 0x00, 0x00, 0x0D,
   0x49, 0x48, 0x44, 0x52, 0x00, 0x00,
   0x00, 0xF6, 0x00, 0x00, 0x00, 0x53,
   ...
}
```

其中，宏定义 test_png_fileName 和 test_png_fileSize 分别表示文件名和文件大小，数组 test_png_fileBinaryArray 中装有文件内容，且数组长度和文件长度相同。

在本例中，需要通过 file2c 指令将 KMZ 航点任务文件 waypoint_v3_test_file.kmz 转换为头文件 waypoint_v3_test_file_kmz.h。然后通过 DjiWaypointV3_UploadKmzFile 函数读取航线数据，代码如下：

```
returnCode = DjiWaypointV3_UploadKmzFile(
    waypoint_v3_test_file_kmz_fileBinaryArray,
    waypoint_v3_test_file_kmz_fileSize);
if (returnCode != DJI_ERROR_SYSTEM_MODULE_CODE_SUCCESS) {
    USER_LOG_ERROR("Upload kmz file binary array failed.");
    return returnCode;
}
```

最后，通过 DjiWaypointV3_Action 开始航点任务，代码如下：

```
USER_LOG_INFO("Execute start action");
returnCode = DjiWaypointV3_Action(DJI_WAYPOINT_V3_ACTION_START);
if (returnCode != DJI_ERROR_SYSTEM_MODULE_CODE_SUCCESS) {
    USER_LOG_ERROR("Execute start action failed.");
    goto close_file;
}
```

4）监测任务的执行情况

如果任务结束，通过 DjiWaypointV3_DeInit 函数反初始化即可清理内存空间。不过，在这之前，可以通过消息订阅的方式判断任务是否执行，确保任务执行完毕后，再进行航点任务务的反初始化，代码如下：

```
do {
   // 暂停 2 秒
   osalHandler->TaskSleepMs(2000);
   // 消息订阅，判断无人机的飞行状态
   returnCode = DjiFcSubscription_GetLatestValueOfTopic(
DJI_FC_SUBSCRIPTION_TOPIC_STATUS_FLIGHT,
 (uint8_t *) &flightStatus,
sizeof(T_DjiFcSubscriptionFlightStatus),
 &flightStatusTimestamp);
   if (returnCode != DJI_ERROR_SYSTEM_MODULE_CODE_SUCCESS) {
      USER_LOG_ERROR("error code:0x%08llX", returnCode);
   }
   // 如果无人机滞空，那么继续循环
```

```
} while(flightStatus == DJI_FC_SUBSCRIPTION_FLIGHT_STATUS_IN_AIR);
// 反初始化航点任务
return DjiWaypointV3_DeInit();
```

7.2　兴趣点环绕任务

通过兴趣点（Point of Interset，POI）环绕任务可以以多个角度拍摄目标，方便全方位了解 POI 的全貌，以 360°的方式观察其形态信息，不仅是航拍领域中的重要手法，而且可以方便特定地物（如建筑物、雕塑等）的 3D 建模，如图 7-16 所示。

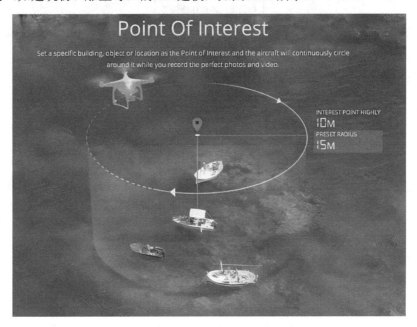

图 7-16　兴趣点环绕任务

1．兴趣点环绕任务的基本方法

兴趣点环绕任务的 API 均在 dji_interest_point.h 头文件中定义，主要函数如表 7-5 所示。

表 7-5　兴趣点环绕任务的主要函数

函　　数	描　　述
*_Init	初始化兴趣点环绕任务模块
*_SetSpeed	设置飞行速度
*_RegMissionStateCallback	注册任务状态回调函数
*_Start	开始执行任务
*_Stop	结束执行任务
*_DeInit	反初始化兴趣点环绕任务模块

开始执行任务时，需要设置 POI 的经纬度和飞行速度，由结构体 T_DjiInterestPointSettings 定义，代码如下：

```
typedef struct {
    dji_f64_t latitude;
    dji_f64_t longitude;
    dji_f32_t speed;
} T_DjiInterestPointSettings;
```

类似于航点任务，兴趣点环绕任务的典型控制流程如图 7-17 所示。

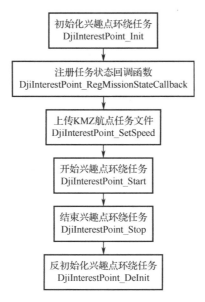

图 7-17   兴趣点环绕任务的典型控制流程

其中，结构体 T_DjiInterestPointMissionState 定义了航点任务状态信息，代码如下：

```
typedef struct {
    dji_f32_t curSpeed;               // 当前速度
    dji_f32_t radius;                 // 飞行半径
    uint8_t state;                    // 状态代码
} T_DjiInterestPointMissionState;
```

2. 兴趣点环绕任务样例

在 PSDK 样例程序 samples\sample_c\module_sample\interest_point\test_interrest_point.c 中，详细介绍了兴趣点环绕的用法，其核心代码如下：

```
T_DjiReturnCode returnCode;
// 设置兴趣点环绕位置
T_DjiInterestPointSettings interestPointSettings = {0};
interestPointSettings.latitude = 22.542812;
interestPointSettings.longitude = 113.958902;
```

```
// 初始化兴趣点环绕任务
returnCode = DjiInterestPoint_Init();
...
// 设置状态回调程序
returnCode = DjiInterestPoint_RegMissionStateCallback(
    DjiUser_InterestPointMissionStateCallback);
...
// 开始兴趣点环绕任务
returnCode = DjiInterestPoint_Start(interestPointSettings);
...
// 设置速度
DjiInterestPoint_SetSpeed(5.0f);
// 等待 1 分钟执行任务
for (int i = 0; i < 60; ++i) {
    USER_LOG_INFO("Interest point mission running %d.", i);
    osalHandler->TaskSleepMs(1000);
}
// 结束兴趣点环绕任务
returnCode = DjiInterestPoint_Stop();
...
// 反初始化兴趣点环绕任务
returnCode = DjiInterestPoint_DeInit();
...
```

从以上代码中可以看出，首先定义了一个 T_DjiInterestPointSettings 结构体变量 interestPointSettings，用于设置兴趣点的经纬度信息。然后整个程序流程从初始化兴趣点环绕任务开始，通过设置兴趣点、注册回调、启动任务、设置速度、执行任务，到最终结束任务并反初始化，构成了一个完整的无人机兴趣点环绕飞行控制流程。最后调用 DjiInterestPoint_DeInit 函数清理和释放与兴趣点环绕任务相关资源。

7.3　本章小结

本章介绍了航点任务和兴趣点环绕任务的基本概念与具体实现。航点任务通常是指无人机按照预设的航点进行飞行，每个航点包含经纬度和高度信息，无人机按照预设的顺序依次飞越这些航点。这种任务方式主要用于地形测绘、巡检、搜索等应用场景，可以实现大范围的覆盖和精确的定位。

兴趣点环绕任务则是指无人机围绕一个指定的静态或动态的兴趣点进行自动飞行，可以自由拍摄和调整角度。这种任务方式主要用于拍摄、监控、侦查等应用场景，可以实现对目标的多角度拍摄，同时提供更丰富的视觉效果和拍摄体验。

相比之下，航点任务更加适合大范围、长距离的飞行任务，而兴趣点环绕任务则更加适合需要围绕一个特定目标进行拍摄和监控的任务。在实际应用中，也可以根据需求将航点任务和兴趣点环绕任务结合使用，以实现更高效、更灵活的飞行控制和任务执行。

7.4 习题

1．通过 Pilot 2 和大疆司空 2 创建航点任务。
2．设计、实现并执行航点任务。
3．设计并执行兴趣点环绕任务。

第8章　设计空中气象站

本章将通过综合案例的方式介绍 PSDK 硬件的产品设计原则和流程，以及如何与 MSDK 进行交互，形成一个完整的行业应用解决方案。获取、记录和分析空中的气象信息对于航空管制、天气预报等工作非常重要。近地面的天气信息只需要设立固定或移动的气象站即可；但是空中的气象信息则比较难以获取，通常使用气象卫星、测雨雷达等遥感方式，或者通过气象飞机、探空气球等直接探测方式两类。气象遥感能够测量大范围的、粗糙的气象信息，但难以获取局部准确的气象信息。直接探测的精度很高，但是同样难以测量局部的气象信息，而且成本也很大，部署起来比较困难。

无人机可以准确地定位到需要测量气象信息的位置，而且可以悬停在空中测量气象信息的变化。对于山体、植被等因素所产生的微环境、微气候，无人机测量具有成本低、精度高等方面的优势。本章将设计用于测量温湿度等信息的无人机负载，在空中记录多个目标位置的气象信息，或者在某一个目标位置多次测量气象信息，形成一个区域内的气象记录网络，或者形成多时序的微环境气象信息。本章将介绍完整的 PSDK 负载软硬件设计流程，核心知识点如下：

- ❑ 负载设计的基本原则；
- ❑ 负载设计的基本流程；
- ❑ 自定义控件和浮窗。

8.1　硬件设计

开发板和树莓派 4B 是我们学习、开发和调试的好帮手，但是在产品研发和量产过程中则需要自行设计硬件产品。本节将首先介绍负载设计的基本原则和需要注意的事项，然后介绍空中气象站的硬件设计过程。

8.1.1　负载设计基本原则

针对无人机负载的使用场景和运行环境，需要强化硬件的稳健、密封和轻便等特性，对于使用 DGC 2.0 接口的负载还需要注意重心设计等问题。本小节将介绍基本的负载设计原则，对于详细的负载开发标准，可参考官方文档。

1. 通用设计原则

无人机负载充当采集特定数据内容的重要身份，或者控制无人机完成特定的飞行任务，因此负载本身应当足够健壮，需要在其稳定性上做足文章，具体来说需要考虑以下几方面。

1）稳健性

无人机的运行环境非常复杂，比如处在炎炎热浪的火灾现场，也可能在寒冬腊月进行电力巡检，或是狂风大作的复杂山区，或是大雨瓢泼的救灾现场。因此，建议开发者选择工作级或者军工级能够在高温或低温下运行的芯片，并且做好散热措施。

另外，负载硬件需要一定的抗干扰能力。行业无人机在运行时会发射大量的电磁波（包括600～700nm 光波、2.4GHz 以及 5.8GHz 无线电波等）。因此负载不仅需要具有防止这部分电磁波干扰电路的能力，更重要的是尽可能避免发射这部分电磁波，以避免干扰无人机的正常运行。

在电路设计中，同样需要做到稳压稳流，适当使用稳压二极管、TVS 二极管，设计足够且有效滤波电容，保证电路的通顺性。如有必要，还可以增加相应的屏蔽设计。

性能上也需要做足考量，比如对于需要图像处理或者 AI 运算的负载，保留一定的性能冗余，确保主控不宕机，避免发出错误指令。

2）密封性

建议具有良好的密封性能，尽量做好防水、防灰尘。电路需要由外壳包裹，最好使用密封圈提高防水性能。

3）轻便性

无人机的续航和稳定性与无人机和负载的重量密切相关，负载设计尽可能轻便，并且靠近重心，非必要不使用金属外壳（X-Port 云台上的负载建议使用铝合金外壳，便于与 X-Port 云台支架接地）。

每种机型所能承载的重量并不相同，如 M350 RTK 在双电池情况下的最大负载重量为2.73kg，而 M350 RTK 的最大负载重量为 2.7kg。使用 X-Port 云台支架时，M350 RTK 和 M300 RTK 单个 X-Port 云台接口可搭载的负载设备重量应小于 930g。M30/M30T 和 M3E/M3T 的承重能力较小，最大负载重量分别为 230g 和 130g。

4）稳固性

对于 M30/M30T 无人机，建议使用 PSDK 快拆支架将负载固定在无人机的上方。对于 M3E/M3T 无人机，应当通过 PSDK 接口以及两侧的螺丝孔固定负载，防止负载脱落。对于 M350 RTK 和 M300 RTK 无人机，建议通过 DGC 2.0 接口和 X-Port 云台支架固定负载。

5）避免遮挡现有的传感器

负载不要遮挡避障系统（视觉感知、红外感知等）的探测范围，避免和已有的设备发生冲突，避免影响传感器工作和散热孔的正常散热。能够运动的负载需要增加限位装置，避免和无人机本身发生碰撞。

2. 关于 X-Port 负载设计

X-Port 标准云台为负载预留了一定的空间，为了能够有效控制负载的姿态，设计负载时需要对其质心、尺寸和质量做出考量，并满足相应的条件。

1）质心

负载的质心是指质量集中的假想点。原则上，负载的质心尽可能位于 X-Port 云台各个旋转轴的轴线上，以便于 X-Port 云台对其姿态进行控制。

❑ 质心位置不变的负载，需保证负载设备的质心位于俯仰轴中心轴线上。

❑ 质心位置可变的负载设备（如变焦相机），需保证当变焦镜头在最大变焦倍数时，相机的质心位于 P 轴的轴线上。

如果负载的质心有所偏离，可以通过调整外壳配重、增加配重块等方式对质心进行调整。

2）尺寸

X-Port 云台的轴臂宽度为 80mm，因此负载的宽度应当小于此值，但是安装负载的接口应当与 X-Port 云台轴臂的防水垫圈贴合。另外，缩小 X-Port 负载的尺寸，可以有效降低转动惯量。

关于更多尺寸限制，以及加长起落架的应用条件可参考 PSDK 官方文档中的负载开发章节。

3）质量

DGC 2.0 云台接口可以承重 850g 的重量，但是鉴于 X-Port 云台本身的重量，以及 X-Port 云台支架和减震球的承受能力，以及电机的控制能力，X-Port 负载本身能够承载的重量不可超过 450g。

由于 X-Port 云台在没有负载时无法正常工作，可能会出现电机噪声等问题，因此在开发时可以关闭云台电机，方便调试，如图 8-1 所示。

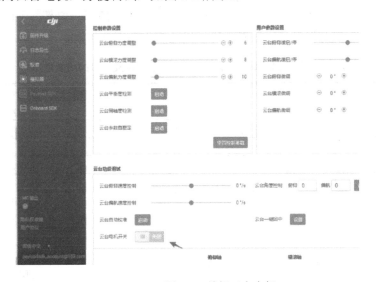

图 8-1　关闭云台电机

8.1.2　电路设计

我们可以使用开发板（评估板）学习和使用 PSDK。虽然传统的 STM32 开发板通常功能比较全面，板载资源非常丰富，但是在户外实际测试 PSDK 应用时，传统的 STM32 开发板体型较大，难以胜任测试的工作。因此，本小节针对 M30/M30T 无人机，设计小巧精妙的 PSDK 开发板，并同时作为空中气象站的负载电路设计。

电路设计包括原理图绘制和印刷电路板（Printed Circuit Board，PCB）绘制两个主要部分。在绘制原理图时，需要对芯片和相关电子元器件进行选型与连接设计，形成电路图。在绘制 PCB 时则是确定具体的电子元器件在 FR-4 环氧树脂板或铝、铜等各类基板上的布局和连接。

本小节将介绍空中气象站电路板设计的基本思路，通过立创 EDA 对 TPS5430 电源管理芯片、STM32F407VET6 主控芯片和 AHT20 温湿度传感器芯片及其周围电路，以及外壳进行设计和实现。本小节所设计的所有硬件设计均可在本书的配套资源中找到。

1．E-Port 接口设计

从硬件上看，E-Port 接口和普通的 USB Type-C 接口是通用的，但是相关的引脚功能需要重新定义。根据使用需求，USB Type-C 接口的母座具有许多类型，固定方式包括直插、卧贴、立贴和沉板等类型，引脚数量方式包括 2pin、6pin、16pin 和全功能的 24pin 等类型。

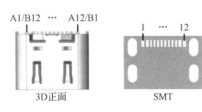

图 8-2　16pin Type-C 接口的母座引脚

对于 E-Port 接口，使用 16pin 的 Type-C 接口已经能够满足需求了。

16pin Type-C 接口的母座引脚有 16 个，但是 SMT 贴装时只需要 12 个焊盘，这是因为将 4 个总线电源引脚和 4 个 GND 引脚分别合并为 2 个引脚，如图 8-2 所示。SMT 焊盘编号从左到右分别为 1～12，这些焊盘、Type-C 引脚以及相应的功能定义如表 8-1 所示。但是，不同生产厂商的引脚循序可能不同，建议开发者认真核对引脚，以免产生功能性错误。

表 8-1　16pin Type-C 接口的母座焊盘、Type-C 引脚以及相应的功能定义

焊　盘	Type-C 引脚	Type-C 功能	E-Port 功能
1	A1/B12	GND	GND
2	A4/B9	VBUS	VCC
3	B8	SUB2	RX
4	A5	CC1	PPS
5	B7	D-	D-
6	A6	D+	USB_ID
7	A7	D-	VBUS
8	B6	D+	D+
9	A8	SBU1	DET
10	B5	CC2	TX
11	B4/A9	VBUS	VCC
12	A12/B1	GND	GND

在 EDA（Electronic Design Automation）软件中，绘制 E-Port 器件并绑定 16pin Type-C 接口封装；将 VCC 引脚连接至 VIN 网络，将 GND 和用于检测负载连接情况的 DET 引脚接地，如图 8-3 所示。

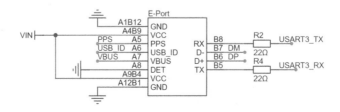

图 8-3　E-Port 接口电路原理图

RX 和 TX 引脚需要与 STM32 单片机通信,因此分别连接至 USART3_TX 和 USART3_RX 网络,并随后与 STM32 的 USART3 串口相连接。

2. 电源电路设计

稳定的电压是安全运行的第一要务。行业无人机的输出电压从 12V 到 26.1V 不等,需要降压转换为 STM32 等芯片使用的 5V 或 3.3V 电压。本小节使用德州仪器(TI)的 TPS5430DDAR 芯片结合 Bust DC-DC 转换电路将无人机 E-Port 接口的 VCC 电压降至 3.3V。

TPS5430DDAR 芯片可以将 5.5~36V 的电源压降至最低 1.22V,并提供持续 3A 的电流输出能力,而且效率高,最高可以实现 95%的效率。TPS5430DDAR 芯片采用 SOIC-PowerPad-8 封装形式,在芯片底部增加了 PowerPAD 散热焊盘(见图 8-4),有助于散热和运行稳定。由于 PowerPAD 需要确保与 GND 有效连接,这样芯片才可以正常工作。因此,这种设计对于手工焊接来说比较困难,建议采用热风枪吹焊的方式焊接或者使用 SMT 设备自动贴片,避免 PowerPAD 虚焊。

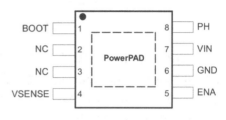

图 8-4 TPS5430DDAR 芯片引脚

TPS5430DDAR 芯片引脚的描述如表 8-2 所示。

表 8-2 TPS5430DDAR 芯片引脚的描述

引 脚	描 述
BOOT	连接高侧 FET 栅极驱动器的升压电容器
VIN	电源输入引脚
GND	接地引脚
ENA	使能引脚,接地(低于 0.5V)后停止工作,悬空时启用
PH	高测功率 MOSFET 的源极,连接至外部电感器和二极管
VSENSE	连接稳压器的反馈电压,用于控制输出电压
NC	空闲引脚(Not Connected)

首先,在通过 E-Port 接口输入 VIN 网络后,接入电源开关,并加入了 2 个 4.7uF 和 1 个 0.1uF 的去耦电容;参考 E-Port 转接板的设计,加入了 2 个 TVS 瞬变电压抑制二极管,以吸收浪涌电压,保护后方电路安全,如图 8-5 所示。

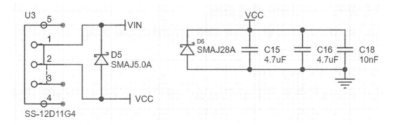

图 8-5 电源输入和开关部分的电路原理图

然后，参考 TPS5430DDAR 的数据手册，绘制 DC-DC 降压部分的电路原理图，如图 8-6 所示。

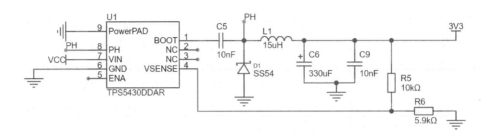

图 8-6　DC-DC 降压部分的电路原理图

PowerPAD 和 GND 引脚直接接地。VIN 引脚接入经过去耦的 VCC 网络。PH 引脚提供降压后的电源输出，接入 15uH 的电感。在 PH 和 BOOT 引脚之间连接 10nF 的电容，用于驱动 TPS5430DDAR 芯片内部的 MOS 管正常工作。在 PH 和 GND 引脚之间加入外部环流二极管，这里使用肖特基二极管为电感续流。

注意：肖特基二极管（Schottky Barrier Diode，SBD）具有开关频率高和正向压降低的特点，可以应用在高频电压下，但是通常反向击穿电压也比较低，大多低于 60V。SBD 通常用于电源电路和通信电路，如调幅、射频混频电路或 DC-DC 升降压电路。

输出电压部分使用 1 个 330uF 的电解电容和 1 个 10nF 的去耦电容进行滤波。VSENSE 引脚用于控制输出电压，具体是通过控制 R5 和 R6 的电阻比例来决定输出电压的，其计算公式为

$$Vout = (R_5 / R_6 + 1) \times 1.221$$

例如，如果需要输出 12V 电压，那么 R5 的阻值可以设置为 27kΩ，R6 的阻值可以设置为 3kΩ。这里为了能够正常驱动 STM32F407 芯片工作，需要输出 3.3V 电压，此时 R5 的阻值设置为 10kΩ，R6 的阻值设置为 5.9kΩ。事实上，如果将 R1 的阻值设置为 20kΩ，R6 的阻值设置为 11.8kΩ 也是可以的。

注意：5.9kΩ 的电阻可以由 1.2kΩ 和 4.7kΩ 的电阻串联代替。

在 PCB 设计上，DC-DC 电路也存在许多考究，主要遵循以下原则。

❑ 电源通路设计要通畅，对于 VIN、VCC、3V3、GND 等主要网络可以大面积覆铜，避免小而窄的路径，也要避免直角拐弯。

❑ 如非必要，电感下方不覆铜，否则可能会影响电感的感量。

❑ 电感和电容尽量远离信号通路。

❑ 去耦电容尽可能靠近目标电路。

当然，开发者可以直接使用 E-Port 转接板，或者使用现成的 DC-DC 转换器模块，但是这样会大大降低负载的集成度，并且模块选择不当还有可能烧毁主控芯片。为了提高负载的稳定性和集成性，除了 TPS5430DDAR 芯片，开发者还可以使用 TPS5430、XL1509、MT3608、LM2596、MP1584 等电源管理芯片自行设计电源电路。

3. STM32F407 电路设计

STM32F407 包括 STM32F407VET6、STM32F407ZGT6、STM32F407IGH7 等众多型号，其中后面 4 位代表了芯片的引脚数量、FLASH 存储大小、封装形式和运行温度范围，如表 8-3 所示。

表 8-3 STM32F407 芯片命名后 4 位的含义

引 脚 数 量	FLASH 存储	封 装 形 式	运行温度范围
V:100pin Z:144 pin I:176 pin	G:1024KB E:512KB	T:QFP H:BGA	6:-40～80℃ 7:-40～105℃

通常来说，引脚越多、FLASH 越大的芯片价格越贵。在量产商业应用中，可以根据需求选择成本较低的芯片，具体可以查阅相关芯片的数据手册（Datasheet）和参考手册（Reference Manual）。

注意：数据手册更侧重于硬件方面的信息，如电气特性和引脚定义，主要用于芯片选型和硬件设计；而参考手册则更侧重于软件方面的信息，如寄存器的配置和外设的使用，主要用于软件开发时参考。

本小节选择 STM32F407VET6 芯片作为负载的主控，其引脚排列如图 8-7 所示。

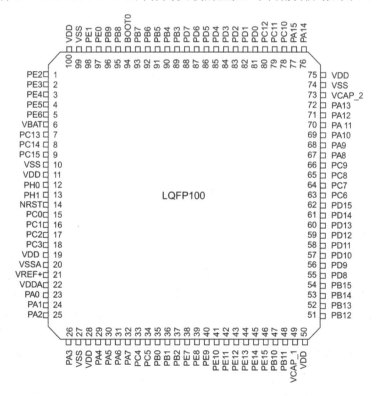

图 8-7 STM32F407VET6 芯片的引脚排列

下文将介绍运行该芯片时所需的电路，包括复位电路、时钟电路、下载电路、串口电路和启动模式配置电路。

1）复位电路

复位电路用于将 STM32 电路恢复到初始状态。STM32F407VET6 芯片的 NRST 引脚通过 10kΩ 电阻被上拉至 3.3V，并且连接了一个复位开关和 100nF 的电容，用于消除按钮的机械抖动，如图 8-8 所示。按下复位开关后可使 STM32 电路复位。

2）时钟电路

STM32 芯片的内部存在振荡电路，但是通常为了系统的稳定性和时钟的准确性，仍然需要选择使用外部晶振。通常，STM32 芯片需要使用 2 个外部晶振：一个是为 STM32 芯片提供主时钟频率的高速外部时钟（High Speed External Clock Signal，HSE）晶振，可以选择 4～16MHz 的频率，但为了倍频方便，建议选择 8MHz 晶振；另一个是为 RTC 提供实时时钟的低速外部时钟（Low Speed External Clock Signal，LSE）晶振，通常选择为了方便计数的 32.768kHz 频率。

这里选择两个无源晶振，配合 22pF 或 30pF 的起振电容使用，如图 8-9 所示。不同晶振的起振电容可能有所不同，建议开发者查阅相应产品的数据手册。对于 8MHz 晶振，并联了一个 1MΩ 的电阻，该电阻被称为反馈电阻，用于增加稳定性，使晶振更容易起振。

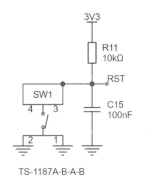

图 8-8　复位电路原理图

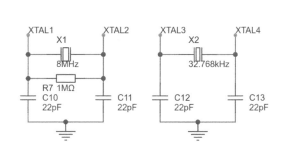

图 8-9　时钟电路原理图

XTAL1 和 XTAL2 连接到 STM32F407VET6 的 PD0 和 PD1 引脚，XTAL3 和 XTAL4 连接到 STM32F407VET6 的 PC14 和 PC15 引脚。

3）下载电路

STM32 程序可以通过 ISP（In-System Programming）、SWD（Serial Wire Debug）和 JTAG（Joint Test Action Group）等方式下载运行，但是只能通过 JTAG 和 SWD 等方式进行调试。JTAG 是一种标准的测试协议，可以测试包括 STM32 等绝大多数单片机的程序，需要至少 4 个引脚与芯片通信。SWD 是一种串行调试的私有协议，只需要 SWDIO 和 SWCLK 两根信号线与芯片通信。

❑ SWDIO：串行数据输入输出，作为仿真信号的双向数据信号线，虽然芯片内部已经上拉，但是建议通过 10kΩ 或 100kΩ 电阻在外部上拉。

❑ SWCLK：串行时钟输入，作为仿真信号的时钟信号线，芯片内部已经下拉，可以在芯片外部通过 10kΩ 电阻下拉。

SWD 不仅连接简单，而且传输速率更快，可以达到 12Mbps，而 JTAG 的传输速度为 5Mbps。因此，这里使用 SWD 协议设计下载电路，如图 8-10 所示。

其中，SWDIO 连接到 STM32F407VET6 的 PA13 引脚，SWCLK 连接到 STM32F407VET6 的 PA14 引脚。PZ254R-11-04P 是 4Pin 的排针，用于连接 ST-Link、J-Link 等调试器。

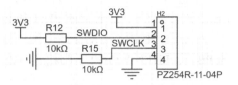

图 8-10　下载电路原理图

4）串口电路

STM32F407VET6 提供了 3 个 USART 接口，如表 8-4 所示。在默认情况下，USART2 用于与上位机 TTL-USB 连接，输出调试信息；USART3 用于与 E-Port 接口连接，用于与无人机通信。

表 8-4　USART 接口

接　口		引　脚	描　述
USART1	TX	PA9	—
	RX	PA10	—
USART2	TX	PA2	接上位机 TTL-USB 的 RX 引脚
	RX	PA3	接上位机 TTL-USB 的 TX 引脚
USART3	TX	PB10	接 E-Port 接口的 RX 引脚
	RX	PB11	接 E-Port 接口的 TX 引脚

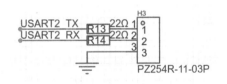

图 8-11　串口电路原理图

因此，PB10 和 PB11 引脚分别通过 USART3_TX 和 USART3_RX 连接到 E-Port 接口的 RX 和 TX 引脚。PA2 和 PA3 引脚分别通过 USART2_TX 和 USART2_RX 连接到板载排针，方便与 USB-TTL 设备连接，如图 8-11 所示。

串口 RX 与 TX 都可以串联一个 22Ω（或 33Ω 等）的电阻，用于抗阻匹配，防止高速信号在信号线上的反射。

5）启动模式配置电路

STM32 有 3 种启动模式，通过 BOOT0 和 BOOT1 的引脚确定 STM32 启动程序的方式，如表 8-5 所示。

表 8-5　启动模式配置

引　脚　选　择		启　动　模　式
BOOT0	BOOT1	
X	0	从主闪存存储器（FLASH）启动
0	1	从系统存储器启动
1	1	从内置 SRAM 启动

引脚选择列中，0 表示接 GND，1 表示上拉至 3.3V，X 表示任意选择。由于 PSDK 所需的 Bootloader 和 PSDK 应用程序都是烧录在主闪存存储器中的，因此将 BOOT0 和 BOOT1 引脚通过 10kΩ 电阻下拉至 GND 即可。

6）LED 和按键

为了能扩展 PSDK 的功能，这里为电路板设计了 2 个 LED 灯以及 3 个贴片按键。LED 电路中包括 2 个贴片 LED 灯珠，阳极通过 510Ω 的电阻上拉至 3.3V，阴极分别通过 LED1 和 LED2 连接到 STM32 芯片的 PE11 和 PE10 引脚上，如图 8-12 所示。

3 个贴片按键的一端接地，另一端分别通过 KEY1、KEY2 和 KEY3 分别和 STM32 芯片的 PB14、PB13 和 PB12 引脚相连，如图 8-13 所示。

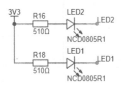

图 8-12　LED 电路

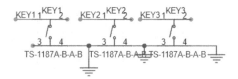

图 8-13　按键电路

4．AHT20 温湿度传感器电路设计

本电路板采用 AHT20 温湿度传感器获取负载周围的温湿度数据，实现空中气象站的基本功能。AHT20 的电路设计需要考虑以下几方面内容。

- ❑ 电源设计：AHT20 的供电范围为 2.0～5.5V，推荐电压为 3.3V。在电源引脚（VDD、GND）之间必须加上去耦电容，起到滤波作用，推荐使用 10uF 的电容。
- ❑ 接口设计：AHT20 采用标准的 IIC 接口进行通信，需要将其 SDA 和 SCL 引脚与微处理器的对应 IIC 引脚相连。同时，为确保信号的稳定性，需要一个外部的上拉电阻（如4.7kΩ）将信号提拉至高电平。
- ❑ PCB 布局：在 PCB 布局时，应将 AHT20 放置在远离发热元件和其他可能产生干扰的地方，以确保其测量的准确性和稳定性。同时，应注意将 AHT20 的引脚与 PCB 上的对应焊盘准确对应，避免出现连接错误或虚焊等问题。

注意：AHT20 系列传感器包括 AHT20 和 AHT20-F 两个版本，其中 AHT20-F 带有防水透气膜覆盖，能够提供防水功能，并且精度更高。不过，两者传感器的硬件结构和软件操作方法是相同的。

在本例中，参考 AHT20 的产品手册，设计电路如图 8-14 所示。

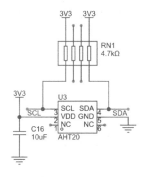

图 8-14　AHT20 温湿度传感器电路原理图

AHT20 需要通过 IIC 接口和 STM32 进行通信。根据 STM32F407VET6 芯片的数据手册，可以发现该芯片支持 3 个 IIC 总线，其功能接口与对应的引脚如表 8-6 所示。

表 8-6　STM32F407VET6 的 IIC 功能接口与对应的引脚

IIC 功能接口	引　　脚	引 脚 名 称	引　　脚	引 脚 名 称
I2C1_SDA	137	PB7	138	PB9
I2C1_SCL	136	PB6	139	PB8
I2C1_SMBA	135	PB5	—	—
I2C2_SDA	10	PF0	70	PB11
I2C2_SCL	11	PF1	69	PB10
I2C2_SMBA	12	PF2	73	PB12
I2C3_SDA	99	PC9		
I2C3_SCL	100	PA8		
I2C3_SMBA	101	PA9		

这些 IIC 功能接口的实现是在 STM32 芯片内部实现的，因此称为硬件 IIC。另外，通过编程操作 GPIO 实现的 IIC 称为软件 IIC。由于该芯片的硬件 IIC 存在一定的硬件缺陷，因此推荐开发者使用软件 IIC 实现 AHT20 的通信。分别将 PB8 和 PB9 引脚与 AHT20 的 SCL 和 SDA 相接，后文将通过软件实现 AHT20 的 IIC 通信。

5. 外围接口电路设计

为了方便实现 PSDK 功能的扩展，实现了与 PSDK 相关的外围接口电路，包括 USB 电路、电源接口电路和其他电路等。

1）USB 电路

由于 E-Port 接口包括 1 组 USB 通信协议，因此增加了 USB 电路输出，以便于实现更多的功能，如图 8-15 所示。

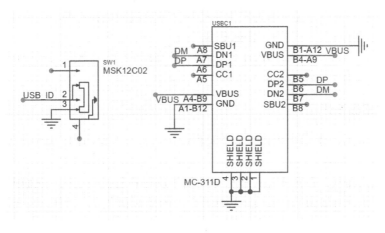

图 8-15　USB 电路

首先，通过一个拨码按钮设置 E-Port 接口的 USB_ID 是否接地，以方便开发者启用或者停用 USB 通信链路。然后，通过 USB Type-C 硬件接口实现 E-Port 接口的 DM、DP、VBUS 等引脚的对外连接和输出。

2）电源接口电路

在无人机领域，电源接口的插头主要包括 T 型插头、XT 系列插头、EC 系列插头、AS 系列插头等，如图 8-16 所示。JST 插头、田宫插头通常用于低电流的场景，非常小巧灵活。T 型插头成本低廉，在航模领域应用较多。EC 系列插头具有防火特性，包括 EC3、EC5、EC8 等，分别能够承受 25A、40A 和 90A 的电流。XT 系列、MT 系列和 MR 系列比较类似，XT 系列为 2 路电源，MT 和 MR 系列为 3 路电源，常见的型号如 XT30、XT60、MT60、MR60 等，型号中的数字表示能够承受的电流值，如 XT30 插头能够长期承受 30A 的电流。如果负载需要承受较高电流，不仅可以选择使用 XT150 插头，也可以使用 AS150、AS250 等插头。

在本例中，使用艾迈斯（AMASS）公司的 XT30PW-F 母头插头将无人机的电源输出进行转接，不仅体积小巧、便于焊接，而且具有优秀的触点特性，能够为其他负载提供较大的电源需求，如图 8-17 所示。

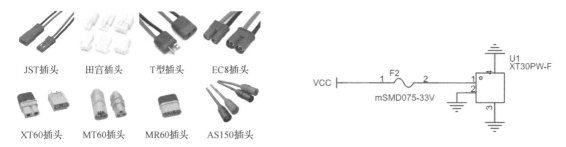

图 8-16　常用电源插头　　　　　　　　　　图 8-17　XT30PW-F 电源输出电路

供电 VCC 直接接入 E-Port 接口的 VCC 引脚，通过自恢复保险丝后接入 XT30PW-F 母头。

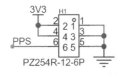

图 8-18　其他电路

因此，在开发者调试时，整个开发板也可以直接通过 XT30 供电，无须无人机供电。当然，在实际应用时也可以通过 XT30 供电，以便于意外发生时能够保障负载的电源不断。

3）其他电路

E-Port 接口的 PPS 引脚和 3.3V 电源通过排针的方式向外输出，如图 8-18 所示。

6．印刷电路板设计

电路设计完成后，还要对所有的电子元件和接口进行电路布局。电路布局需要遵循以下基本原则。

（1）避免直角布线：直角布线可能会导致信号反射和阻抗不连续，从而影响信号完整性。尽可能使用 45°角或圆弧角进行布线，以减小信号的反射和串扰。另外，在布线时，应选择最短的路径，选择宽的线宽和短的线路长度，并尽量减少过孔的使用，减少信号的延迟和损失。

（2）电源路径通畅：确保电源和地线的路径通畅，没有阻抗不连续或过孔的地方。同时，要确保电源和地线的宽度足够，以满足电流的要求。在本例开发板设计中，电源电路靠近

E-Port 接口，通过大片铺铜的方式连接电流较大的通路。

（3）电源干扰远离逻辑电路：在电路布局设计中，应将电源和地线与逻辑电路分开，避免电源干扰对逻辑电路的影响。在本例开发板设计中，电源布置在电路板的边缘，并且将电感和电容部分尽可能远离 STM32 芯片。

为了能够方便和无人机进行连接和调试，并且将电源部分、逻辑控制部分和操作部分分离，本例中设计了尺寸为 63mm×50mm 的电路板。在电路板正面，增加了各个接口和外设的丝印，如图 8-19 所示。

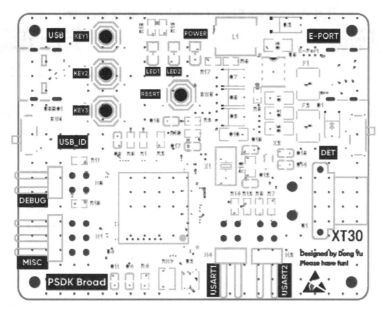

图 8-19 电路板正面

电路板的左侧为用户控制区，主要为 USB 接口、调试接口、PPS 接口以及 3 个按键和 2 个 LED 灯。电路板的右侧为连接无人机的 E-Port 接口，DET 开源以及 XT30 电源接口。电路板的下方为 USART1 和 USART2 接口，便于 PSDK 的输出调试和其他控制功能的实现。

另外，在电路板的 4 个角增加了 4 个 M2 大小（直径 2mm）的螺丝孔位，间距分别是 57mm 和 44mm，用于安装在 PSDK 快拆支架上，如图 8-20 所示。

图 8-20 PSDK 快拆支架

PSDK 快拆支架是用于 M30/M30T 无人机的负载固定装置，由固定支架和负载支架组成。固定支架通过 4 颗 M3 螺丝固定在无人机上，负载支架可以通过 4 个 M2 螺丝或者 6 个 M1.6 螺丝与负载固定在一起。固定支架和负载支架通过滑轨和锁扣固定，不仅安全稳固，而且便于拆装。

在电路板背面，标注了开发板的安装方向，以及各个开关和排针的功能，如图 8-21 所示。

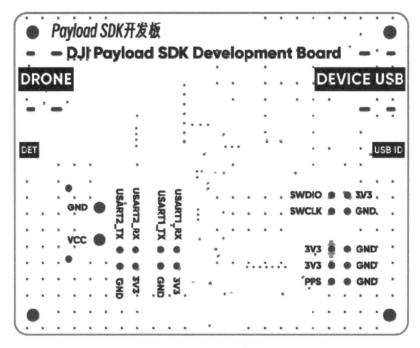

图 8-21　电路板背面

经过 PCB 打样、芯片和各类电子元件的焊接，最终的电路板如图 8-22 所示。

图 8-22　最终的电路板

此 PSDK 开发板的测试程序 psdk_board_test 可以在本书配套资源中找到。开发者可以自制或购买此开发板进行后文的软件设计与应用开发。

8.1.3　外壳设计

由于安装在无人机上的负载需经历风吹日晒，因此本小节为 PSDK 开发板设计了简单的外壳，以便于 PSDK 开发板能够更加安全地运行在无人机上。外壳设计包括 3D 外壳设计和面板设计两部分，下面将逐一介绍如何在立创 EDA 中设计适合此 PSDK 开发板的外壳和面板，如图 8-23 所示。

图 8-23　外壳设计效果

1. 3D 外壳设计

外壳设计要尽可能稳固、紧凑，最好能够做到防水、防尘。在立创 EDA 中，能够实现简单的 3D 外壳设计，主要包括以下几个步骤。

- ❑ 放置矩形边框；
- ❑ 控制区挖槽；
- ❑ 面板挖槽；
- ❑ 放置螺丝柱。

在外壳设计的过程中，可以参考 PSDK 提供的无人机三维模型。在 PSDK 的 doc/simple_model 目录中存放了各类行业无人机的三维模型（STP 文件），以便于设计负载的结构和大小。例如，E-Port 接口的 3D 外壳就可以在这些 STP 文件中提取出来，如图 8-24 所示。

下文将详细介绍上文所设计的 PSDK 开发板 3D 外壳的设计方法。

1）放置矩形边框

单击立创 EDA 菜单栏中的【放置】→【3D 外壳 - 边框】→【矩形】菜单，在 3D 外壳的边框层绘制边框的基本形状，尽可能将电路板包裹起来即可，如图 8-25 所示。

在该边框的属性窗格中，设置如下属性。

- ❑ 类型：包括"推盖"和"上下壳"两类，选择"上下壳"选项。
- ❑ 外壳整体高度：外壳安装后的高度，设置为 13mm。
- ❑ PCB 距外壳底面高度：电路板和底面之间的距离，设置为 3mm。

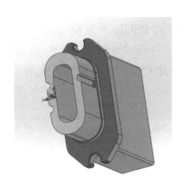

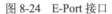

图 8-24　E-Port 接口

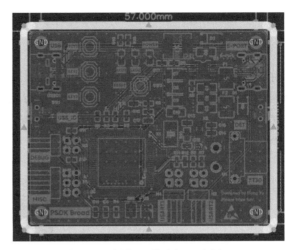

图 8-25　放置 3D 外壳矩形边框

❑ 下壳高度：设置为 2mm。

❑ 外壳厚度：由于 3D 打印精度受限，建议设置为 2mm，或者更厚。

❑ 上壳内壁厚度：无须上壳内壁，可以设置为 0mm。

❑ 下壳内壁高度：高度设置为 1mm。

2）控制区挖槽

由于电路板顶层包括一些控制按钮，侧面包括 E-Port 插头、排针插头和电源插头灯，因此可以设置相应的挖槽。

在电路板顶部，可以直接绘制挖槽。单击立创 EDA 菜单栏中的【放置】→【3D 外壳 – 顶面/底面挖槽区域】-【矩形】菜单，在 LED 灯和按钮部分绘制挖槽，挖槽深度要大于外壳厚度，确保挖透。

在电路板的侧面挖槽前需要绘制基准线。单击立创 EDA 菜单栏中的【放置】→【3D 外壳 – 侧面基准线】菜单，在电路板的左右两侧以及下侧绘制基准线。基准线的作用是定位侧面挖槽距离底部的位置。随后，单击立创 EDA 菜单栏中的【放置】→【3D 外壳 – 侧面挖槽区域】-【矩形】菜单，选择相应的基准线，绘制相应的挖槽，如图 8-26 所示。

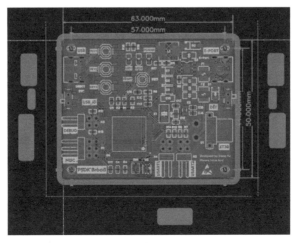

图 8-26　侧面挖槽

在本例中，左侧挖槽用于暴露 USB 接口、USB 开关以及调试排针接口；右侧挖槽用于暴露 E-Port 接口、E-Port（DET）开关以及 XT30 接口；下侧挖槽用于暴露两个串口排针。

3）面板挖槽

为了能够在顶面贴合面板，需要绘制面板挖槽。面板挖槽就是顶部挖槽，但是挖槽深度要和面板的厚度保持一致（或者略大 0.1～0.3mm，以便于抵消面板背胶的厚度），此处设置面板挖槽厚度为 1mm。在立创 EDA 中，还可以通过 3D 预览的方式查看电路的设计情况，如图 8-27 所示。

图 8-27　外壳设计 3D 预览

在上壳中，较大的挖槽即面板挖槽，为面板贴合留下一定的深度；较小的挖槽将上壳挖透，露出了电路板，用于观察 LED 和操作控制按键。

4）放置螺丝柱

单击立创 EDA 菜单栏中的【放置】→【3D 外壳 – 螺丝柱】菜单可放置螺丝柱。螺丝柱的位置和螺丝孔要完全重叠，且大小要保持一致，此处选择为 M2 规格的螺丝柱，并在其属性窗格中设置高度为 8mm（不要超过整个外壳的高度）、通孔直径为 1.8mm、壁厚为 1.27mm。

在上壳中设置加强筋，通过横竖支撑的方式确保螺丝柱的稳定性。

注意：由于下壳高度很小，无须设置加强筋。

设置完成后，螺丝柱和加强筋在编辑窗口中的显示效果如图 8-28 所示。

3D 外壳模型设计完成后，可以将其通过菜单栏中的【导出】→【3D 外壳文件...】导出为 STP 文件。随后，开发者还可以使用 Solidwork 等更加专业的软件进行修饰和调整。上文设计的 3D 外壳经过 3D 打印机采用数值材料后的打印效果如图 8-29 所示。

图 8-28　螺丝柱及其加强筋

图 8-29　3D 外壳的打印效果

2. 面板设计

3D 外壳预留了面板挖槽，用于放置面板。面板可以起到提示各个接口功能的作用。在立创 EDA 的图页窗格中，单击鼠标右键，选择【新建面板】菜单，创建新的面板文件。

在开始面板设计前，可以在 PCB 文件中将 PCB 的板框、丝印，以及 3D 外壳的顶层和挖槽区域导出为 DXF 文件，然后在面板文件中导入这些图形。随后，依次完成以下步骤。

❑ 将 3D 上壳的面板挖槽区域设置为面板的板框。

❑ 将 3D 上壳被挖透的挖槽区域添加到透明控制层，使其透明显示（也可以添加到挖孔层以便于操作按钮）。

❑ 在打印层中，添加白色填充矩形，对其周围的接口进行标注说明。

面板绘制完成后，在设计窗口中的显示效果如图 8-30 所示。

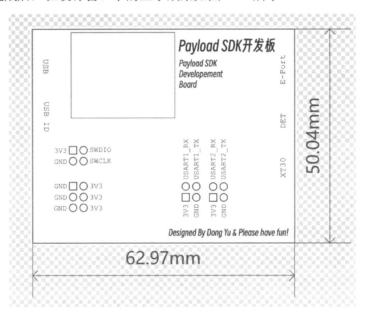

图 8-30　面板设计

随后，即可采用亚克力材料进行面板打印，并贴至 3D 打印外壳上。这样，PSDK 开发板的硬件设计就完成了。

8.2　软件设计

本节将介绍空中气象站软件设计的基本思路，首先介绍自定义控件的基本方法，然后介绍空中气象站软件功能的设计和实现。本书提供了 3 个例程，分别是仅 STM32 HAL 库实现的 psdk_board_test 工程，通过 FreeRTOS 实现的 psdk_board_test_freertos 工程，以及结合 PSDK 实现的 psdkboard\weather_app.uvprojx 工程。psdk_board_test 工程和 psdk_board_test_freertos 工程仅用于对硬件驱动进行测试，测试开发板是否运行正常，并不包含 PSDK 功能。weather_app 包含了完整的空中气象站的功能实现。本节所涉及的相关代码均可在这些工程中找到。

8.2.1 自定义控件

自定义控件（Widget）是指负载运行时，在用户界面中显示的自定义 UI 控件，以帮助用户快速查看负载独特的设备状态，或者对负载设备进行设置。这些 UI 控件可以显示在以下用户界面中。

❑ Pilot 2 应用程序；

❑ 大疆智图；

❑ 基于 MSDK 开发的应用程序。

这种自定义控件并不是通过 MSDK 实现的，而是通过 PSDK 的配置实现的。本小节将介绍自定义控件的基本用法。

1．自定义控件的类型

根据控件的显示位置，自定义控件包括主界面控件和配置界面控件。

（1）主界面控件（动作栏控件）：动作栏控件可以显示按钮、开关、拖动条和选择列表 4 种类型，用于对负载功能进行操作。在 Polit 2 等软件的主界面中，单击屏幕右侧的 PSDK 负载图标，可弹出动作栏控件，如图 8-31 所示。

注意：动作栏中最多显示 8 个控件。

（2）配置界面控件：在负载和配置选项界面中显示的控件如图 8-32 所示。配置界面控件包括按钮、开关、拖动条、选择列表、整型数值输入框和文本输入框。

图 8-31　主界面中的动作栏控件

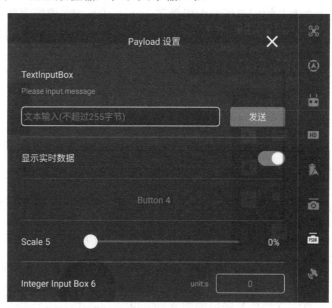

图 8-32　负载和配置选项界面中的控件

自定义控件的 API 均在 dji_widget.h 中定义，在枚举类型 E_DjiWidgetType 中将自定义控件分为 5 种类型，分别是按钮、开关、拖动条、列表和整型数值输入框，代码如下：

```
typedef enum {
    DJI_WIDGET_TYPE_BUTTON = 1,                // 按钮
    DJI_WIDGET_TYPE_SWITCH = 2,                // 开关
    DJI_WIDGET_TYPE_SCALE = 3,                 // 拖动条
    DJI_WIDGET_TYPE_LIST = 4,                  // 列表
    DJI_WIDGET_TYPE_INT_INPUT_BOX = 5,         // 整型数值输入框
} E_DjiWidgetType;
```

文本输入框是一种特殊的自定义控件，需要独立配置，最多只能在配置界面中显示 1 个文本输入框控件。

下面将介绍自定义控件的实现方法。

2. 自定义控件的配置

在具体的代码操作之前，首先需要对自定义控件进行基本的外观设计，并对配置文件进行相应的配置。

1）图标设计

对于动作栏控件来说，由于页面紧凑，按钮控件图标需要开发者自行定义。按钮图标的尺寸应当设计为 96px×96px 大小。另外，为了界面的一致性，建议满足以下基本规则。

❑ 按钮底框应设计为 80px×80px 大小，且圆角半径为 4px。

❑ 按钮底框色值为#000000、透明度为 0.6 且外阴影扩展大小为 4px。

❑ 按钮图标的主体建议设计为单色，且正常状态显示为#4E4E4E（黑灰色），激活状态显示为#1FA3F6（蓝色），不可用状态显示为#BCBCBC（浅灰色）。

在本书的配套资源中提供了 ic_template.png 模板文件，供读者设计使用，如图 8-33 所示。

具体设计方案可以参考官方文档提供的 psdk_widget.sketch（也可以在本书配套资源中找到），提供了几种不同图标尺寸下的视觉修正（Optical adjustment）参考图标，如图 8-34 所示。当然，读者也可以参考官方样例中的按钮设计。

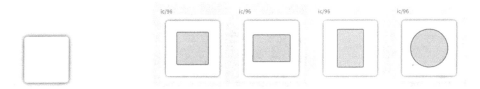

图 8-33　图标模板　　　　　　　　　图 8-34　动作栏按钮图标的设计方案

注意：psdk_widget.sketch 文件可以使用 Sketch 软件打开，需要注意的是，Sketch 软件只能运行在 macOS 环境下。

2）配置文件的基本结构

自定义控件是通过配置文件 widget_config.json 实现的，其基本结构如下：

```
{
    "version": {                               // 版本号
        "major": 1,                            // 主版本号
```

```
      "minor": 0                              // 次版本号
  },
  "main_interface": {                         // 动作栏控件
    "floating_window": {                      // 浮窗
      "is_enable": true                       // 是否显示浮窗
    },
    "speaker": {                              // 喊话器控件
      "is_enable_tts": true,                  // 是否支持文本转语音喊话
      "is_enable_voice": true                 // 是否支持语音喊话
    },
    "widget_list": [                          // 控件列表(动作栏控件)
      ...
    ]
  },
  "config_interface": {                       // 配置界面控件
    "text_input_box": {                       // 文本输入框
      "widget_name": "文本输入框",             // 输入框标题
      "placeholder_text": "请输入消息",        // 输入框占位文本
      "is_enable": true                       // 是否启用
    },
    "widget_list": [                          // 控件列表(配置界面控件)
      ...
    ]
  }
}
```

配置文件 widget_config.json 主要包括 version、main_interface 和 config_interface 这 3 个对象，其具体功能如下。

❑ version 对象用于定义版本号，其中定义 major 主版本号为 1，minor 次版本号为 0。

❑ main_interface 对象用于定义动作栏控件，其中 floating_window 为浮窗控件，用于临时提示负载的信息；speaker 为喊话器控件，用于显示 🎤 语音喊话和 🔊 文字转语音喊话标准化按钮；widget_list 为控件列表数组，用于定义一系列自定义控件。

❑ config_interface 对象用于定义配置界面控件，包括文本框控件（text_input_box）和控件列表数组（widget_list）。

控件列表数组 widget_list 定义了一系列控件对象，其中每一种控件对象都需要 widget_index、widget_type 和 widget_name 属性，其含义如下。

❑ 控件索引 widget_index：从 0 开始依次递增，表示控件显示的位置。控件索引是全局唯一的，即动作栏控件和配置界面控件的索引不能相同。

❑ 控件类型 widget_type：包括 button、list、switch、scale 和 int_input_box，分别表示按钮、列表、开关、拖动条和整型数值输入框。

❑ 控件名称 widget_name：控件名称，用于提示用户控件的功能。

不同的控件对象中所包含的属性并不相同，这里仅以按钮为例，介绍控件对象的定义方法。例如，创建一个名为"刷新"的按钮，配置文件中的控件定义如下：

```
{
    "widget_index": 0,                          //控件索引
    "widget_type": "button",                    // 控件类型
    "widget_name": "刷新",                       // 控件名称
    "icon_file_set": {                          //控件图标
      "icon_file_name_selected": "ic_fresh.png",
      "icon_file_name_unselected": "ic_fresh.png"
    },
    "customize_rc_buttons_config": {            // 按钮配置
      "is_enable": true,                        //是否启用
    }
}
```

对于其他类型的控件配置方法，开发者可以参考 samples\sample_c\module_sample\widget\widget_file\cn_big_screen\widget_config.json 文件。

注意：在 widget_file 配置目录下包括 cn_big_screen 和 en_big_screen 目录，分别用于定义中文环境和英文环境下的控件配置。

3）将配置文件转为头文件

在 STM32 开发环境中，通过 file2c 指令将配置文件和图片图标文件转换为.h 头文件，便于读取相关数据。如果开发者采用 Linux 开发环境，由于 Linux 本身自带文件系统及其访问机制，因此无须上述转换步骤。

3. 加载自定义控件

将自定义控件显示在用户的应用程序中，需要以下 2 个步骤。

❑ 初始化自定义控件加载环境；

❑ 加载配置文件。

1）初始化自定义控件加载环境

通过 DjiWidget_Init 函数初始化自定义控件加载环境，代码如下：

```
djiStat = DjiWidget_Init();
if (djiStat != DJI_ERROR_SYSTEM_MODULE_CODE_SUCCESS) {
     USER_LOG_ERROR("Dji test widget init error, stat = 0x%08llX", djiStat);
     return djiStat;
}
```

2）加载配置文件

在 RTOS 环境下，由于加载配置文件均转为头文件，以数组的方式存储配置文件和图标信息，所以首先需要定义控件数据数组，将这些数据组合在一起，代码如下：

```
// 定义控件数据数组
static T_DjiWidgetFileBinaryArray s_WidgetFileBinaryArrayList[] = {
    {widget_config_json_fileName,
            widget_config_json_fileSize,
```

```
                widget_config_json_fileBinaryArray},
    {icon_button1_png_fileName,
                icon_button1_png_fileSize,
                icon_button1_png_fileBinaryArray},
    {icon_button2_png_fileName,
                icon_button2_png_fileSize,
                icon_button2_png_fileBinaryArray},
    ...
};

// 控件数据数组指针
T_DjiWidgetFileBinaryArray * g_FileBinaryArrayList =
s_WidgetFileBinaryArrayList;
```

然后定义 T_DjiWidgetBinaryArrayConfig 对象，代码如下：

```
T_DjiWidgetBinaryArrayConfig WidgetBinaryArrayConfig = {
    .binaryArrayCount = 8,                          // 控件数量加 1
    .fileBinaryArrayList = g_FileBinaryArrayList    // 控件列表指针
};
```

注意：binaryArrayCount 的值应当为 s_WidgetFileBinaryArrayList 列表的长度。如果每个控件都有一个图标文件，那么该值应为控件数量加 1。这是因为配置文件本身也是 1 个列表元素。

最后调用 DjiWidget_RegDefaultUiConfigByBinaryArray 函数加载 UI 配置数据即可，其中需要传递参数 WidgetBinaryArrayConfig，代码如下：

```
djiStat = DjiWidget_RegDefaultUiConfigByBinaryArray(
                            &WidgetBinaryArrayConfig);
if (djiStat != DJI_ERROR_SYSTEM_MODULE_CODE_SUCCESS) {
    USER_LOG_ERROR("Add default widget ui config error,
                stat = 0x%08llX", djiStat);
    return djiStat;
}
```

如果开发者使用 Linux 环境，那么需要依次调用 DjiWidget_RegDefaultUiConfigByDirPath 和 DjiWidget_RegUiConfigByDirPath 函数，加载 UI 配置文件，并分别配置中文和英文环境下的 UI 界面，此处因篇幅有限不再详细介绍。

4. 监听自定义控件的操作

除了将自定义控件显示在用户的前台，还需要将这些控件和业务逻辑深度绑定，以实现更多、更复杂的功能。

（1）定义控件处理结构体数组，代码如下：

```
static const T_DjiWidgetHandlerListItem s_widgetHandlerList[] = {
```

```
    {0, DJI_WIDGET_TYPE_BUTTON,
            DjiTestWidget_SetWidgetValue,
            DjiTestWidget_GetWidgetValue, NULL},
    {1, DJI_WIDGET_TYPE_LIST,
            DjiTestWidget_SetWidgetValue,
            DjiTestWidget_GetWidgetValue, NULL},
    {2, DJI_WIDGET_TYPE_SWITCH,
            DjiTestWidget_SetWidgetValue,
            DjiTestWidget_GetWidgetValue, NULL},
    ...
};
```

控件处理结构体 T_DjiWidgetHandlerListItem 包括控件索引、控件类型、控件值设置函数、控件值改变处理函数和用户数据等，其定义如下：

```
typedef struct {
    // 控件索引
    uint32_t widgetIndex;
    // 控件类型
    E_DjiWidgetType widgetType;
    // 控件值设置函数
    T_DjiReturnCode (*SetWidgetValue)
                (E_DjiWidgetType widgetType,
                                uint32_t index,
                                int32_t value, void *userData);
    // 控件值改变处理函数
    T_DjiReturnCode (*GetWidgetValue)
                (E_DjiWidgetType widgetType,
                                uint32_t index,
                                int32_t value, void *userData);
    // 用户数据
    void *userData;
} T_DjiWidgetHandlerListItem;
```

（2）函数 DjiTestWidget_SetWidgetValue 和 DjiTestWidget_GetWidgetValue 分别是 PSDK 样例程序中的自定义函数，开发者可以分别将其替换为控件值显示函数和控制值改变后的处理函数。

（3）通过 DjiWidget_RegHandlerList 注册控件处理结构体数组，代码如下：

```
djiStat = DjiWidget_RegHandlerList(s_widgetHandlerList, 7);
if (djiStat != DJI_ERROR_SYSTEM_MODULE_CODE_SUCCESS) {
    USER_LOG_ERROR("Set widget handler list error, stat = 0x%08llX", djiStat);
    return djiStat;
}
```

其中，第 1 个参数是控件处理结构体数组，第 2 个参数是数组的长度。

5．实现浮窗显示

浮窗用于在用户应用程序中显示负载信息，如图 8-35 所示。由于浮窗显示在左上角，因此开发者将重要的信息通过浮窗显示出来。不要滥用浮窗，否则可能会遮挡视线，因此用户反感。

图 8-35　浮窗

在代码中，通过 DjiWidgetFloatingWindow_ShowMessage 函数可显示浮窗信息，代码如下：

```
djiStat = DjiWidgetFloatingWindow_ShowMessage(message);
if (djiStat != DJI_ERROR_SYSTEM_MODULE_CODE_SUCCESS) {
    USER_LOG_ERROR("Floating window show message error,
                    stat = 0x%08llX", djiStat);
}
```

其中，message 为显示文本，如"System time : 45221 ms"等。

8.2.2　硬件驱动开发

本小节将介绍 PSDK 开发板（空中气象站）上 LED、按键和 AHT20 温湿度传感器驱动程序的设计和开发。相对于 STM32 片上外设，这种固定在电路板上的设备称为片外外设。这种设备的驱动程序通常统称为板级支持包（Board Support Package，BSP）。

PSDK 官方样例采用 STM32F4 Discovery 开发板，其 BSP 处于 samples\sample_c\platform\rtos_freertos\stm32f4_discovery\drivers\BSP 位置下，为了作为区分，在本例中的 weather_app.uvprojx 工程文件目录下创建另外一个 BSP 目录，作为 PSDK 开发板的 BSP 支持包存放位置。随后，需要将该 BSP 目录作为头文件的搜索目录，如图 8-36 所示。

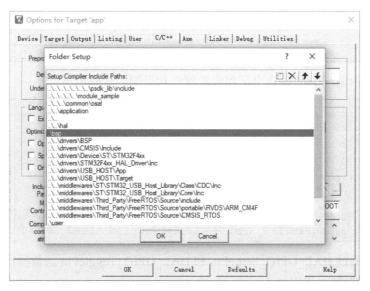

图 8-36　板级支持包 BSP 目录作为头文件搜索目录

需要注意的是，为了避免冲突，需要将该.\BSP 目录放置在..\..\drivers\BSP 目录之前，优先使用.\BSP 目录的头文件。

1. 驱动 LED

驱动 LED 非常简单，只需要通过 GPIO 操作的方式即可实现 LED 的点亮和熄灭。LED1 和 LED2 分别接入 PE11 和 PE10 接口，因此首先创建初始化 LED 函数 Led_Init，代码如下：

```
void Led_Init(E_LedNum ledNum)
{
    GPIO_InitTypeDef GPIO_InitStruct;
    // 初始化 GPIOE 口时钟
    __HAL_RCC_GPIOE_CLK_ENABLE();

    // 推挽输出，高速上拉
    GPIO_InitStruct.Pin = s_ledPin[ledNum];
    GPIO_InitStruct.Mode = GPIO_MODE_OUTPUT_PP;
    GPIO_InitStruct.Pull = GPIO_PULLUP;
    GPIO_InitStruct.Speed = GPIO_SPEED_FAST;
    // 初始化 LED
    HAL_GPIO_Init(s_ledPort[ledNum], &GPIO_InitStruct);
    // 熄灭 LED
    HAL_GPIO_WritePin(s_ledPort[ledNum], s_ledPin[ledNum], GPIO_PIN_SET);
}
```

其中，枚举类型 E_LedNum 定义了 LED 的序列，代码如下：

```
typedef enum {
    LED1 = 0,
    LED2,
    LED_NUM
} E_LedNum;
```

变量 s_ledPort 和 s_ledPin 定义了相应的接口和引脚，代码如下：

```
#define LED1_GPIO_PIN                    GPIO_PIN_11
#define LED1_GPIO_PORT                   GPIOE

#define LED2_GPIO_PIN                    GPIO_PIN_10
#define LED2_GPIO_PORT                   GPIOE

GPIO_TypeDef *s_ledPort[LED_NUM] = {LED1_GPIO_PORT, LED2_GPIO_PORT};
const uint16_t s_ledPin[LED_NUM] = {LED1_GPIO_PIN, LED2_GPIO_PIN};
```

随后，即可通过 HAL_GPIO_WritePin 和 HAL_GPIO_TogglePin 函数操作 GPIO 的输出，从而对 LED 进行控制，代码如下：

```
// 点亮 LED
HAL_GPIO_WritePin(s_ledPort[ledNum], s_ledPin[ledNum], GPIO_PIN_RESET);
// 熄灭 LED
```

```
HAL_GPIO_WritePin(s_ledPort[ledNum], s_ledPin[ledNum], GPIO_PIN_SET);
// 切换 LED 的亮灭
HAL_GPIO_TogglePin(s_ledPort[ledNum], s_ledPin[ledNum]);
```

为了方便控制，在 BSP 目录下创建了 led.h 和 led.c 驱动程序文件，并封装了如下函数：

```
// 初始化 LED
void Led_Init(E_LedNum ledNum);
// 点亮 LED
void Led_On(E_LedNum ledNum);
// 熄灭 LED
void Led_Off(E_LedNum ledNum);
// 切换 LED 的点亮和熄灭
void Led_Trigger(E_LedNum ledNum);

// LED 是否点亮(任何一个 LED 亮即视为点亮)
int isLedOn(void);
// LED1 是否点亮
int isLed1On(void);
// LED2 是否点亮
int isLed2On(void);
```

函数 isLedOn、isLed1On 和 isLed2On 用于判断相应的 LED 灯是否点亮。对于函数 isLedOn 来说，至少有 1 个 LED 亮即视为点亮。

2. 按键控制

按键控制也是通过 GPIO 操作实现的，只不过点亮 LED 采用 GPIO 的输出模式，而按键控制则采用 GPIO 的输入模式。在 PSDK 开发板上有 3 个按键，分别将 KEY1、KEY2 和 KEY3 连接 PB14、PB13、PB12，因此首先创建初始化按键函数 key_init，代码如下：

```
void key_init(void)
{
    GPIO_InitTypeDef gpio_init_struct;
    // 初始化 GPIOB 的时钟
    __HAL_RCC_GPIOB_CLK_ENABLE();
    // KEY1 : 输入模式，高速上拉
    gpio_init_struct.Pin = KEY1_GPIO_PIN;
    gpio_init_struct.Mode = GPIO_MODE_INPUT;
    gpio_init_struct.Pull = GPIO_PULLUP;
    gpio_init_struct.Speed = GPIO_SPEED_FREQ_HIGH;
    HAL_GPIO_Init(KEY1_GPIO_PORT, &gpio_init_struct);

    // KEY2 : 输入模式，高速上拉
    gpio_init_struct.Pin = KEY2_GPIO_PIN;
    gpio_init_struct.Mode = GPIO_MODE_INPUT;
    gpio_init_struct.Pull = GPIO_PULLUP;
```

```
    gpio_init_struct.Speed = GPIO_SPEED_FREQ_HIGH;
    HAL_GPIO_Init(KEY2_GPIO_PORT, &gpio_init_struct);

    // KEY3：输入模式，高速上拉
    gpio_init_struct.Pin = KEY3_GPIO_PIN;
    gpio_init_struct.Mode = GPIO_MODE_INPUT;
    gpio_init_struct.Pull = GPIO_PULLUP;
    gpio_init_struct.Speed = GPIO_SPEED_FREQ_HIGH;
    HAL_GPIO_Init(KEY3_GPIO_PORT, &gpio_init_struct);
}
```

随后，通过以下函数判断用户是否按下了按键，代码如下：

```
// KEY1
HAL_GPIO_ReadPin(KEY1_GPIO_PORT, KEY1_GPIO_PIN)
// KEY2
HAL_GPIO_ReadPin(KEY2_GPIO_PORT, KEY2_GPIO_PIN)
// KEY3
HAL_GPIO_ReadPin(KEY3_GPIO_PORT, KEY3_GPIO_PIN)
```

如果函数的返回结果为 1，说明没有按下按键；如果返回结果为 0，说明用户正在按下按键。通过 while 死循环的方式可判断用户是否按下按键。

与 LED 驱动类似，为了方便控制，在 BSP 目录下创建了 led.h 和 led.c 驱动程序文件，并封装了如下函数：

```
// 按键初始化函数
void key_init(void);
// 按键扫描函数
uint8_t key_scan(uint8_t mode);
```

其中，函数 key_scan 中的 mode 参数表示是否支持连按，返回结果即用户按下的按键需要，1～3 分别表示 KEY1、KEY2 和 KEY3。

3. 驱动 AHT20 温湿度传感器

AHT20 温湿度传感器采用 IIC（Inter-Integrated Circuit）通信协议，包括 SCL（Serial Clock，串行时钟）和 SDA（Serial Data，串行数据）两个通信引脚（链路）。

注意： 由 IIC 通信简称中有 2 个 I，因此也称为 I2C 通信协议。相对于 UART、SPI，IIC 结构简单，便于连接和调试，更加适合于主机和从机在数据量不大且传输距离短（板内通信）的场合下的主从通信。

IIC 通信协议是一种由 PHILIPS 公司开发的两线式串行总线，用于连接微控制器及其外围设备。IIC 总线既可用于发送数据，也可接收数据，是一种半双工通信协议，意味着在任意时刻，只能有一个设备向总线上发送数据，但是接收没有限制，所有的设备都可以接收。IIC 结构简单，并且速度较快，高速 IIC 总线的速度可以达到 2.4Mbps 以上，但绝大多数设备并不支持高速模式。

前文已经介绍了 STM32 的硬件 IIC 存在一定的缺陷，因此这里采用软件的方式模拟 IIC 协议，即软件 IIC。软件 IIC 的另一个好处在于方便移植，对于速度要求不高的设备来说是非常常用的。

1）IIC 通信协议

IIC 采用串行通信方式，包括 SDA 和 SCL 双线，可以连接 2 个和多个 IIC 设备，这些设备可以是 STM32 这样的 MCU，也可以是 AHT20、存储器、显示器等外设，如图 8-37 所示。在 IIC 通信链路空闲（IDLE）的情况下，SDA 和 SCL 被上拉电阻拉高至高电平。

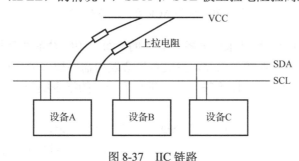

图 8-37　IIC 链路

从图 8-37 中可以发现，相对于 UART 通信协议只能连接 2 个设备，IIC 可以实现多个设备之间的通信，因此 IIC 链路也称为 IIC 总线。如果将 UART 比作私有道路，那么 IIC 总线可以理解为一条公路。不过，由于 IIC 通信过程中设备之间存在主从关系，因此同一时刻只能由 2 个设备占有 IIC 总线，并且不能实现组播和广播功能。

注意：在空闲时，SDA 和 SCL 采用上拉电阻上拉到高电平；通信时，任何设备都可以拉低 SDA 和 SCL。

开始通信时，由主机（任何一个发起 IIC 通信的设备）保持 SCL 高电平的情况下拉低 SDA 电平，表示开始信号。结束通信时，保持 SCL 高电平的情况下拉高 SDA 电平，表示结束信号。在开始通信和结束通信的过程中，传输二进制数据，具体的规则如下：在 SCL 低电平时可以改变 SDA，在 SCL 高电平时读取 SDA，不允许在 SCL 高电平时改变 SDA，否则将构成开始信号和结束信号错乱，如图 8-38 所示。

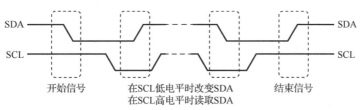

图 8-38　IIC 基本时序

IIC 通信时，主机首先通过以上时序传递 8 位数据（从高位到低位的 1 个字节），然后由从机（外设）进行应答（Acknowledgement，ACK）或者不应答（NACK，Negative Acknowledgement），如图 8-39 所示。

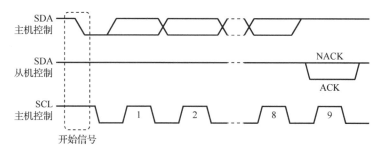

图 8-39　应答 ACK 和无应答 NACK

　　主机和从机是通过 IIC 地址来区分各个设备的。每个 IIC 设备都有其地址，采用 2 位 16 进制数表示，如 0x70、0x8A 等。因此，主机首先会发送需要通信的从机 IIC 地址，如果相应的从机正常，那么就会进行 ACK 应答，从而进行下一步的指令操作。

　　2）IIC 通信协议的模拟

　　在软件 IIC 中，通过 GPIO 的方式对 SDA 和 SCL 进行操作。在 PSDK 开发板中，SDA 和 SCL 分别接入 STM32 的 PB9 和 PB8 引脚，因此首先需要将这两个引脚设置为开漏输出，代码如下：

```
// 使能开启 PB 系列引脚
__HAL_RCC_GPIOB_CLK_ENABLE();
GPIO_InitTypeDef gpio_inittypedef;
gpio_inittypedef.Pin = GPIO_PIN_8;
gpio_inittypedef.Mode = GPIO_MODE_OUTPUT_OD;
gpio_inittypedef.Pull = GPIO_NOPULL;
gpio_inittypedef.Speed = GPIO_SPEED_FREQ_HIGH;
HAL_GPIO_Init(GPIOB,&gpio_inittypedef);

gpio_inittypedef.Pin = GPIO_PIN_9;
HAL_GPIO_Init(GPIOB,&gpio_inittypedef);
```

　　然后定义 IIC 开始信号和结束信号的 IIC_Start 函数和 IIC_End 函数，代码如下：

```
void IIC_Start(){
    // 设置 SDA 开漏输出
    IIC_SDA_Out();
    // 拉高 SDA 和 SCL
    IIC_SDA_Write_high();
    IIC_SCL_Write_high();
    IIC_Delay_Us(2);
    // 在保持 SCL 高电平的情况下拉低 SDA
    IIC_SDA_Write_low();
    IIC_Delay_Us(2);
    // 拉低 SCL，准备传输数据
    IIC_SCL_Write_low();
}
```

```
void IIC_End(){
    // 设置 SDA 开漏输出
    IIC_SDA_Out();
    // 拉低 SDA
    IIC_SDA_Write_low();
    IIC_Delay_Us(2);
    // 拉高 SCL
    IIC_SCL_Write_high();
    IIC_Delay_Us(2);
    // 拉高 SDA
    IIC_SDA_Write_high();
}
```

其中，IIC_SDA_Write_high 函数表示 HAL_GPIO_WritePin(GPIOB,GPIO_PIN_8,GPIO_PIN_SET)，IIC_SDA_Write_low 函数表示 HAL_GPIO_WritePin(GPIOB,GPIO_PIN_8,GPIO_PIN_RESET)，通过 GPIO 的方式拉高或者拉低 SDA 引脚的电平。SCL 的控制函数也是类似的。

开始信号后，即可发送数据。定义函数 IIC_SendByte，代码如下：

```
void IIC_SendByte(unsigned char data){
    unsigned char i;
    // 设置 SDA 的开漏输出
    IIC_SDA_Out();
    // 发送 1 个字节的数据
    for(i=0;i<8;i++){
        // 拉低 SCL
        IIC_SCL_Write_low();
        // 发送数据
        if((data&0x80)){
            IIC_SDA_Write_high();
        }else{
            IIC_SDA_Write_low();
        }
        // 左移一位，将需要发送的数据保持最高位
        data <<= 1;
        IIC_Delay_Us(2);
        // 拉高 SCL，固定数据
        IIC_SCL_Write_high();
        IIC_Delay_Us(2);
    }
    // 拉低 SCL
    IIC_SCL_Write_low();
    IIC_Delay_Us(2);
}
```

由于 IIC 是从高位到低位发送数据的，因此通过 for 循环不断将需要发送的数据保持到最高位，然后通过位运算将当前数据和 0x80（二进制 1000 0000）进行与操作：如果需要发送

的数据为 1（最高位为 1），那么结果为 0x80；如果需要发送的数据为 0，那么结果为 0x00；根据结果拉高或者拉低 SDA 总线。最后将 SCL 拉低，等待 ACK 信号，通过 IIC_WAIT_Ack 函数完成 SDA 电平的读取，代码如下：

```
unsigned int IIC_WAIT_Ack(){
    unsigned int time = 0;
    // 设置 SDA 为输入模式
    IIC_SDA_In();
    IIC_Delay_Us(1);
    // 拉高 SCL
    IIC_SCL_Write_high();
    IIC_Delay_Us(2);
    // 读取 SDA 的电平
    while(HAL_GPIO_ReadPin(GPIOB,GPIO_PIN_9)){
        time++;
        if(time > 250){
            // 如果一直是高电平，那么 NACK，无应答
            IIC_End();
            IIC_SDA_Out();
            return 1;
        }
    }
    // 拉低 SCL
    IIC_SCL_Write_low();
    // 设置 SDA 为开漏输出
    IIC_SDA_Out();
    return 0;
}
```

等待一段时间由从机控制 SDA，然后拉高 SCL 并读取 SDA 电平：如果一直是高电平，那么无从机应答，结束 IIC 通信，否则拉低 SCL 后继续下一步通信。通过 IIC 总线读取字节的 IIC_ReadByte 函数也可以通过类似的 GPIO 操作实现，这里不再赘述。软件 IIC 的主要接口函数如下：

```
// 初始化 IIC
void IIC_Init(void);
// 发送 IIC 开始信号
void IIC_Start(void);
// 发送 IIC 结束信号
void IIC_End(void);
// IIC 应答 ACK
void IIC_Ack(void);
// IIC 无应答 NACK
void IIC_Nack(void);
// 等待 ACK 应答
unsigned int IIC_WAIT_Ack(void);
```

```
// 通过 IIC 发送字节
void IIC_SendByte(unsigned char data);
// 通过 IIC 读取字节
unsigned char IIC_ReadByte(void);
```

下面将通过 IIC 通信的方式操作 AHT20 温湿度传感器。

3）操作 AHT20 温湿度传感器

查阅 AHT20 温湿度传感器的产品手册，AHT20 温湿度传感器的设备地址固定为 0x38，并且 AHT20 地址的最后一位为方向位：方向位为 1（0111 0001）时，用于读取数据；方向为 0（0111 0000）时，用于写入数据。因此，通过 0x71 地址可以读取 AHT20 温湿度传感器的状态信息，通过 0x70 地址可以执行初始化、复位、测量等命令。

整个测量过程如下。

（1）等待 40ms 以上等待上电并完成初始化，代码如下：

```
HAL_Delay(40); // 上电后需要等待 40ms
```

（2）发送 0x71 地址，返回 1 个字节的状态信息，判断第 3 位（检验使能位）是否为 1。如果不为 1，则依次发送 0x70、0xBE、0x08、0x00 初始化设备，代码如下：

```
IIC_Start();
IIC_SendByte(AHT20_ADDRESS+1); // 读取从机发来的数据 读取最低位为 1
IIC_WAIT_Ack();
readbuffer = IIC_ReadByte();
IIC_Nack();
IIC_End();
// 判断第 3 位是否为 1，如不为 1 则初始化 AHT20 设备
if((readbuffer & 0x08) == 0x00){
    IIC_Start();
    IIC_SendByte(AHT20_ADDRESS);
    IIC_WAIT_Ack();
    IIC_SendByte(0xBE);
    IIC_WAIT_Ack();
    IIC_SendByte(0x08);
    IIC_WAIT_Ack();
    IIC_SendByte(0x00);
    IIC_WAIT_Ack();
    IIC_End();
}
```

其中 AHT20_ADDRESS 为 0x70 数值。

（3）发送 0x70、0xAC、0x33、0x00 触发测量操作（见图 8-40），代码如下：

```
IIC_Start();
IIC_SendByte(AHT20_ADDRESS);
IIC_WAIT_Ack();
```

```
IIC_SendByte(0xAC);
IIC_WAIT_Ack();
IIC_SendByte(0x33);
IIC_WAIT_Ack();
IIC_SendByte(0x00);
IIC_WAIT_Ack();
IIC_End();
```

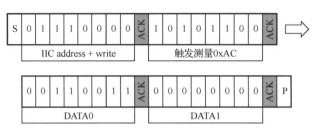

图 8-40　触发测量

测量完毕后，温湿度数据会直接存储在传感器的寄存器中。为了获取测量结果，还需要通过发送 0x71 地址读取数据（见图 8-41），代码如下：

```
IIC_Start();
IIC_SendByte(AHT20_ADDRESS+1); // 读取从机发来的数据
IIC_WAIT_Ack();
for(i=0;i<6;i++){
    readbuffer[i] = IIC_ReadByte();
    if(i<5){
        IIC_Ack();
    }else{
        IIC_Nack();
    }
}
IIC_End();
```

此时，所有的状态信息和温湿度数据被临时存储在 readbuffer 数组中。湿度数据采用 20 位二进制数值 S_{RH} 表示。湿度结果计算公式如下：

$$RH = \frac{S_{RH}}{2^{20}} \times 100\%$$

温度数据同样采用 20 位二进制数值 S_{T} 表示，但是温度数据经过了线性变换，真实的温度数据需要相应的修正，计算结果如下：

$$T = \frac{S_{T}}{2^{20}} \times 200 - 50$$

读取温湿度数据

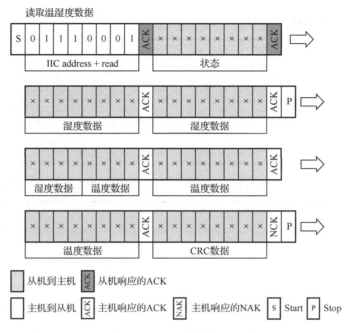

图 8-41　读取温湿度数据

计算温湿度数据的代码如下：

```
// 2 的 20 次方
#define AHT20_RESOLUTION          (1<<20)
uint32_t humiRaw = readbuffer[1];
humiRaw = (humiRaw << 8) | readbuffer[2];
humiRaw = (humiRaw << 4) | ((readbuffer[3] & 0xF0) >> 4);
*humi = humiRaw / (float)AHT20_RESOLUTION * 100;

uint32_t tempRaw = readbuffer[3] & 0x0F;
tempRaw = (tempRaw << 8) | readbuffer[4];
tempRaw = (tempRaw << 8) | readbuffer[5];
*temp = tempRaw / (float)AHT20_RESOLUTION * 200 - 50;
```

AHT20_RESOLUTION 表示温湿度数据的分辨率，即 2^{20} 数值。然后通过 humiRaw 和 tempRaw 变量分别临时存储温湿度二进制数据。最后通过上述温湿度计算公式，将二进制数值转换为用户可读的十进制数值 humi 和 temp。

（4）如果温湿度传感器发生故障，可以尝试通过发送 0x70、0xBA 实现软复位（Soft Reset），如图 8-42 所示。

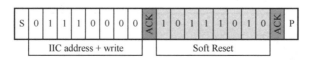

图 8-42　软复位

AHT20 温湿度传感器的软复位由 AHT20_Restart 函数实现。根据产品手册，复位时间不超过 20ms，所以暂停 20ms 等待复位，代码如下：

```
IIC_Start();
IIC_SendByte(AHT20_ADDRESS);
IIC_WAIT_Ack();
IIC_SendByte(0xBA);
IIC_WAIT_Ack();
IIC_End();
HAL_Delay(20); // 等待 20ms
```

将 AHT20 温湿度传感器的初始化、测量和软复位功能进行封装，代码如下：

```
// AHT20 初始化
void AHT20_Init(void);
// 开始测量
void AHT20_Read_Measurement(float *tm,float *hm);
// 软复位
void AHT20_Restart(void);
```

最后，可以尝试通过以上函数读取 AHT20 温湿度传感器的温湿度数据，并输出至串口，代码如下：

```
// 初始化串口
UART1_Init(115200);

// 输出欢迎信息
char *msg = "Hello, PSDK Board!\r\n";
UART1_Write((uint8_t *)msg, strlen(msg));
// 初始化 AHT20
AHT20_Init();

float hm=0,tm=0;
char resultStr[100];

while(1)
{
   // 输出 AHT20 的温湿度值
   AHT20_Read_Measurement(&tm, &hm);
   sprintf(resultStr, "温度: %f, 湿度 : %f\r\n", tm, hm);
   UART1_Write((uint8_t *)resultStr, strlen(resultStr));
}
```

上述代码在 UART1 的输出如下：

```
Hello, PSDK Board!
温度: 25.933838, 湿度 : 27.296162
温度: 26.014328, 湿度 : 26.981831
温度: 26.003838, 湿度 : 26.890564
温度: 26.020050, 湿度 : 26.768494
…
```

开发者可以尝试用手触摸 AHT20 温湿度传感器，改变其温湿度读数，判断其工作是否正常。

8.2.3　逻辑功能的实现

本小节将通过 PSDK 实现空中气象站的功能，通过自定义控件和数据链路的方式将相应的动作按钮和配置按钮显示在用户界面上，以实现相应的温湿度读取功能。

1．用户界面设计

在本例中，设计了 3 个动作栏按钮【测量】、【软复位】和【LED 开关】，分别用于在动作栏中及时对温湿度数据进行测试和回显。参考官方的 psdk_widget.sketch 文件，并对照官方样例中的按钮图像，设计了【测量】、【软复位】按钮的图片，如图 8-43 所示。

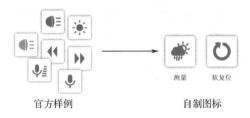

图 8-43　设计动作栏按钮图标

【测量】按钮图片命名为 ic_weather_measure.png，【软复位】按钮图片命名为 ic_weather_restart.png。【LED 开关】按钮图片采用官方样例中的 icon_switch_select.png 和 icon_switch_unselect.png。

在配置界面中，设计【LED 开关】和【温湿度传感器软复位】按钮，将配置文件 widget_config.json 设计如下：

```json
{
  "version": {
    "major": 1,
    "minor": 0
  },
  "main_interface": {
    "floating_window": {
      "is_enable": true
    },
    "speaker": {
      "is_enable_tts": false,
      "is_enable_voice": false
    },
    "widget_list": [
      {
        "widget_index": 0,
        "widget_type": "button",
        "widget_name": "测量",
        "icon_file_set": {
```

```
        "icon_file_name_selected": "ic_weather_measure.png",
        "icon_file_name_unselected": "ic_weather_measure.png"
      },
      "customize_rc_buttons_config": {
        "is_enable": true,
        "mapping_config_display_order": 0
      }
    },
    {
      "widget_index": 1,
      "widget_type": "button",
      "widget_name": "软复位",
      "icon_file_set": {
        "icon_file_name_selected": "ic_weather_restart.png",
        "icon_file_name_unselected": "ic_weather_restart.png"
      },
      "customize_rc_buttons_config": {
        "is_enable": true,
        "mapping_config_display_order": 1
      }
    },
    {
      "widget_index": 2,
      "widget_type": "switch",
      "widget_name": "LED 开关",
      "icon_file_set": {
        "icon_file_name_selected": "icon_switch_select.png",
        "icon_file_name_unselected": "icon_switch_unselect.png"
      },
      "customize_rc_buttons_config": {
        "is_enable": true,
        "mapping_config_display_order": 2
      }
    }
  ]
},
"config_interface": {
  "widget_list": [
    {
      "widget_index": 3,
      "widget_type": "switch",
      "widget_name": "LED 开关",
      "customize_rc_buttons_config": {
        "is_enable": true,
        "mapping_config_display_order": 3
      }
    }
```

```
      },
      {
        "widget_index": 4,
        "widget_type": "button",
        "widget_name": "复位温湿度传感器",
        "customize_rc_buttons_config": {
          "is_enable": true,
          "mapping_config_display_order": 4
        }
      }
    ]
  }
}
```

随后，通过 file2c 指令将这些文件转换为.h 头文件，代码如下：

```
file2c widget_config.json
file2c ic_weather_measure.png
file2c ic_weather_restart.png
file2c icon_switch_select.png
file2c icon_switch_unselect.png
```

将 widget_config_json.h、ic_weather_measure.png.h、ic_weather_restart.png.h、icon_switch_
select.png.h 和 icon_switch_unselect.png.h 文件放置在工程所在目录下的 widget_data 目录中。

最后，实现加载自定义控件的代码。创建空中气象站主程序代码文件 weather.c 和
weather.h。此时，weather_app.uvprojx 工程所在目录的结构如下（加粗部分内容为新增文件）：

```
weather_app.uvprojx
+---bsp
|       aht20.c
|       aht20.h
|       key.c
|       key.h
|       led.c
|       led.h
+---user
|       application.c
|       application.h
|       weather.c
|       weather.h
\---widget_data
    |   icon_switch_select_png.h
    |   icon_switch_unselect_png.h
    |   ic_weather_measure_png.h
    |   ic_weather_restart_png.h
    \---widget_config_json.h
```

在 weather.h 头文件中，导入以上控件数据头文件，并定义控件数据数组，代码如下：

```
#include "../widget_data/ic_weather_measure_png.h"
#include "../widget_data/ic_weather_restart_png.h"
#include "../widget_data/icon_switch_select_png.h"
#include "../widget_data/icon_switch_unselect_png.h"
#include "../widget_data/widget_config_json.h"

// 定义控件数据数组
static T_DjiWidgetFileBinaryArray widgetFileBinaryArrayList[] = {
    {widget_config_json_fileName,
                widget_config_json_fileSize,
                widget_config_json_fileBinaryArray},
    {ic_weather_measure_png_fileName,
                ic_weather_measure_png_fileSize,
                ic_weather_measure_png_fileBinaryArray},
    {ic_weather_restart_png_fileName,
                ic_weather_restart_png_fileSize,
                ic_weather_restart_png_fileBinaryArray},
    {icon_switch_select_png_fileName,
        icon_switch_select_png_fileSize,
        icon_switch_select_png_fileBinaryArray},
    {icon_switch_unselect_png_fileName,
        icon_switch_unselect_png_fileSize,
        icon_switch_unselect_png_fileBinaryArray}
};
// 控件数据数组指针
T_DjiWidgetFileBinaryArray *fileList
        = widgetFileBinaryArrayList;
```

随后，创建 Weather_Start 函数，初始化并加载自定义控件，代码如下：

```
T_DjiReturnCode Weather_Start(void)
{
    // 返回代码
    T_DjiReturnCode returnCode;
    // OSAL 处理器
    T_DjiOsalHandler *osalHandler = DjiPlatform_GetOsalHandler();

    // 初始化 AHT20
    AHT20_Init();

    // 初始化自定义组件
    USER_LOG_INFO("初始化 Widget");
    returnCode = DjiWidget_Init();
    if (returnCode != DJI_ERROR_SYSTEM_MODULE_CODE_SUCCESS) {
        USER_LOG_ERROR("widget init error, stat = 0x%08llX", returnCode);
        return returnCode;
    }

    // 控件配置对象
    T_DjiWidgetBinaryArrayConfig widgetBinaryArrayConfig = {
```

```
    .binaryArrayCount = 5,
    .fileBinaryArrayList = fileList
};

// 配置默认控件 UI
returnCode =
DjiWidget_RegDefaultUiConfigByBinaryArray(&widgetBinaryArrayConfig);
if (returnCode != DJI_ERROR_SYSTEM_MODULE_CODE_SUCCESS) {
    USER_LOG_ERROR("Add default widget ui config error, stat = 0x%08llX",
returnCode);
    return returnCode;
}

return returnCode;
}
```

编译并运行程序，动作栏按钮显示效果如图 8-44 所示。

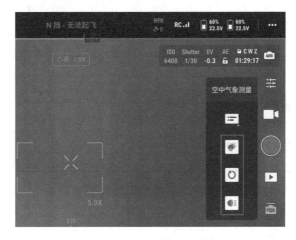

图 8-44　动作栏按钮显示效果

PSDK 负载设置界面中的显示效果如图 8-45 所示。

图 8-45　PSDK 负载设置界面中的显示效果

不过，此时单击任何按钮和开关都是无效的，还需要实现业务逻辑。

2. 业务逻辑实现

为了将控件和业务逻辑绑定，定义控件处理列表对象，代码如下：

```
// 控件处理列表
static const T_DjiWidgetHandlerListItem
   widgetHandlerList[] = {
   // 测量
   {0, DJI_WIDGET_TYPE_BUTTON,
      DJIWeather_Measure, NULL, NULL},
   // 软复位
   {1, DJI_WIDGET_TYPE_BUTTON,
      DJIWeather_Restart, NULL, NULL},
   // LED 开关
   {2, DJI_WIDGET_TYPE_SWITCH,
      DJIWeather_SetLigthStatus, NULL, NULL},
   // LED 开关
   {3, DJI_WIDGET_TYPE_SWITCH,
      DJIWeather_SetLigthStatus,
      DJIWeather_GetLightStatus, NULL},
   // 复位温湿度传感器
   {4, DJI_WIDGET_TYPE_BUTTON,
      DJIWeather_Restart, NULL, NULL},
};
```

对于【测量】、【软复位】按钮来说，不需要为控件设置状态。

温湿度测量函数 DJIWeather_Measure 通过 AHT20 驱动实现，代码如下：

```
static T_DjiReturnCode DJIWeather_Measure(…)
{
   // 返回代码
   T_DjiReturnCode returnCode;

   USER_UTIL_UNUSED(userData);
   USER_UTIL_UNUSED(widgetType);

   char message[DJI_WIDGET_FLOATING_WINDOW_MSG_MAX_LEN];

   // hm(humidity)表示湿度,tm(temperature)表示温度
   float hm=0, tm=0;
   AHT20_Read_Measurement(&tm, &hm);
   // AHT20 测量并浮窗提示
snprintf(message, DJI_WIDGET_FLOATING_WINDOW_MSG_MAX_LEN,
                "温度: %.2f, 湿度 : %.2f%%", tm, hm);
   returnCode = DjiWidgetFloatingWindow_ShowMessage(message);
   if (returnCode != DJI_ERROR_SYSTEM_MODULE_CODE_SUCCESS) {
```

```
      USER_LOG_ERROR("show message error, stat = 0x%08llX", returnCode);
   }

   return DJI_ERROR_SYSTEM_MODULE_CODE_SUCCESS;
}
```

此时，当用户单击动作栏中的【测量】按钮时，可在界面中浮窗显示温湿度信息，如图 8-46 所示。

图 8-46　浮窗显示温湿度信息

类似地，温湿度软复位函数 DJIWeather_Restart 也通过 AHT20 驱动实现，代码如下：

```
static T_DjiReturnCode DJIWeather_Restart(…)
{
   USER_UTIL_UNUSED(userData);
   USER_UTIL_UNUSED(widgetType);
   // AHT20 复位
   AHT20_Restart();
   return DJI_ERROR_SYSTEM_MODULE_CODE_SUCCESS;
}
```

LED 开关配置函数 DJIWeather_SetLigthStatus 和 DJIWeather_GetLightStatus 代码如下：

```
static T_DjiReturnCode DJIWeather_GetLightStatus(…)
{
   USER_UTIL_UNUSED(userData);
   USER_UTIL_UNUSED(widgetType);
   // LED 是否正在亮灯
   *value = isLedOn();

   return DJI_ERROR_SYSTEM_MODULE_CODE_SUCCESS;
}


static T_DjiReturnCode DJIWeather_SetLigthStatus(…)
{
   USER_UTIL_UNUSED(userData);
   USER_UTIL_UNUSED(widgetType);

   if (value == 1) {
      // 亮灯
      Led_On(LED1);
      Led_On(LED2);
```

```
    } else {
        // 关灯
        Led_Off(LED1);
        Led_Off(LED2);
    }

    return DJI_ERROR_SYSTEM_MODULE_CODE_SUCCESS;
}
```

函数 DJIWeather_GetLightStatus 用于设置控件状态，当程序监测到有 LED 亮时，那么打开 LED 开关⬤，否则保持控件处于关闭状态⬜。

另外，我们还可以创建一个新的任务，每 10 秒自动测量温湿度数据，并通过浮窗的方式提示用户，代码如下：

```
static void *DJIWeather_WidgetTask(void *arg)
{
    USER_UTIL_UNUSED(arg);

    char message[DJI_WIDGET_FLOATING_WINDOW_MSG_MAX_LEN];
    T_DjiReturnCode djiStat;
    T_DjiOsalHandler *osalHandler = DjiPlatform_GetOsalHandler();

    float hm=0, tm=0;

    while (1) {
        AHT20_Read_Measurement(&tm, &hm);
        snprintf(message, DJI_WIDGET_FLOATING_WINDOW_MSG_MAX_LEN, "温度: %.2f,
湿度 : %.2f%%", tm, hm);
        djiStat = DjiWidgetFloatingWindow_ShowMessage(message);
        if (djiStat != DJI_ERROR_SYSTEM_MODULE_CODE_SUCCESS) {
            USER_LOG_ERROR("Floating window show message error, stat = 0x%08llX",
djiStat);
        }
        osalHandler->TaskSleepMs(1000 * 10); // 10 秒更新
    }
}
```

对于 PSDK 开发板上的各个按键，也可以为其赋予相应的功能。例如，当按下 KEY1 按键时，测量温湿度数据并发送至用户界面；当按下 KEY2 按键时，对 AHT20 温湿度传感器进行软复位；当按下 KEY3 按键时，切换 2 个 LED 提示灯的显示状态，代码如下：

```
// 按键监测
key = key_scan(0);
if (key)
{
    switch (key)
    {
```

```
        case KEY1_PRES:
                DJIWeather_Measure(NULL, 0, 0, NULL);
                break;
        case KEY2_PRES:
                DJIWeather_Restart(NULL, 0, 0, NULL);
                break;
        case KEY3_PRES:
                Led_Trigger(LED1);
                Led_Trigger(LED2);
                break;
        default : break;
    }
}
else
{
    osalHandler->TaskSleepMs(10);
}
```

3. 在航点任务中使用负载动作

动作栏控件中的按钮、开关和拖动条可以直接作为负载动作添加到航点任务的航点动作中，如图 8-47 所示。在航点任务执行过程中，可以触发执行相应的动作。例如，在执行航点任务时，可以在各个航点上测量温湿度数据值。

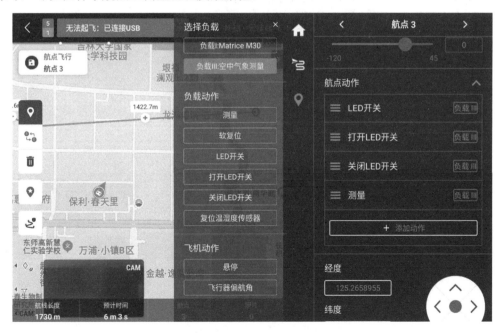

图 8-47　在航点任务中使用负载动作

在 MSDK 开发中，还可以将这些温湿度数据记录下来，作为植被微气候分析、科学研究的数据源。

8.3 本章小结

在本章中，我们深入探讨了 PSDK 开发板的设计方法，并成功实现了利用无人机测量空中温湿度信息的功能。我们从硬件设计入手，根据 PSDK 开发板的规格和要求，选择了合适的传感器和外围电路。在传感器选型上，我们考虑了精度、稳定性以及功耗等因素，最终选择了 AHT20 温湿度传感器。在软件设计方面，我们充分利用了 PSDK 提供的 API 和函数库，实现了与无人机的通信和控制。通过编写相应的程序，我们实现了无人机在指定区域飞行时，能够实时采集并传输空中的温湿度信息。

对于初学者来说，如果在设计过程中遇到问题，不妨先尝试在大疆开发者论坛中寻找解决方案。论坛中汇聚了众多经验丰富的开发者，他们乐于分享自己的经验和技巧。此外，你还可以通过邮件 dev@dji.com 与 DJI 开发者团队取得联系，寻求更专业的帮助和指导。

这一案例不仅展示了 PSDK 负载的软硬件基本设计流程，而且希望能够为那些对无人机技术应用感兴趣的读者提供宝贵的实践经验。希望未来能够和读者一起努力，激发更多人对无人机技术的兴趣和热情，共同推动无人机行业领域的发展。

8.4 习题

1. 简述负载硬件设计需要注意的事项。
2. 设计一个可以运行 PSDK 样例程序的开发板。
3. 结合实际需求，设计行业应用负载。

附录 A　常用简称

UAV（Unmanned Aerial Vehicle）：无人机。

UAS（Unmanned Aircraft System）：无人机系统。

SDK（Software Development Kit）：软件开发工具包。

MSDK（Mobile Software Development Kit）：大疆 Mobile SDK。

PSDK（Payload Software Development Kit）：大疆 Payload SDK。

OSDK（Onboard Software Development Kit）：大疆 Onboard SDK。

API（Application Programming Interface）：应用程序接口。

RTK（Real-Time Kinematic）：实时动态载波相位差分技术，可用于提高 GPS 等卫星定位精度。

RC（Remote Controller）：遥控器。

DFS（Dynamic Frequency Selection）：动态频率选择。OcuSync3 Pro 图传技术在原有 2.4 GHz 与 5.8 GHz 的基础上新增了 DFS 频段。

APAS（Advanced Pilot Assistance Systems）：高级辅助飞行系统，实现了无人机在复杂场景中的主动避障。

HMS（Health Management System）：健康管理系统，是对飞机各模块的运行健康状态的监控系统。

RTOS（Real Time Operation System）：实时操作系统。

MOP（MSDK-OSDK-PSDK）：MSDK、OSDK 和 PSDK 互联互通。

RTH（Return to Home）：返航。

PFD（Primary Flight Display）：主飞行显示界面，用于提供无人机姿态、高度、速度等基本信息的显示界面。

VTOL（Vertical TakeOff and Landing）：垂直起降。

FPV（First Person View）：第一人称视觉。DJI FPV、DJI Avata 等无人机实现了 FPV 驾驶能力，可提供沉浸式飞行感受。

HAL（Hardware Abstraction Layer）：硬件抽象层。

OSAL（Operating System Abstraction Layer）：操作系统抽象层。

附录 B　PSDK 主要头文件

本附录列举了 PSDK 的主要头文件（如附表 2-1 所示），包含了用于开发 PSDK 应用程序的各类操作函数、宏、枚举和结构体定义，可以作为索引使用。开发者可以在 PSDK API 参考网站中了解更加详细的信息。不过，为了适应本书的主体内容，头文件的分类可能与官方的 PSDK API 略有不同。

附表 2-1　主要头文件及其功能描述

类　　型	头文件名称	主要功能描述
核心部分	dji_core.h	定义了 PSDK 注册信息结构体，以及启动内核和核心应用程序等函数
	dji_version.h	定义了 PSDK 版本信息宏
	dji_error.h	定义了各种 PSDK 的错误码
	dji_typedef.h	定义了一些常量以及 PSDK 关键的结构体
基础部分	dji_logger.h	定义了用于输出控制台信息的相关函数
	dji_aircraft_info.h	定义了信息获取的相关函数，包括移动应用程序以及无人机等静态信息
	dji_fc_subscription.h	定义了消息订阅的相关函数，包括无人机的各类参数和状态
	dji_camera_manager.h	定义了用于管理相机参数的相关函数
	dji_gimbal_manager.h	定义了云台旋转管理的结构体，以及用于管理云台的旋转模式和云台姿态的相关函数
	dji_power_management.h	定义了电源管理的相关函数，包括电源关闭通知和高功率申请函数等
	dji_flight_controller.h	定义了飞行控制的相关函数，包括起飞、降落、紧急停车等相关函数，以及返航、视觉避障等相关设置函数
	dji_hms.h	定义了获取健康管理系统（HMS）状态的相关函数
	dji_hms_info_table.h	定义了健康管理系统（HMS）错误码以及描述信息
	dji_time_sync.h	定义了用于时间同步的相关函数
	dji_low_speed_data_channel.h	定义了通过低速传输通道传递数据的相关函数
	dji_high_speed_data_channel.h	定义了通过高速传输通道传递数据的相关函数
SDK 互联互通	dji_mop_channel.h	定义了 SDK 互联互通的相关函数，包括建立 MOP 信道以及传递数据等
	dji_widget.h	定义了自定义控件的相关函数，用于在 MSDK 应用程序中自定义用于操作负载的控件
应用部分	dji_perception.h	定义了用于获取感知灰度图的相关函数
	dji_liveview.h	定义了用于获取相机码流的相关函数
	dji_positioning.h	定义了用于精准定位的相关函数

类　型	头文件名称	主要功能描述
应用部分	dji_waypoint_v2.h	定义了航点任务 V2 的相关操作函数，如开始、暂停、结束航点动作等
	dji_waypoint_v2_type.h	定义了航点任务 V2 的相关宏、枚举与结构体定义等
	dji_waypoint_v3.h	定义了航点任务 V3 的相关函数、宏、枚举与结构体定义等
平台移植	dji_platform.h	定义了用于平台移植的相关结构体、函数等
标准负载	dji_xport.h	定义了用于操作 X-Port 标准云台的相关函数
	dji_upgrade.h	定义了用于升级 X-Port 固件的相关函数
	dji_gimbal.h	定义了云台负载设计的相关函数
	dji_payload_camera.h	定义了相机控制的相关函数

附录 C PSDK 消息订阅频率

本附录列举了 PSDK 常用的消息订阅主题及其频率，如附表 3-1 所示。在使用中，需要注意以下 3 个方面。

（1）为了节约篇幅，所有的订阅主题枚举的前缀均采用*代替，实际使用时需要将其替换为 DJI_FC_SUBSCRIPTION_TOPIC。

（2）三云台信息消息仅适用于 M300 RTK 与 M350 RTK。

（3）电池信息适用于 M3D/M3TD、M3E/M3T 等单电池无人机。对于双电池的无人机，请使用 1 号电池信息和 2 号电池信息。

附表 3-1　消息订阅主题及其频率

消息订阅主题	M350 RTK	M300 RTK	M30/M30T	M3E/M3T
姿态四元数 *_QUATERNION	最大 200Hz	最大 200Hz	最大 50Hz	最大 50Hz
相对地面加速度 *_ACCELERATION_GROUND	最大 200Hz	最大 200Hz	最大 50Hz	最大 50Hz
相对机体加速度 *_ACCELERATION_BODY	最大 200Hz	最大 200Hz	最大 50Hz	最大 50Hz
原始加速度 *_ACCELERATION_RAW	最大 400Hz	最大 400Hz	最大 50Hz	最大 50Hz
速度 *_VELOCITY	最大 200Hz	最大 200Hz	最大 50Hz	最大 50Hz
融合角速度 *_ANGULAR_RATE_FUSIONED	最大 200Hz	最大 200Hz	最大 50Hz	最大 50Hz
原始角速度 *_ANGULAR_RATE_RAW	最大 400Hz	最大 400Hz	最大 50Hz	最大 50Hz
融合高度 *_ALTITUDE_FUSED	最大 200Hz	最大 200Hz	最大 50Hz	最大 50Hz
气压计高度 *_ALTITUDE_BAROMETER	最大 200Hz	最大 200Hz	最大 50Hz	最大 50Hz
Home 点高度 *_ALTITUDE_OF_HOMEPOINT	最大 1Hz	最大 1Hz	最大 50Hz	最大 5Hz
融合相对地面高度 *_HEIGHT_FUSION	最大 100Hz	最大 100Hz	最大 50Hz	最大 50Hz
相对地面高度 *_HEIGHT_RELATIVE	最大 200Hz	最大 200Hz	—	—

消息订阅主题	M350 RTK	M300 RTK	M30/M30T	M3E/M3T
融合位置坐标 *_POSITION_FUSED	最大 200Hz	最大 200Hz	—	—
GPS 日期（年月日） *_GPS_DATE	最大 5Hz	最大 5Hz	最大 50Hz	最大 5Hz
GPS 时间（时分秒） *_GPS_TIME	最大 5Hz	最大 5Hz	最大 50Hz	最大 5Hz
GPS 位置 *_GPS_POSITION	最大 5Hz	最大 5Hz	最大 50Hz	最大 5Hz
GPS 速度 *_GPS_VELOCITY	最大 5Hz	最大 5Hz	最大 50Hz	最大 5Hz
GPS 信息 *_GPS_DETAILS	最大 5Hz	最大 5Hz	最大 50Hz	最大 5Hz
GPS 信号强度 *_GPS_SIGNAL_LEVEL	最大 50Hz	最大 50Hz	最大 50Hz	最大 50Hz
RTK 位置 *_RTK_POSITION	最大 5Hz	最大 5Hz	最大 50Hz	最大 50Hz
RTK 速度 *_RTK_VELOCITY	最大 5Hz	最大 5Hz	最大 50Hz	最大 50Hz
RTK 航向角 *_RTK_YAW	最大 5Hz	最大 5Hz	最大 50Hz	最大 50Hz
RTK 位置信息 *_RTK_POSITION_INFO	最大 5Hz	最大 5Hz	最大 50Hz	最大 5Hz
RTK 航向信息 *_RTK_YAW_INFO	最大 5Hz	最大 5Hz	最大 50Hz	最大 5Hz
指南针信息 *_COMPASS	最大 100Hz	最大 100Hz	最大 50Hz	最大 50Hz
遥控摇杆信息 *_RC	最大 50Hz	最大 50Hz	最大 50Hz	最大 50Hz
云台角度 *_GIMBAL_ANGLES	最大 50Hz	最大 50Hz	—	—
云台状态 *_GIMBAL_STATUS	最大 50Hz	最大 50Hz	—	—
飞行状态 *_STATUS_FLIGHT	最大 50Hz	最大 50Hz	最大 50Hz	最大 50Hz
飞行模式状态 *_STATUS_DISPLAYMODE	最大 50Hz	最大 50Hz	最大 50Hz	最大 50Hz
起落架状态 *_STATUS_LANDINGGEAR	最大 50Hz	最大 50Hz	—	—
电机启动错误码 *_STATUS_MOTOR_START_ERROR	最大 50Hz	最大 50Hz	—	最大 5Hz
电池信息 *_BATTERY_INFO	最大 50Hz	最大 50Hz	—	—

消息订阅主题	M350 RTK	M300 RTK	M30/M30T	M3E/M3T
1 号电池信息 *_BATTERY_SINGLE_INFO_INDEX1	最大 50Hz	最大 50Hz	最大 50Hz	最大 50Hz
2 号电池信息 *_BATTERY_SINGLE_INFO_INDEX2	最大 50Hz	最大 50Hz	最大 50Hz	最大 50Hz
设备控制信息 *_CONTROL_DEVICE	最大 50Hz	最大 50Hz	最大 50Hz	最大 50Hz
硬件时钟同步 *_HARD_SYNC	400Hz	400Hz	最大 50Hz	—
GPS 控制等级 *_GPS_CONTROL_LEVEL	最大 50Hz	最大 50Hz	最大 50Hz	—
带标记遥控遥感信息 *_RC_WITH_FLAG_DATA	最大 50Hz	最大 50Hz	最大 50Hz	最大 50Hz
电调数据 *_ESC_DATA	最大 50Hz	最大 50Hz	最大 50Hz	最大 50Hz
RTK 连接状态 *_RTK_CONNECT_STATUS	最大 50Hz	最大 50Hz	最大 50Hz	最大 50Hz
云台控制模式 *_GIMBAL_CONTROL_MODE	最大 50Hz	最大 50Hz	—	—
飞行异常信息 *_FLIGHT_ANOMALY	最大 50Hz	最大 50Hz	最大 50Hz	最大 50Hz
笛卡儿坐标位置 *_POSITION_VO	200Hz	200Hz	最大 50Hz	最大 50Hz
避障数据 *_AVOID_DATA	最大 100Hz	最大 100Hz	最大 50Hz	最大 50Hz
返航点设置状态 *_HOME_POINT_SET_STATUS	最大 50Hz	最大 50Hz	最大 50Hz	最大 5Hz
返航点信息 *_HOME_POINT_INFO	最大 50Hz	最大 50Hz	最大 50Hz	最大 5Hz
三云台信息 *_THREE_GIMBAL_DATA	最大 50Hz	最大 50Hz	—	—